土壤地下水污染协同防治理论与技术丛书

◎丛书主编 蒲生彦

地下水环境调查评估与污染防治分区理论及实践

蒲生彦 罗栋源 等 编著

科 学 出 版 社

北 京

内 容 简 介

本书立足我国地下水生态环境保护需求和行业发展现状，结合当前地下水环境质量监管中亟待解决的问题，较系统地梳理和总结了国内外地下水环境调查评估与污染防治分区工作中的最新成果，从基础理论、原理方法、技术实践等方面对地下水污染识别与评价、地下水环境监测井成井技术、地下水污染防治重点区划定技术等进行了系统阐述，并辅以典型的应用案例进行说明。

本书可作为普通高等学校环境科学与工程、地下水科学与工程及相关专业本专科生、研究生教材使用，也可供从事土壤地下水生态环境保护的行政管理者、科研工作者，以及工程技术人员参考。

图书在版编目（CIP）数据

地下水环境调查评估与污染防治分区理论及实践 / 蒲生彦等编著. —北京：科学出版社，2023.7

（土壤地下水污染协同防治理论与技术丛书）

ISBN 978-7-03-075011-2

Ⅰ. ①地…　Ⅱ. ①蒲…　Ⅲ. ①地下水资源－水环境质量评价 ②地下水污染－污染防治　Ⅳ. ①P641.8 ②X523.06

中国国家版本馆 CIP 数据核字（2023）第 032211 号

责任编辑：李小锐 / 责任校对：彭　映
责任印制：罗　科 / 封面设计：墨创文化

科学出版社 出版
北京东黄城根北街 16 号
邮政编码：100717
http://www.sciencep.com
四川煤田地质制图印务有限责任公司印刷
科学出版社发行　各地新华书店经销

*

2023 年 7 月第 一 版　开本：787×1092　1/16
2023 年 7 月第一次印刷　印张：27 1/2
字数：652 000

定价：268.00 元
（如有印装质量问题，我社负责调换）

分企业未严格落实"三防措施",生产过程中产生的废水未经处理直接外排,企业废渣随意堆放,经风吹雨淋导致有毒有害物质随渗滤液下渗至地下水造成地下水污染;另一方面,群众在日常生活中使用地下水过于随意,缺乏保护意识,部分地下水水源地附近居民在水源地出水口洗衣服、洗碗筷、洗澡或直接排入生活污水等,对地下水水质造成一定影响。此外,各相关部门对地下水污染的复杂性及难修复性认识不足,对地下水污染防治宣传及管理落实不到位。

6. 地下水保护研发投入不足,污染防治科技创新动能不足

地下水环境管理是一项系统的、复杂的工作,涉及调查、监测、评估、风险防控、修复治理等多个方面,在产企业的地下水污染风险管控与修复缺少法律依据,化工园区、矿山开采区等重点区域的地下水环境监管尚存空白,亟须相关方面的基础科学研究,系统总结研究成果为地下水环境管理提供技术支撑。中央财政资金项目"水污染防治专项资金"中要求用于地下水生态环境保护的资金为15%,很多省(自治区/直辖市)实际可落实的项目寥寥,资金投入严重不足。

在国家科技项目中,"十三五"期间"国家水体污染控制与治理科技重大专项"中仅设置1项地下水污染防治相关项目。国家重点研发计划"场地土壤污染成因与治理技术"重点专项有部分涉及地下水污染防治的项目,但项目名称中直接体现"地下水"的只有1项(项目名称:地下水原位同步修复一体化设备)。"十四五"期间,虽然国家重点研发计划"大气与土壤、地下水污染综合治理"重点专项实施方案逐步加强对地下水污染科学研究的支持,但相比于大气、地表水等方面支持力度仍有差距,创新研发动力依然不足。与发达国家相比,目前适用于我国不同区域、不同水文地质条件,支撑重点区域和污染源地下水环境状况调查评估、监测预警、在产企业地下水污染风险管控与修复等的规范、导则、技术指南尚不完善,地方政府、企业、工程所有权人等责任主体在地下水污染防治工作全面开展与实施过程中缺乏充分有效的指导和评判依据,使得地下水污染防治工作缺乏抓手,工作相对滞后。

第2章　地下水污染识别与评价

地下水污染是指由于自然或人类活动引起地下水化学成分、物理性质和生物学特性发生改变而使地下水质量下降的现象。地下水污染与其他环境污染有明显的不同，具有过程缓慢、不易发现和难以治理的特点。当前，我国地下水污染呈现出由点状、条带状向面上扩散，由浅层向深层渗透，由城市向周边蔓延的态势。因此地下水污染识别与评价是开展地下水环境保护的重要基础。

由于地下水系统的隐蔽性、复杂性以及污染物的多样性和多源性，使得地下水污染识别与溯源研究困难重重，如何快速判断地下水是否受到污染以及准确识别污染来源是地下水污染识别与评价的关键。地下水污染识别以地下水系统理论为指导，通过钻探、物探、试验等手段深入调查研究区水文地质条件，重点揭示介质空间、水动力场和水化学场的特征，通过监测、示踪、模拟等方法识别污染，查明污染源、污染物、污染途径，为地下水污染评价、污染防治提供基础数据。

2.1　地下水污染

对于地下水污染的定义，自19世纪以来不同学者（例如德国的梅恩斯、法国的弗里德、美国的米勒等）提出了不同观点。从各种观点中可以发现，他们主要存在两方面分歧。一是污染标准问题，有人提出了明确的标准，即以地下水中某些组分的浓度超过水质标准的现象称为地下水污染；有人只提出一个抽象的标准，即以地下水中某些组分浓度达到"不能允许的程度"或"适用性遭到破坏"等现象称为地下水污染。二是污染原因问题，有人认为，地下水污染是人类活动引起的特有现象，天然条件下形成的某些组分的富集和贫化现象不能称为污染；而有的人认为，不管是人为活动引起的还是天然形成的，只要浓度超过水质标准都称为地下水污染。

事实上，在天然地质环境和人类活动影响下，地下水中的某些组分都可能出现相对富集和相对贫化，都可能产生不合格的水质。如果把这两种形成原因各异的现象统称为"地下水污染"，在科学上是不严谨的，从地下水保护的实用角度上，也是不可取的。因为前者是在漫长的地质历史中形成的，其出现是不可防止的；而后者是在较短的人类历史中形成的，只要查清其原因及途径并采取相应措施是可以防止的。因此，把上述两种原因所产生的地下水污染现象从术语及含义上加以区别，从科学严谨性及实用性来说都更加可取。

此外，在人类活动的影响下，地下水各种组分浓度的变化绝大部分处于由小到大的量变过程，在其浓度尚未超过某一标准之前，实际污染已经产生。因此，把组分浓度超标以后才视为污染，已失去了预防的意义。当然，在判定地下水是否污染时，应该参考水质标准，但其目的并不是把它作为地下水污染的标准，而是根据它判别地下水水质是否朝着恶化的方向发展。如果朝着恶化方向发展，则视为"地下水污染"，反之则不然。

尽管人们对水污染的含义理解有差异，但在污染造成水体质量恶化这一方面是有共识的。目前比较合理的定义可以表述为，凡是在人类活动影响下地下水水质朝着恶化方向发展的现象，统称为"地下水污染"。不管此种现象是否使水质恶化达到影响使用的程度，只要这种现象发生，就应视为污染。天然地下水环境中出现不宜使用的水质的现象，不应视为污染，而应称为天然水质异常。所以判定水体是否污染必须具备两个条件，第一为水质朝着恶化的方向发展；第二为这种变化是人类活动引起的（沈照理，1993）。

在实际工作中，经常会涉及三个概念：环境本底值、背景值和基线值。这三个概念很容易混淆，三者的区别即便是正式出版的刊物甚至大型专著上的描述也很不统一。

1. 环境本底值、环境背景值、环境基线值的概念

1）环境本底值

环境本底值是指环境要素在未受人类活动的影响下，其化学元素的自然含量，以及环境中能量分布的自然值。因为该数值反映着自然环境最初的本来面貌，所以称之为环境本底值。在人类活动的长期作用下，自然环境中化学元素的自然含量以及环境能量的自然值都发生了不同程度的改变，因此环境本底值在目前的环境状况下是根本不存在的，也是很难获得的。该参数只能作为理论研究的一个相对参数，一般不具有实际应用价值。

2）环境背景值

环境背景值是指在目前的环境条件下，研究区域内相对清洁区（人类活动影响相对较小的地区）化学元素的含量及能量值。该值已经包含了一定程度的人为影响，它是环境本底值向环境现状值过渡的一个数值。在环境质量评价过程中它可以作为环境污染的起始值，也可以作为衡量环境污染程度的基准，由于该数值比较容易获得（相对清洁区环境监测结果的统计平均值），也客观地反映着目前环境普遍遭到不同程度污染的状况，因此该值具有较广泛的应用价值。

3）环境基线值

环境基线值是指在环境影响评价中，评价区环境参数的目前水平值。该值实质上就是环境现状值，正因为在进行环境影响评价时，要把拟建工程的影响预测值叠加在该值之上，才可确定出拟建工程对环境的影响程度，所以用"基线"这一名词来突出该数值的特点。显然环境基线值既反映评价区的环境状况，又决定着拟建工程能否实施。

2. 环境本底值、环境背景值、环境基线值的区别

1）时间上的区别

环境本底值反映环境受人类活动干扰之前的环境状况，基线值反映目前的环境状况，背景值介于二者之间。三者的时间关系可以用一个图式来表示：人类活动干扰前（环境本底值）→人类活动开始干扰（环境背景值）→目前（环境基线值）。

2）获得途径上的区别

目前人类活动已经深入到自然界的每一个角落，要想找到一个完全不受人类干扰的环境是基本不可能的，那么要获得准确的环境本底值，实际上也是无法实现的，因此环境本底值的获得只能运用数学推断的方法。

在研究区内相对清洁或受人类活动影响较小的地区，通过采样分析，运用数理统计等方法，检验分析结果，然后取分析数据的平均值（或数值范围）作为环境背景值。

通过常规的环境监测分析，对研究区进行系统的监测，运用环境质量现状评价处理监测结果的方法获得环境基线值。

3）应用方面的区别

从理论上讲环境本底值反映着自然环境的本来面目，通过它的研究有助于了解当前环境问题的发生和发展，在与环境现状的纵向比较下，可以判断出环境质量的状况和环境污染的进程，但是由于该值无法准确获得，所以也就失去了其应用的价值。

环境背景值比较容易获得，并且允许有一定程度的人类活动的干扰，比较客观和现实地反映了当代环境物质的一般水平，该值可作为评价标准来衡量环境要素的质量或污染程度，特别是对那些目前还没有制订出评价标准或质量标准的环境要素或环境因子更具有应用的价值。环境基线值仅限于环境影响评价时应用。

2.2　地下水的天然化学组分

地下水中的天然化学成分，按其存在形式和数量一般可分为：大量组分、气体组分、微量组分和放射性组分。

2.2.1　大量组分

决定水化学类型的主要是常规的离子形式，如 Cl^-、SO_4^{2-}、HCO_3^-、Na^+、K^+、Ca^{2+}、Mg^{2+}等，另外 H^+、NH_4^+、NO_2^-、NO_3^-、$H_3SiO_4^-$、Fe^{3+}、Fe^{2+}也列入大量组分。

1. 氯离子（Cl^-）

1）迁移能力

Cl^-具有很强的迁移能力，其原因有三个方面：①不形成难溶化合物；②不被胶体所吸附；③不被生物所吸附。

2）分布规律

地下水中的 Cl^-含量随地下水矿化度的增高而增高，在高矿化度水中，占阴离子首位，形成氯化物水。

3）来源

地下水 Cl^-来源中主要有三方面：有机来源、无机来源和大气降水，例如岩盐或其他含氯沉积岩溶解（龙玉桥等，2017），岩浆岩含氯矿物，氯磷灰石、方钠石等的风化溶滤，海水入渗或风将海水带到陆地后溶解深入，深部水或火山喷发物，人工污染、工业和生活污水的渗入污染，动植物的排泄和动物尸体腐烂等。

2. 硫酸根离子（SO_4^{2-}）

1）迁移能力

SO_4^{2-} 迁移能力较强，仅次于 Cl^-，其迁移性能受下列四个因素控制：①水中 SO_4^{2-} 易与 Ca^{2+}、Ba^{2+}、Sr^{2+} 等离子形成难溶盐；②热带潮湿地区土壤中的 $Fe(OH)_2^-$、$Al(OH)_2^{2+}$ 胶体可以吸附 SO_4^{2-}（王会霞等，2021）；③SO_4^{2-} 易被生物吸收，硫是蛋白质的组成部分；④脱硫酸作用：在缺氧、有脱硫酸菌存在的情况下，SO_4^{2-} 被还原成 H_2S，其过程如下。

$$SO_4^{2-} + 2C（有机质）+ 2H_2O \xrightarrow{\text{脱硫酸菌}} 2HCO_3^- + H_2S$$

2）分布规律

地下水中 SO_4^{2-} 的分布规律主要有：①SO_4^{2-} 含量随地下水矿化度增高而增加，但增加速度明显落后于 Cl^-。在中等矿化度水中，常成为含量最多的阴离子；②在某些特殊情况下，地下水中 SO_4^{2-} 含量可达到很高，例如硫化矿氧化带中的矿坑水，石膏层岩层地下水。

3）来源

地下水中 SO_4^{2-} 来源主要有石膏、硬石膏及含硫酸盐的沉积物，硫化物及天然硫的氧化，火山喷发物中的硫和硫化物的氧化，大气降水中的 SO_4^{2-}，有机物的分解以及生活、工业、农业废水的排放。

3. 碳酸氢根（HCO_3^-）和碳酸根（CO_3^{2-}）

1）碳酸平衡及其与 pH 的关系

地下水中的碳酸以三种化合物形态存在：游离碳酸，它以溶解的二氧化碳或者碳酸形态存在，习惯上记为 H_2CO_3；重碳酸根，即 HCO_3^-；碳酸根，即 CO_3^{2-}。

在 25℃，1 个标准大气压（$1atm = 1.01325 \times 10^5 Pa$）条件下，$CO_2$ 溶于水后在不同的 pH 条件下有不同的溶解类型：当 pH＜6.4 时，H_2CO_3 占优势；当 6.4＜pH＜10.3 时，HCO_3^- 占优势；当 pH＞10.3 时，CO_3^{2-} 占优势。

2）分布规律

HCO_3^- 在低矿化度水中的主导地位在阴离子中占首位。在某些含 CO_2 的水中，含量可达 1000mg/L 以上，在强碱、强酸水中，HCO_3^- 极少见（陈盟等，2020）。天然水中 CO_3^{2-} 含量一般很低，但在苏打水中可达到很高。

3）影响 HCO_3^-、CO_3^{2-} 迁移的因素

因为容易产生碳酸钙沉淀，Ca^{2+} 制约着水中 HCO_3^- 和 CO_3^{2-} 的含量。

4）来源

地下水中 HCO_3^- 和 CO_3^{2-} 来源主要有几个方面：大气中二氧化碳的溶解；各种碳酸盐及胶结物的溶解和溶滤；非碳酸盐的火成岩的生物风化作用；深层二氧化碳的加入。从上述来源分析可知，其起源与二氧化碳密不可分，往往一半来自二氧化碳，一半来自碳酸盐。

4. 硅酸

1）地下水中硅酸（SiO_2）的存在形式

在地下水中的硅酸有以下几种：H_4SiO_4（正硅酸）、H_2SiO_3（偏硅酸）、$H_2Si_2O_5$（二偏硅酸）和 $H_6Si_2O_7$（焦硅酸），H_2SiO_3 因其形式简单，常以它代表水中的硅酸。

在大多数的地下水中，SiO_2 以不离解的 H_4SiO_4 形式存在，但在强碱性条件下，水中会出现 $H_3SiO_4^-$。水中硅酸衍生物的比例与 pH 的关系如表 2.2-1 所示。

表 2.2-1　水中硅酸衍生物的比例与 pH 的关系　　　　　　　　　（单位：mol%）

硅酸衍生物的存在形式	pH			
	7	8	9	10
H_4SiO_4	99.9	98.6	87.7	41.5
$H_3SiO_4^-$	0.1	1.4	11.3	58.5

在强碱性条件下（pH＞9），H_4SiO_4（单体硅酸）往往会发生聚合，形成硅胶溶液。

SiO_2 在地下水中的存在形式归纳为：①在一般地下水中，SiO_2 以 H_4SiO_4 或硅酸钠盐的分子分散状态存在，硅胶出现极少；②在碱性地下水中，SiO_2 部分以 H_4SiO_4 形式存在，部分以 $H_3SiO_4^-$ 形式存在，部分以硅胶形式存在。

2）地下水中 SiO_2 的沉淀条件

与含电解质的水溶液相遇，可使硅酸凝结成含水蛋白石而析出，如钙离子的加入会导致 SiO_2 沉淀。一般碱性介质有利于 SiO_2 的溶解，酸性介质不利于 SiO_2 的迁移，当碱性介质流经酸性环境时，则会沉淀 SiO_2。温度增高，有利于 SiO_2 在水中的溶解；反之则会导致 SiO_2 的沉淀。硅是很多生命物质的食物，水中 SiO_2 由于细菌参与的生物化学作用（如硅藻的作用），在生物圈往往会大量沉淀下来。

3）地下水中 SiO_2 的含量

地下水中 SiO_2 的平均含量为 17mg/L，不同类型地下水中 SiO_2 的含量大致如下：

①微矿化硅酸、硅酸-重碳酸型潜水中的 SiO_2 含量一般为 5～25mg/L，常占阴离子首位，形成硅酸型水或硅酸-重碳酸型水；

②低矿化度潜水和浅层承压水中的 SiO_2 含量为 10～40mg/L，为 HCO_3^- 型水；

③弱矿化碱性硅质热水中的 SiO_2 含量一般大于 40mg/L，以 60～100mg/L 居多，硅酸在水中占矿化度的 20%～40%。

4）硅酸水与硅质水

$HSiO_3^-$ 占阴离子首位（按 mol%计）的水叫硅酸水；SiO_2 含量大于 50mg/L 的水称为硅质水；$HSiO_3^-$ 含量大于 50mg/L 的水称为硅酸泉，可作饮料与浴疗；$HSiO_3^-$ 含量大于 30mg/L 的水可称为天然饮料矿泉水；$HSiO_3^-$ 含量为 25～30mg/L，水温为 20℃以上或水同位素年龄大于 1 年的水可称天然饮料矿泉水。

5. 氮的化合物

1）地下水中氮及其存在形式

地下水中溶解的氮主要有 NO_3^-、NO_2^-、NH_4^+ 及水中的气态氮（N_2O 和 N_2）和有机氮，其中 NO_3^- 是常量组分，其他是微量组分。地下水中 NO_3^- 含量范围为 0～900mg/L；NH_4^+ 在某些情况下可能达到较高的浓度，如珠江三角洲的地下水；NH_4^+ 含量可达 300mg/L；NO_2^- 含量一般小于 0.1mg/L；有机氮含量小于 1mg/L。

2）来源

氮主要是人为来源，包括化学肥料、农家生活污水及生活垃圾等，但少数地方为天然来源。地下水污染主要是 NO_3^- 污染。

3）地下水中氮的相互转化

地下水中氮的相互转化作用有铵化作用、硝化作用、去硝化作用、固氮作用和铵吸附作用。

6. 常见的阳离子

地下水中常见的阳离子有 K^+、Ca^{2+}、Na^+ 和 Mg^{2+}。

7. 氢离子（H^+）

影响地下水中氢离子浓度（pH）的因素主要为水中不同形式的碳酸含量，主要来源有：酸性土壤枯枝落叶层和沼泽中的腐殖酸、盐类的分解、硫化矿床氧化、微生物作用和酸性气体。

8. 铁和铝

1）地下水中的含量

一般地下水中，Fe^{2+} 含量小于几十毫克每升，但在 pH<4 的酸性水中可达几十至几百毫克每升（任晓辉，2020）。Fe^{3+} 以胶体存在，一般含量很小。

Al^{3+} 在地下水中含量一般小于 1mg/L，但在 pH<4 的酸性水中可达几十毫克每升。

2）迁移性能

Fe 是变价元素，Fe^{2+} 在酸性环境中迁移能力强；Fe^{3+} 迁移性能很弱，当地下水中含足够氧时，Fe^{3+} 可以呈胶体状态迁移，此时迁移性能增强。Al 是非变价元素，迁移性能很差，其氢氧化物产生水解沉淀的 $pH_水 = 3.1$。在强酸性水中（pH<4）以 Al^{3+} 形式存在；在碱性水中，形成 AlO_2^- 和 AlO_3^{3-}。

2.2.2　气体组分

地下水中主要的气体组分有 O_2、N_2、CO_2、H_2S、CH_4、H_2、碳氢化合物及少量的惰性气体，这些气体可能来源于空气（O_2、N_2、CO_2）、生物化学（H_2S、CH_4、N_2、CO_2）反应及核反应（He、Rn）。

1. 氧（O_2）

1）含量分布特征

地下水中溶解氧的含量一般在 0～15mg/L，地下水中的 O_2 含量随深度增加而减小，缺氧环境各地深度不一，主要取决于地下水与大气的隔离度。

2）来源

地下水中氧来源主要有三个方面：①大气，氧占大气 21%，所以地下水中 O_2 浓度主要取决于地下水与大气的隔离程度；②水生植物光合作用释放氧，光合作用把 CO_2 转变为 O_2；③放射性作用使水或水中有机物质分解而释出氧。

3）氧的水文地球化学作用

O_2 决定地下水的氧化还原状态，从而影响水中元素的迁移。如在含氧多的地下水中，Fe 形成高价化合物而沉淀；反之，地下水中含氧少，则形成低价态化合物而易于在水中迁移。O_2 对金属材料具有侵蚀作用（如自来水管的锈蚀），O_2 还影响水生动植物的生存。

2. 氮（N_2）

1）来源

地下水中氮的来源主要有两个：①大气，N_2 占大气的 78%；②在封闭缺氧的地质构造中，去硝化作用将 NO_3^- 和 NO_2^- 转为 N_2。

2）分布特征

N_2 的化学性质不及 O_2 活泼，它的含量随深度的增加而减少不及 O_2 明显。

3. 硫化氢（H_2S）

1）地下水中 H_2S 的存在形式

地下水中硫化氢衍生物的比例与 pH 的关系如表 2.2-2 所示。

表 2.2-2　水中硫化氢衍生物的比例与 pH 的关系　　　　　　（单位：mol%）

衍生物的存在形式	pH						
	4	5	6	7	8	9	10
H_2S	99.8	98.8	78.3	43.9	7.3	0.8	0.09
HS^-	0.2	1.2	21.7	56.1	92.7	99.2	99.01

2）分布特征

一般地下水中 H_2S 含量很低，多在 1mg/L 以下。在油田地下水及现代火山活动地区地下水中，H_2S 含量较高，可达几百毫克每升至几十克每升，H_2S 的存在说明地下水处于还原环境。

3）来源

有机来源：含硫蛋白质的分解，经常出现在生物残骸腐烂的地方。

无机来源：①缺氧条件下，脱硫酸作用使硫酸盐还原分解而产生 H_2S；②火山喷发气体的析出。

4）与人体健康关系

H_2S 含量在 2mg/L 以上的地下水，称为 H_2S 矿水，H_2S 矿水可治疗多种外伤及皮肤病。

4. 二氧化碳（CO_2）

1）分类

游离 CO_2：溶解于水中的 CO_2 统称为游离 CO_2。

平衡 CO_2：与碳酸氢根平衡的 CO_2 称为平衡 CO_2。

侵蚀性 CO_2：当水中游离 CO_2 含量大于平衡 CO_2 时，多余的 CO_2 对碳酸和金属构件等具有侵蚀性，这部分 CO_2 即侵蚀性 CO_2。

2）来源

地下水中 CO_2 来源主要有三个方面：①空气中的 CO_2；②土壤中生物化学作用产生的 CO_2；③浅部地下水中 CO_2 来自深部地壳中发生的各种变质作用产生的 CO_2、幔源碳逸出的 CO_2、岩浆分异作用产生的 CO_2。

5. 甲烷（CH_4）

CH_4 是最简单的有机物，它可由有机质的各种生物化学作用产生。一般地下水中 CH_4 含量不高，只有在封闭的还原环境的地下水中达到较高含量。石油及卤水中 CH_4 含量很高，当地下水中有硫酸盐时，甲烷能促使还原而产生 H_2S 气体，甲烷是强还原环境标志之一。

2.2.3　其他组分

1. 微量组分

微量组分不决定水化学类型，常见的有 Br、I、F、B、Mo、Li、Cu、Pb、Zn、P、As、Sr、Ba、Ni、Co 等。

2. 放射性组分

地下水中放射性组分有 U、Th、Ra、Rn 等。

2.3　地下水环境背景值的确定及成因

在地下水环境中，天然情况下不会出现的污染物指标，认为其没有背景值，为人工组分，只要在实际调查中检出这类污染物指标就视为遭受到了污染；而对于在天然情况下原本就可能存在的指标组分，认为其存在背景值，将其定义为天然组分，以背景值或对照值作为评价标准，超过背景值即认为可能存在污染。

2.3.1　地下水环境背景值的概念

1924 年美国学者克拉克（F.W.Clarke）最先提出了背景值概念，他在研究报告中将地壳、岩石、大气和水体各种化学元素的平均含量称为克拉克值。苏联学者维诺格拉多夫等对岩石、土壤和生命物质中的元素做了进一步研究。

中国在 20 世纪 80 年代初将环境背景值又称为环境基准值，是指在没有或基本没有经过人类活动污染的情况下，岩石、土壤、水体、植物等的自然组成。

自 1975 年美国学者康纳（J.J.Connor）提出"环境背景值"概念后，我国于 20 世纪 90 年代初也正式提出了"地下水环境背景值"的概念。20 世纪 90 年代中期，地下水背景值得到了快速的发展和应用，但由于概念和含义不够严格，在认识和方法上仍存在分歧。

经统计，1960～2022 年全国对地下水环境背景值研究情况如图 2.3-1 所示，可明显看出 2000 年后发文量有明显增加。

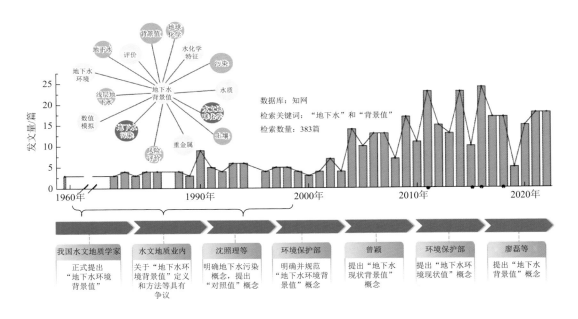

图 2.3-1　地下水背景值研究现状

由于地下水的形成、运动、演化与大气降水、地表水有密切的联系，是水与周围介质（大气圈、生物圈、岩石圈）在长期历史进程中相互作用的结果，随其所处的环境不同，水化学成分各异，因此地下水环境背景值具有空间差异性和时间差异性。

空间差异性主要表现在地下水环境背景值是环境特征的定量反映，不同的环境单元，其特征具有极大差异性，因此，不同的环境单元具有不同的环境背景值，在同一单元内部，由于地下水的流动性和地质体的不均匀性，不同地点，上下游之间水-岩相互作用的强度和特点仍有一定差异，环境各要素会表现出局部差异和渐变的特点，即在同一单元内，地下水环境背景值表现为一个范围值，它是属于单元的，而不是一个点的。

时间差异性主要表现在地下水形成环境中，地质、水文地质等条件较为稳定，而水文、气象和人为因素等变化较大，这些因素的影响会使地下水的物理、化学性质随时间有一定的变化，即地下水环境背景值还具有时间差异性，不同时间进行地下水环境背景值监测得到的结果有一定差异。

2.3.2　地下水环境背景值影响因素

地下水化学成分的形成是地下水与周围含水介质及其内在因素进行长期而复杂的物理、化学、生物作用的结果，并随着环境条件的变化而不断地发生演变，形成一种复杂的动态平衡体系（图 2.3-2）。地下水环境背景值的形成，主要取决于元素本身的物理化学性质和其所处的水文地球化学条件两大因素。

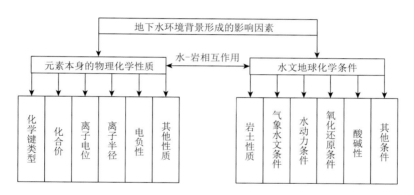

图 2.3-2　地下水环境背景形成因素

1. 元素本身的物理化学性质

元素（化合物）本身的物理化学性质包括化学键类型、化合价、离子电位、离子半径、电负性及其他性质。这些性质对地下水中元素的形成、迁移、富集等均有重要影响。相邻的两个或多个原子之间强烈的相互作用，称为化学键。化学键是使原子相互作用而结合成分子的主要因素，常见的三种化学键类型有离子键、共价键和金属键。一般元素在地下水中以离子形式出现，多为离子键，其与不同的阴离子团结合形成可溶性盐或沉淀物，直接影响地下水中离子含量。元素的化合价与溶解度密切相关，化合价越高，溶解度越低，反之则越高。对同一种元素，一般化合价不同，迁移能力也不同。低价元素的化合物其迁移能力大于高价元素的化合物，比如 $Fe^{2+}>Fe^{3+}$、$Cr^{3+}>Cr^{6+}$、$Mn^{2+}>Mn^{4+}$ 等。

电负性以一组数值的相对大小表示元素原子在分子中对成键电子的吸引能力。元素电负性数值越大，原子在形成化学键时对成键电子的吸引力越强。电负性值较大的元素在形成化合物时，由于对成键电子吸引较强，往往表现为负化合价，如 F^-；而电负性值较小者表现为正化合价，如 Na^+。当化学键两端元素的电负性相差很大时所形成的键则以离子键为主。元素的离子半径不仅影响黏土矿物对阳离子的吸附能力，而且影响化合物的溶解度。黏土矿物对同价阳离子的吸附能力随离子半径的增大而增大，如 $K^+ > Na^+ > Li^+$，$Ca^{2+} > Mg^{2+}$。

2. 水文地球化学条件

1）岩土性质

岩浆岩：富含 SiO_2 和 Al_2O_3，在基性和超基性岩中，CaO、MgO 和 FeO 的含量甚高，酸性岩中富含 Ti、Cu、Pb、Zn、Cr、Ni、As、Co 等。

碳酸盐岩：富含 CaO、MgO，其余氧化物还有 SiO_2、TiO_2、Al_2O_3、FeO、Fe_2O_3、K_2O、Na_2O 和 H_2O 等，此外还有一些微量元素或痕量元素，如 Sr、Ba、Mn、Ni、Co、Pb、Zn、Cu、Cr、V、Ti 等。

变质岩：主要造岩氧化物是 SiO_2、Al_2O_3、Fe_2O_3、FeO、MgO、MnO、CaO、K_2O、Na_2O、H_2O、CO_2、TiO_2 以及 P_2O_5 等，由石灰岩变质形成的大理岩中几乎不含 SiO_2。岩土的矿物成分和化学性质是控制地下水化学成分的基本条件，也是最主要的条件。地下水的化学成分与岩土的化学成分具有一致性，其含量也是密切相关的。

2）气象水文条件

地下水主要来源于大气降水，其次是地表水，如河流、湖泊、海洋等。这些水在进入含水层之前，已经含有某些化学物质，与岩土接触后进一步发生变化。初降雨水一般杂质较多，雨季中后期雨水则杂质较少。大气降水的矿化度一般为 0.02～0.05g/L，大气降水中宏量组分（如 Ca^{2+}、Na^+、Mg^{2+}、SO_4^{2-}、Cl^- 等）含量较高。

大气降水是地下水的主要补给来源，因此大气降水的成分对地下水化学成分的形成起着重要作用，降水量也对元素在地下水中的含量有重要影响。如 Ca^{2+} 在地下水中的含量会随降水量的增大而减小，其主要原因是降水中 Ca^{2+} 含量过低，稀释作用大于物理化学作用和溶滤作用。地表水体化学组分对地下水也有一定影响，主要发生在与地下水有水力联系的地带。

3）水动力条件

地下水的水动力条件是地下水环境背景值形成的重要因素，一般地下水径流条件好，则地下水中的化学组分易流失而贫乏；反之则不容易流失而富集。山前地区地下水中 Cl、HCO_3^-、K、Ca、Na、F、Fe、Mn、As、Ni 等元素含量相对径流条件差的平原区要低。

4）氧化还原条件

氧化还原条件对地下水环境背景值的形成起着重要作用。自然界中，变价元素在不同的氧化还原环境中常发生氧化还原反应，电子的得失使地下水化学成分发生改变，从而影响元素的迁移。在地下水化学组分中，Fe、Mn、Co、As、Cr 及 NO_3^-、NH_4^+、Mo^{6+}、

11）锌

锌是一种十分常见的金属，被广泛应用于冶金，氧化锌作为涂剂，经常被救生员抹在鼻子上。锌以 +2 价形式存在。碳酸锌的平衡常数很低，为 10^{-10}，这会在以碳酸根离子为主的 pH 范围内限制锌的溶解度。当 pH 为 8～11 时，HCO_3^- 浓度为 610mg/L 时，溶解锌的量不到 100μg/L。

12）镉

镉的毒性很强，在饮用水中的最大污染物水平（maximum contaminant level，MCL）很低，为 10μg/L。镉在水中以 +2 价的形式存在。碳酸镉的溶度积很低，为 $10^{-13.7}$。尽管在有些条件下可以控制镉的溶解度，但镉在环境中仍然是可移动的。

13）汞

汞有比其他任何无机化学物质都低的最大污染物水平（MCL），为 2μg/L。汞有毒，在食物链中易被富集，尤其是鱼类含汞量最大，日本已暴发多起汞中毒事件。工业过程和地表污染水体的排放可能导致鱼类有较高的汞含量。渔民一天吃三顿鱼，受害者的死亡率达到 40%，并且毒素从看上去健康的母亲传递到了未出生的胎儿。汞以金属单质以及 +1 价和 +2 价等形式存在。大多数无机汞化合物的溶解度都很低。Hg_2Cl_2 的溶度积为 $10^{-17.9}$，HgS 的溶度积为 10^{-50}。在大多数天然条件下几乎没有可溶的无机汞，产甲烷菌可以把金属汞转化为有机形式，如甲基汞（$HgCH_3^+$）是溶于水的。细菌同时还可以生成挥发性的二甲基汞[$Hg(CH_3)_2$]。汞的其他有机形式，如氯化乙基汞（C_2H_5HgCl），是人造杀真菌药。

14）铅

铅在水溶液中以 Pb^{2+} 的各种氢氧化物形式存在。含铅化合物的溶度积各不相同，在适当的氧化还原条件和酸碱性条件下，天然水体中铅的溶解度会受到限制：$PbCl_2$ 的溶度积 $K_{sp} = 10^{-4.8}$；PbF_2 的溶度积 $K_{sp} = 10^{-7}$；$PbSO_4$ 的溶度积 $K_{sp} = 10^{-7.8}$；$PbCO_3$ 的溶度积 $K_{sp} = 10^{-13.1}$；PbS 的溶度积 $K_{sp} = 10^{-27.5}$。铅和其他金属阳离子可以和黏土进行阳离子交换，因此，地下水中铅的活动受到限制。在自然界中铅作为微量元素存在。然而，铅还有许多人为来源，包括采矿、冶炼、颜料、砷酸铅农药和含铅汽油等。城市地区的土壤有更高的含铅量，主要是由于建筑物的涂料剥落和含铅汽油的燃烧。

2.4.2　有机污染物

有机化合物的种类繁多，据贝尔斯坦（Beilstein）有机化学数据库数据，1771～2008 年已经确认的有机化合物超过 1030 万种，而且每年都有新的有机化合物被不断地产生出来。生产、运输、存储、使用等环节的不当，有可能导致种类繁多的有机化合物进入地下水系统。其中很多有机化合物具有难降解、毒性大的特点，它们尽管在地下水中含量可能很低，通常以微克每升甚至纳克每升计，但是对供水安全所造成的危害巨大。

有机污染物的种类众多，人类对地下水有机污染物的认识目前还远跟不上有机污染物产生的速度，例如 2004 年在《美国饮用水水质标准》中，共列出了 171 种有机污染物，其中明确有饮用水标准上限的只有 61 种。关于地下水中有机污染的种类划分目前还很不完善，主要是依据有机污染物的种类划分，例如卤代烃类、代类、单环芳烃类、农类、多环芳烃类、酚类、酯类等。随着分析技术的不断发展和研究水平的不断提高，会有越来越多的有机污染物被发现和重视。

地下水有机污染物大多与石油产品和煤焦油有关。向环境中排放汽油、柴油、煤焦油和增碳水煤气焦油曾经引发严重的地下水和土壤污染事件。汽油和柴油污染与服务站、炼油厂、管道、特殊码头及其他地点的地下储油罐的渗漏有关。煤焦油和增碳水煤气焦油污染则可在造煤气厂址、焦副产品所在地和焦油提炼处出现。

石油馏分、煤焦油和增碳水煤气焦油中不同烃的水溶解度相差很大。苯、甲苯、乙苯和二甲苯都具有显著的水溶性，在汽油中的量较大，在柴油、煤焦油和增碳水煤气焦油中的量较少。然而，所有这些产品都含有苯、甲苯、乙苯和二甲苯（BETX）污染物。煤焦油和增碳水煤气焦油含有相当数量的萘和甲基萘，尽管它们的量通常少于 BETX。由于多环芳烃的溶解度低得多，所以它们只有很少的量溶解于水中。然而，在水中不溶解的化合物会在土壤中出现。因此，煤焦油所在地的土壤中经常有高浓度的各种各样的多环芳烃。

汽油中的添加剂也能成为地下水污染物。过去，美国使用含铅汽油，这些添加剂包括四乙基铅、1, 2-二溴乙烷和 1, 2-二氯乙烷。后来铅被从汽油中逐步淘汰，取而代之的是其他辛烷值促进剂。这些物质包括甲醇和乙醇，它们极易被生物降解，尚未证明它们会对地下水造成污染。值得关注的是，添加剂甲基叔丁基醚（methyl tertiary butyl ether，MTBE）到汽油中不仅有助于提高辛烷值，而且也为燃料提供氧，从而产生一种更加清洁的燃料。美国国家环境保护局规定，在夏季大气层臭氧浓度高和冬季一氧化碳浓度高的一些地区必须使用加氧燃料。

有机化学品的许多物理性质影响它们的行为，这些物理性质包括熔点、沸点、密度、蒸气压、蒸气密度、辛醇-水分配系数和亨利定律常数等。有机化合物以碳原子为基础，它可以与氢、卤、氧、氮、磷和硫结合。最简单的有机化合物是烃类，它的分子中只含有碳和氢。碳原子有四个键位，可以与其他碳原子形成碳碳单键、碳碳双键和碳碳三键。有机化合物的命名有一个正式的命名系统，但许多化合物在正式的命名系统建立以前就有了俗名。许多有机化合物可以通过化学和生物方法进行降解，从而减小相对分子质量和简化结构。烃类的降解产物是二氧化碳或甲烷，这取决于降解发生的条件。对溶解于水中的有机化合物最常用的分析方法是气相色谱分析法、质谱分析法和气相色谱-质谱联用分析法。指纹法（如 GC/FID 法）可以用来确定土壤中非水相流体（NAPLs）或烃的来源。

2.4.3 放射性污染物

常见的地下水放射污染物包括总 α 放射性、总 β 放射性等。放射性污染物在地下水中比较少见，且种类比较少，如 ^{226}Ra、^{238}U、^{60}Co、^{90}Sr 等，这类污染物只在局部地方发现，多与放射性物质生产和使用有关，例如核电站的核废料处置过程中产生的废水，医疗单位放射科产生的废水等。

2.4.4　生物污染物

地下水生物污染物主要包括细菌、病毒和寄生虫，《地下水质量标准》（GB/T 14848—2017）中的生物污染物主要有总大肠菌群、菌落总数。它们主要由人类和牲畜的粪便等排泄物以及尸体等引起，多出现在农村卫生条件比较差的地区。

2.4.5　原生劣质地下水

天然成因的劣质地下水，是地下水在自然循环过程中与岩土介质发生水-岩相互作用，经长期演化而形成的。这种天然形成的原生劣质地下水主要有高矿化度水、高氟水、高砷水和其他有害离子超标的地下水，以及由于某些重要的微量元素缺乏而形成的劣质地下水（蒋辉等，2010）。天然成因的劣质地下水容易导致地方病。高矿化度水和高氟水往往是伴生的，有时还与高砷水伴生，会加重劣质地下水的严重性。

原生劣质地下水具有如下特点：①区域性。与点源污染所致污染羽不同，它是岩石（或沉积物）矿物中的有害组分通过水-岩相互作用和水循环作用，在特定地质单元内迁移转化形成的区域性自然现象。②复杂性。受地质、水文地质、气候等多因素影响，有害组分的来源和迁移富集过程难以识别，时空分布呈现高度变异性。③伴生性。在分布格局上常出现多种劣质地下水与优质地下水相互伴生，原生劣质地下水常与居民的缺水、地方病等问题伴生。

1. 高矿化度地下水

我国有近 4000 万人生活在浅层地下水为高矿化度水的地区。高矿化度地下水（矿化度大于 1g/L）在我国分布范围较广，北方地区地下水矿化度一般大于 1g/L，西北平原区及内陆盆地有时可达几十克每升。矿化度高的地下水往往硬度和碱度也高，味咸而苦，被人们称为"苦咸水"。这种苦咸水不仅会损害饮用者的健康，也不宜作为灌溉用水。如果浅层地下水主要为高矿化度水，将严重影响地区的社会经济发展。高矿化度地下水的形成与溶滤作用、蒸发浓缩作用和海相沉积作用有关，受古气候环境和沉积规律的影响。

2. 高砷地下水

砷在人体积累可以导致各个器官的损害，出现皮肤癌、乌脚病、色素沉着等病症，还容易导致肝病和肾病。高砷地下水（砷含量大于 0.1mg/L）主要分布于我国华北平原、河套平原、大同盆地、松嫩平原、江苏沿海平原、珠江三角洲、新疆塔里木盆地和准噶尔盆地等地。高砷地下水的形成与古地理、古沉积环境有很大的关系，通过含砷无机物的氧化、富含铁锰的矿物吸附、细粒沉积物中的厌氧还原、生物作用等途径在地下水中富集。高砷地下水三种主要的地球化学过程包括还原溶解、硫化物氧化和竞争吸附。

3. 高氟地下水

高氟地下水（氟含量大于 1mg/L）主要分布于华北平原、山西、河套平原、松嫩平原和塔里木盆地等地区。通常，高氟地下水属于 $Na-HCO_3$ 型，Ca 浓度相对较低（Ca 浓度小于 20mg/L），pH 为中性至碱性（pH 为 7～9）。地下水中的氟主要来源于岩石矿物的溶解，如萤石、冰晶石、氟磷灰石、云母和电气石等都含有氟。经过地下水的搬运，氟离子可以迁移到低洼地区，并在干旱气候条件下在一定的物理化学环境中富集，从而成为高氟地下水。地下水中氟的水文地球化学过程包括干旱/半干旱地区的溶解/沉淀、吸附/解吸和蒸发。含氟矿物的浸出是高氟地下水形成的最重要过程，因此含水层的岩性和地质条件是地下水富集氟的基础。

4. 高碘地下水

高碘地下水主要分布于华北平原、河套平原、长江三角洲、珠江三角洲、新疆塔里木盆地等地区，自然界含水层中碘主要来源于土壤、沉积物和生物群的吸附及基岩侵蚀，碘富集受环境因素（如氧化还原电位和酸碱性等）控制，金属氧化物（氢氧化物）的异化还原和有机物的生物降解是含水层中碘迁移富集的主要机制。

5. 高铁锰地下水

高铁锰地下水（铁含量大于 0.3mg/L，锰含量大于 0.1mg/L）在我国地下水资源中已经越来越普遍，约占地下水资源总量的 20%，主要分布在人口密集的冲积平原及内陆盆地，特别是在北方地区。铁锰的迁移与成岩层的岩性有关，通过风化作用使得原生矿物中的铁锰活化，长期通过围岩作用，与含水层岩性及其化学物质反应，经降水与灌溉通过地表入渗补给地下水，在地下水氧化还原环境中富集。

2.5 地下水污染源

2.5.1 地下水污染源分类方法

当前地下水污染源分类方法多是结合研究或管理的需要，从污染来源、污染物性质或污染物的排放方式等某一特性出发进行划分。

1. 第二次全国污染源普查分类

根据 2020 年 6 月 8 日公布的我国《第二次全国污染源普查公报》，普查对象是我国境内排放污染物的工业污染源（以下简称"工业源"）、农业污染源（以下简称"农业源"）、生活污染源（以下简称"生活源"）、集中式污染治理设施和移动源。2017 年末，全国普查对象数量 358.32 万个（不含移动源），包括工业源 247.74 万个，畜禽规模养殖场 37.88 万个，生活源 63.95 万个，集中式污染治理设施 8.40 万个；以行政区为单位的普查对象数量 3497 个。

1）工业源

工业源主要是指工业"三废"（废水、废气、废渣）。工业废水，如电镀废水、酸洗废水、轻工业废水（如纺织印染废水）、冶炼工业废水、石油化工有机废水等有毒有害废水，若直接流入或渗入地下，将会导致地下水化学污染。工业废气是指气体中有害物质如 SO_2、H_2S、CO、CO_2、氮氧化物、汞、铅等，随降雨落到地面，通过地表径流下渗对地下水造成污染。工业废渣，如高炉矿渣、钢渣、粉煤灰、硫铁渣、电石渣、赤泥、洗煤泥、硅铁渣、选矿场尾矿、污水处理厂的污泥等，由于露天堆放或者地下填埋防渗防漏措施不合理，风雨淋滤后，其中有毒有害物质直接或间接污染地下水。

《第二次全国污染源普查公报》（2020 年）数据表明，2017 年末，普查到工业企业或产业活动单位 247.74 万个。工业源普查对象数量居前 5 位的地区分别为：广东 55.48 万个，浙江 43.18 万个，江苏 25.56 万个，山东 16.62 万个，河北 14.27 万个。上述 5 个地区合计占工业源普查对象总数的 62.61%。

工业源普查对象数量居前 3 位的行业分别为：金属制品业 31.19 万个，非金属矿物制品业 23.08 万个，通用设备制造业 22.68 万个。上述 3 个行业合计占工业源普查对象总数的 31.06%。

2017 年末，工业企业的废水处理设施 33.12 万套，设计处理能力 2.98 亿 m^3/d，废水年处理量 392.00 亿 m^3。2017 年，水污染物排放量中化学需氧量（chemical oxygen demand，COD）90.96 万 t，氨氮 4.45 万 t，总氮 15.57 万 t，总磷 0.79 万 t，石油类 0.77 万 t，挥发酚 244.10t，氰化物 54.73t，重金属 176.40t。

根据 2021 年《中国环境统计年鉴》相关统计数据，2020 年全国工业废水排放总量为 177.2 亿 t。2020 年全国工业源化学需氧量排放量 2564.7 万 t，氨氮排放量 98.4 万 t。据统计年鉴数据，初步得出这些行业的污染物排放是地下水污染的最重要污染源，13 个行业包括黑色金属采选业、有色金属采选业、纺织业、皮革、毛皮、羽毛（绒）及其制品、造纸及纸制品业、石油加工炼焦业、核燃料加工业、化学原料及化学制品制造业。数据显示，对地下水环境污染风险较高的重金属、石油类、氰化物等污染物，这 13 个行业的排放量占了一半以上，重金属排放量占全国 90%以上，氰化物、挥发酚和石油类排放量也占全国 60%以上，COD 和氨氮也占全国总排放量 50%以上。

2）农业源

农业生产过程中农药、化肥过量施用以及不合理的污水灌溉是地下水的主要污染源之一，灌水与降水等淋溶作用造成地下水大面积受到农药与化肥污染。截至 2017 年，涉及种植业的区/县 3061 个，水产养殖业的区/县 2843 个，畜禽养殖业的区/县 2981 个，入户调查畜禽规模养殖场 37.88 万个。2017 年，农业源水污染物排放量中化学需氧量 1067.13 万 t，氨氮 21.62 万 t，总氮 141.49 万 t，总磷 21.20 万 t。

我国化肥吸收率一般低于 40%，大量化肥流失已经成为地下水污染的主要来源。大量农药及杀虫剂、除草剂等的使用，给地下水安全带来了极大隐患。我国农灌污水大部分未经处理，有 70%～80%的污水不符合农灌水质要求。污水灌溉渗漏大量污染物，使污灌区 75%左右的地下水遭受污染。

畜禽养殖，尤其是规模化畜禽养殖是农村地下水污染的另一个重要污染源。全国污染源普查动态更新结果显示，2017 年，水污染物排放量中化学需氧量 1000.53 万 t，氨氮 11.09 万 t，总氮 59.63 万 t，总磷 11.97 万 t。其中，规模化畜禽养殖场水污染物排放量中化学需氧量 604.83 万 t，氨氮 7.50 万 t，总氮 37.00 万 t，总磷 8.04 万 t。规模化畜禽养殖场污染治理水平整体较低，养殖场粪污科学利用及达标排放水平不高，大量畜禽养殖粪便污水未经处理直接排放是农村地下水污染的一个重要来源。

3）生活源

生活污染源主要是生活垃圾和生活污水。一方面，目前生活垃圾主要采取填埋的方式，随着日晒雨淋及地表径流的冲刷，其溶出物会慢慢渗入地下，污染地下水；另一方面，生活污水处理率低，特别是在广大农村地区，生活污水有的直接排入附近水体，有的通过化粪池直接渗漏，对地表水和地下水均产生了不良影响。2017 年，生活源普查对象 63.95 万个，其中行政村 44.61 万个，非工业企业单位锅炉 9.62 万个，对外营业的储油库和加油站分别为 0.14 万个和 9.58 万个。城镇居民生活源以城市市区、县城（含建制镇）为基本调查单元。

2017 年，生活源水污染物排放量中化学需氧量 983.44 万 t，氨氮 69.91 万 t，总氮 146.52 万 t，总磷 9.54 万 t，动植物油 30.97 万 t。城市生活污水处理设施不完备，城市市政污水管网年久失修等，导致城市周边纳污河道以及地下排污管道都成为地下水的污染源。

4）集中式污染治理设施

2017 年末，全国集中式污水处理单位 78048 个，生活垃圾集中处理处置单位 4449 个，危险废物集中利用处置（处理）单位 1467 个。集中式污染治理设施主要包括污水处理厂、垃圾处置场、危险废物处置设施、医疗废物处置中心，主要排放污染物包括化学需氧量、总氮、总磷、氨氮、石油类、挥发酚、重金属等。2017 年，垃圾处理和危险废物（医疗废物）处置废水（渗滤液）污染物排放量中化学需氧量 2.45 万 t，氨氮 0.36 万 t，总氮 0.56 万 t，总磷 113.10t，重金属 6.14t。

我国垃圾处理以填埋为主，垃圾填埋量约占全国垃圾处理量的 90%以上。2017 年，垃圾处理量 3.39 亿 t，其中填埋 2.26 亿 t，焚烧 0.93 亿 t，其他方式处理 0.20 亿 t。简易填埋场地没有采取有效的防渗措施，大量垃圾填埋产生的渗滤液下渗对地下水环境影响极大。

2. 全国地下水环境基础状况调查分类

根据《全国地下水污染防治规划（2011—2020 年）》，2011 年我国启动了全国地下水环境基础状况调查工作，将地下水饮用水水源地、垃圾填埋场、危险废物处置场、矿山开采区、石油化工生产销售区、再生水农用区、高尔夫球场及重点工业园区等"双源"及典型城市群、井灌区、农业区等区域作为"双源"调查对象，开展案例地区的地下水调查评估工作。

2019 年 9 月，生态环境部发布《地下水基础环境状况调查评价工作指南》，明确地下水污染源调查范围为工业污染源、矿山开采区、危险废物处置场、垃圾填埋场、加油站、农业污染源和高尔夫球场。

3. 按污染成因分类

地下水及土壤的污染源根据污染成因可划分为人为施放源、自然沉降的污染物、工厂排放废水入渗和工厂关闭遗留下来的污染物入渗 4 类。

1）人为施放源

为了防治病虫害或增进地力，农业生产过程中会大量喷洒农药、施用化学肥料，尤其是有机氯农药，虽已被禁用，但仍可在局部地区的土壤、河川底泥、地下水环境中检测出微量的双对氯苯基三氯乙烷（滴滴涕，DDT）和氯环己烷（HCH）等残存污染物，不仅如此，这些有机氯农药还会经由食物链进行生物转移、生物累积和生物浓缩，最后汇集于人体，危害人类健康。

2）自然沉降的污染物

含氯有机物经焚化燃烧后，产生的二噁英在空气中经自然沉降，累积于土壤和河川底泥中，还可能随降雨入渗污染地下水，并经由动物的食物链，通过生物转移、生物累积、生物浓缩，最后侵入人体。

3）工厂排放废水入渗

化工厂以及色料工厂等企业所排放废水中含有微量镉重金属。由于难分解，经过日积月累，污染物渗入地下水或排入灌溉水中，导致地下水重金属污染。

4）工厂关闭遗留下来的污染物入渗

工厂关闭遗留下来许多污染物若不妥善处置，就会渗透到土壤和地下水中。例如广西壮族自治区玉林市容县杨梅镇的某化工厂，主要生产农药及环境用药，关厂后，留下许多废料、废弃物，污染土壤和地下水。相关研究表明，掩埋场的挥发性有机物如渗入地下水，可达地表以下 9.5m 深，水平面扩散在 100m 范围内，呈羽状分布。

4. 按地下水污染排放特征分类

1984 年，美国国会技术评估办公室（Office of Technology Assessment，OTA）根据地下水污染排放特征将地下水污染物划分为六大类，并列出了主要污染源和污染物种类，包括用于排放污染物的污染源，如注水井、污水池和化粪池等；储存、处理处置污染物的污染源（无计划排放），如垃圾填埋场、尾矿库、矸石山、地面储罐等；运输或传输过程中用于容纳的污染源，如输油、物料管线等，此类更多地考虑为事故排放的风险源；有计划目的的其他排放源，如农业灌溉、肥料杀虫剂的使用、除雪剂的使用、矿山排水等；通过改变入流模式提供排污管道的排放源，例如废弃民井、生产（油、气、地热）井、供水井、监测井、地下建设工程等；人类活动导致天然污染源恶化，包括地表水入渗、海水入侵、微咸水上涌等。

考虑到世界范围内地下水环境持续恶化的严峻形势，2002 年联合国教科文组织（UNESCO）从国际水文计划第五阶段计划（IHP-V，1996～2001 年）中选择了地下水污染风险的主题进一步开展研究，其中第一项研究任务就是建立地下水污染物名录，根据污染物来源将污染源分为六大类，包括：①天然源，是指自然界中含有毒物质的矿物质的溶解、离子交换、酸反应、降雨入渗等自然行为将无机物、有机组分、痕量金属元素（重金属等）、放射性元素、微生物等带入地下水；②农林生产源，如农业和林业生产过程中的施肥和喷药过程、动物粪便和饲料堆存、农灌回流、畜肥等；③城市生活源，如城市固废堆场、医疗废物、生活废水、垃圾、管道地下渗漏、油储罐渗漏、降雨径流及溢洪等；④工业生产/矿山开采源，如尾矿、矿山排水、渣土固废、工业废水、注水井；⑤不合理水资源管理导致的污染源，如不合理开采导致的海水或咸水入侵、不合理的地下水源地建设、废弃井群、未合理规划土地开发利用和水利建设（盐碱化）；⑥其他源，UNESCO 特别关注了 5 种其他源，包括工业区、矿区、城市、道路交通产生的大气污染物随降雨进入地下水（如酸雨、重金属物质），受污染的地表水体下渗，交通运输过程中各种运输物质的滴漏，地震、滑坡、风暴等灾害导致的污染物下渗，以及雨季地下水位抬升引起的污染。

2.5.2　基于源识别的地下水污染源分类

1. 分类原则

（1）简单方便原则。地下水污染涉及污染物种类、排放方式、排放频率、排放时间、排放强度等多方面，涵盖因素较多，在地下水污染源分类过程中，本书结合国内外现有污染源分类方法，从简单方便角度进行系统分类。

（2）科学性原则。地下水污染源分类涉及污染源的计算与环境管理，因此分类必须科学合理，为污染源强评估、污染物源的计算与环境管理提供依据。

（3）利于管理原则。地下水污染源分类应便于环境管理与后续相关工作。

2. 分类方法

在综合分析现有分类方法的基础上，结合我国地下水污染物排放特点和地下水环境保护管理需求，按照排放污染物的空间分布方式，将地下水污染源分为点污染源、线污染源、面污染源三大类。

地下水点污染源是指有固定排放点的污染源，主要包括工业企业排污口、蓄污池及储罐、城市生活污水排污口、加油站（库）、渗井、渗坑、废弃污染场地、垃圾填埋场以及危险废物处置场等。对于具有多个固定排放口的工业园区等，也可归类为点污染源进行管理。

没有固定排放点的面状污染源可界定为面污染源，主要包括农林生产（种养育护及虫害防治、污灌场地）、高尔夫场地、矿山开采及其周边污染区域等。

没有固定排放点的带状污染源可界定为线污染源，线污染源主要包括纳污河流、管线运输泄漏、交通运输泄漏。

在点污染源、线污染源、面污染源三大类的基础上，结合我国地下水污染防治管理的实际需要，综合考虑污染源特征和包气带特征两个要素，将污染源强度划分为三级，级别越高，污染源对于地下水影响越大。

3. 不同污染类型的排污特点

1）点污染源

对地下水污染而言，点污染源主要包括工业废水和城市生活污水排放口、蓄污池及储罐、加油站、垃圾填埋场等。工业点污染源排出废物的污染最严重,污染的种类最多,它的污染源主要来自化学反应不完全所产生的废料、副反应所产生的废料以及冷却水所含的污染物等。水质污染的污染物主要是酸、碱类污染物,氰化物,酚类有毒金属及其化合物,砷及其化合物,有机氧化物等。城市点污染源污染物种类相对较简单,以 COD、生化需氧量(biochemical oxygen demand,BOD)、氨氮、细菌混杂物等常规污染物为主。

2)线污染源

线污染源包括输油管道、污水沟道以及交通运输泄漏污染等,污染水体也属于线性污染源。线源污染的特征污染物主要受沿河工业分布、运输类型等影响。线污染源所形成的危害往往低于点污染源,但一旦形成污染,其后果也是极其严重的。

3)面污染源

根据面污染源发生区域和过程的特点,可分为农林生产、高尔夫场地、矿山开采及其周边区域等。

农业面源污染主要是指在农业生产活动中,溶解的或固体的污染物和农户生活垃圾在降雨或灌溉过程中,经地表径流、农田排水渗漏等途径进入地下水,常见的特征污染物主要为一些常效农药,如 DDT、六六六等有机氯农药(OCPs),这类农药化学性稳定,不易降解和代谢,具有迁移能力好、毒性高、脂溶性高等特点。常用的化肥有氮肥、磷肥、钾肥等,土壤中这些残余的肥料、有机氯将随下渗水一起淋滤渗入地下水中,引起地下水污染。高尔夫球场面源特征污染物也以化肥、农药为主。

矿区面源特征污染物也较复杂,金属矿石和煤炭的加工提取是地下水污染的源头。采矿和加工过程揭露出地表的渣土和废石经氧化,往往会使从渣土与尾矿库中排出的水具有较强的酸性,还会滤出多种重金属以及可溶性钙、镁、钠及硫酸盐。放射性矿区开采还会向环境释放放射性同位素。

4. 典型污染源源强排放强度估算

污染源排放强度是地下水污染源强评价的重要条件。根据污染源类型及其排放特征,重点针对典型点源(工业污染源、危险废物处置场、垃圾填埋场、加油站和储油库),面源(农业污染源、矿山开采区和高尔夫球场)以及河流线源等几种重点污染源源强排放量进行计算。

1)工业点源

根据工业点源及重点工业园废水的产生量、处理回用量和排放量情况,可计算得到工业园及工业点源的废水损失情况。废水损失包括蒸散发、滴渗漏等,工业点源及重点工业园区废水污染源强排放量计算见式(2.5-1):

$$Q_{源} = (Q_{产} - Q_{排} - Q_{回}) \times r_q \times c \tag{2.5-1}$$

式中,$Q_{源}$ 为工业点源或重点工业园区废水排放污染源强,kg/d;$Q_{产}$ 为工业废水产生量,m^3/d;$Q_{排}$ 为工业废水排放量,m^3/d;$Q_{回}$ 为废水处理回用量,m^3/d;c 为废水中污染物浓度,kg/m^3;r_q 为工业污染源滴漏损失比例,取值见表 2.5-1。

表 2.5-1　工业点源及重点工业园废水滴漏损失比例

运营年限	0~5 年	5~10 年	10~15 年	15~20 年	>20 年	未采取有效防渗措施或未经环保部门验收的
滴漏损失比例 r_q/%	5	10	20	40	80	100

2）垃圾填埋场及危险废物处置场

垃圾填埋场及危险废物处置场地的地下水污染主要以淋滤液渗漏为主，其污染源强计算公式见式（2.5-2）：

$$T_{源} = (T_{产} - T_{排} - T_{回}) \times r_1 \times c \qquad (2.5\text{-}2)$$

式中，$T_{源}$ 为垃圾填埋场及危险废物处置场面源排放污染源强，kg/d；$T_{产}$ 为垃圾填埋场或危险废物处置场集雨范围内降雨期汇集的降水量，m³/d；$T_{排}$ 为垃圾填埋场或危险废物处置场收集废水的量，m³/d；$T_{回}$ 为垃圾填埋场或危险废物处置场废水的处理回用量，m³/d；c 为废水中污染物浓度，kg/m³；r_1 为渗漏损失比例，取值见表 2.5-2。

表 2.5-2　垃圾填埋场及危废处置场渗漏损失比例

运营年限及防渗措施	正规防渗（危废处置场）	<5 年（正规防渗，垃圾填埋场）	>5 年（正规防渗，垃圾填埋场）	非正规简易防渗（垃圾填埋场）	无防渗措施或者未经环保部门验收
渗漏损失比例 r_1/%	5	10	30	60	100

3）加油站和储油库

加油站和储油库主要考虑地埋式储罐的破损泄漏，当罐体发生穿孔或破裂时，排放源强计算见式（2.5-3）：

$$Q_{罐} = C_d A_r \rho_1 \sqrt{\frac{2(P_1 - P_a)}{\rho_1} + 2gh} \qquad (2.5\text{-}3)$$

式中，$Q_{罐}$ 为单位时间的污染物泄漏速率，kg/s；C_d 为泄漏排放系数，该系数是从孔洞中泄漏流体的雷诺数和孔洞直径的复杂函数，通常情况下，尖角形孔洞的 C_d 可直接取经验系数 0.61，较圆的喷嘴可近似取 1，与容器连接的短的关节可取 0.181，对于泄漏系数未知或者不能确定的情况可直接取 1 使计算流量最大化；A_r 为破损孔洞或裂缝的表面积，m²；ρ_1 为泄漏液体的密度，kg/m³；P_1 为容器内介质压力，Pa；P_a 为环境压力，Pa；g 为重力加速度，9.8m/s²；h 为裂口之上的液位高度，m。

4）农业面源和高尔夫球场

农业面源或高尔夫球场污染源强计算见式（2.5-4）：

$$G_{源} = E_{pww} \times S_{ps} \times L_{ps} \qquad (2.5\text{-}4)$$

式中，$G_{源}$ 为农业面源或高尔夫球场污染源强，kg/d；E_{pww} 为单位面积农药或肥料施用量，kg/(m²·d)；S_{ps} 为播种面积，m²；L_{ps} 为污染物流失系数，可参考《第一次全国污染源普查——农药流失系数手册》和《第一次全国污染源普查——农业污染源肥料流失系数手册》取值。

5）矿山开采区

矿山开采区包括开采区、尾矿库及洗选区，其中洗选区污染排放源强可参考工业点源废水污染源强排放量计算公式[式（2.5-1）]计算。尾矿库污染源强计算见式（2.5-5）：

$$W_{源} = (Q_{汇} - Q_{排} - Q_{回}) \times r_k \times c \qquad (2.5\text{-}5)$$

式中，$W_{源}$ 为矿山尾矿库废水排放污染源强，kg/d；$Q_{汇}$ 为尾矿库集雨范围内降雨期汇集的降水量，m^3/d；$Q_{排}$ 为尾矿库废水排放量，m^3/d；$Q_{回}$ 为尾矿库废水处理回用量，m^3/d；c 为废水中污染物浓度，kg/m^3；r_k 为尾矿库渗漏损失比例，取值见表 2.5-3。

表 2.5-3 尾矿库废水渗漏损失比例

运营年限及防渗措施	<5 年（正规防渗措施）	>5 年（正规防渗措施）	无防渗措施或未经环保验收
渗漏损失比例 r_k/%	5	30	100

6）河流线源

对于地表排污河流，其特征污染物入渗量计算公式见式（2.5-6）：

$$Q_{河} = L \times W \times V_{泥} \times C \qquad (2.5\text{-}6)$$

式中，$Q_{河}$ 为排污河流特征污染物入渗量，kg/a；L 为河道长度，m；W 为河道宽度，m；$V_{泥}$ 为河道底泥入渗速率，m/s；C 为河道水质浓度，mg/L。

2.5.3 污染源特征污染因子

依据生态环境部发布的《地下水环境监测技术规范》（HJ 164—2020），涉及污染源行业类别一共 28 个，其在地下水中的潜在特征指标（包括但不限于）如表 2.5-4 所示。

表 2.5-4 污染源在地下水中的潜在特征污染因子

行业类别	特征污染因子
石油和天然气开采业	pH、耗氧量、溶解固体总量、硫酸盐、氯化物、氨氮、硫化物、亚硝酸盐、硝酸盐、挥发性酚类、阴离子合成洗涤剂、石油类、石油烃（$C_6 \sim C_9$）、石油烃（$C_{10} \sim C_{40}$）、汞、烷基汞、砷、镉、总铬、六价铬、铅、镍、铜、锌、钒、苯、甲苯、乙苯、二甲苯、苯乙烯、氯苯、邻二氯苯、对二氯苯、三氯苯（总量）、蒽、荧蒽、苯并[b]荧蒽、苯并[a]芘、萘、总 α 放射性、总 β 放射性
黑色金属矿选业/有色金属矿采选业	pH、耗氧量、氨氮、硝酸盐、亚硝酸盐、硫化物、氟化物、氰化物、石油类、铁、锰、铜、锌、铝、汞、砷、硒、镉、总铬、六价铬、铅、铍、硼、锑、钡、镍、钴、钼、银、铊、总 α 放射性、总 β 放射性
煤炭及其他非金属矿采选业	pH、耗氧量、石油类、总汞、总铬、六价铬、总镉、总铅、总砷、总锌、总铁、总锰、硫化物、氟化物、总磷、总氮、氨氮、硫酸盐、总 α 放射性、总 β 放射性
纺织业	pH、耗氧量、色度、氨氮、硝酸盐、亚硝酸盐、总磷、镉、铅、铜、锌、镍、汞、砷、六价铬、锑、1,1-二氯乙烯、1,2-二氯乙烯、二氯甲烷、二氯乙烷、三氯甲烷、1,1,1-三氯乙烷、1,1,2-三氯乙烷、四氯化碳、1,2-二氯丙烷、三氯乙烯、四氯乙烯、三溴甲烷、氯乙烯、苯、甲苯、氯苯、乙苯、二甲苯、苯乙烯、邻二氯苯、对二氯苯、三氯苯（总量）、2,4-二硝基甲苯、2,6-二硝基甲苯、苯胺类、可吸附有机卤素
皮革、毛皮、羽毛及其制品和制鞋业	pH、耗氧量、色度、嗅和味、溶解固体总量、硫化物、氨氮、硝酸盐、亚硝酸盐、硫酸盐、总磷、氯化物、总铬、六价铬、总大肠菌群、菌落总数、苯、甲苯、乙苯、二甲苯、二甲基甲酰胺

续表

行业类别	特征污染因子
造纸和纸制品业	pH、色度、耗氧量、嗅和味、溶解固体总量、氨氮、硝酸盐、亚硝酸盐、硫酸盐、氯化物、总磷、1,1-二氯乙烯、1,2-二氯乙烯、二氯甲烷、二氯乙烷、三氯甲烷、1,1,1-三氯乙烷、1,1,2-三氯乙烷、四氯化碳、1,2-二氯丙烷、三氯乙烯、四氯乙烯、氯乙烯、可吸附有机卤素、二噁英类
石油加工、炼焦和核燃料加工业	pH、耗氧量、挥发性酚类、氨氮、硝酸盐、亚硝酸盐、总磷、氯化物、硫酸盐、硫化物、氟化物、氰化物、钒、铅、砷、镍、汞、烷基汞、镉、六价铬、苯、甲苯、氯苯、乙苯、二甲苯、苯乙烯、邻二氯苯、对二氯苯、三氯苯（总量）、2,4,6-三氯酚、蒽、荧蒽、苯并[b]荧蒽、苯并[a]芘、萘、石油类、石油烃（$C_6 \sim C_9$）、石油烃（$C_{10} \sim C_{40}$）
基础化学原料制造业（无机）	pH、耗氧量、挥发性酚类、氨氮、硝酸盐、亚硝酸盐、氯化物、硫酸盐、硫化物、氟化物、氰化物、石油类、铜、锌、锰、钡、钴、钼、锑、砷、汞、镉、铅、六价铬、银、镍、铊、锶、锡、总铬、氯乙烯、总 α 放射性、总 β 放射性
基础化学原料制造业（有机）	pH、耗氧量、溶解固体总量、挥发性酚类、阴离子合成洗涤剂、氨氮、硝酸盐、亚硝酸盐、硫酸盐、氯化物、硫化物、氰化物、氟化物、石油类、铁、锰、铜、锌、铝、汞、烷基汞、砷、硒、镉、六价铬、铅、铍、硼、锑、钡、镍、钴、钼、银、铊、钒、1,1-二氯乙烯、1,2-二氯乙烯、二氯甲烷、二氧乙烷、三氯甲烷、1,1,1-三氯乙烷、1,1,2-三氯乙烷、四氯化碳、1,2-二氯丙烷、三氯乙烯、四氯乙烯、三溴甲烷、氯乙烯、苯、甲苯、氯苯、乙苯、二甲苯、苯乙烯、邻二氯苯、对二氯苯、三氯苯（总量）、2,4-二硝基甲苯、2,6-二硝基甲苯、2,4,6-三氯酚、蒽、荧蒽、苯并[b]荧蒽、苯并[a]芘、萘、一氯二溴甲烷、异丙苯、二氯一溴甲烷、多氯联苯、甲醛、乙醛、丙烯醛、五氯丙烷、戊二醛、三氧乙醛、环氧氯丙烷、双酚、β-萘酚、二氯酚、苯甲醚、丙烯腈、氯丁二烯、丙烯酸、六氯丁二烯、二氯乙酸、二溴乙烯、三氯乙酸、环烷酸、黄原酸丁酯、邻二甲苯、邻苯二甲酸二乙酯、邻苯二甲酸二丁酯、邻苯二甲酸二辛酯、二（2-乙基己基）己二酸酯、苯胺类、硝基苯类、丙烯酰胺、水合肼、吡啶、四乙基铅、四氯苯、二噁英类
农药制造业	pH、色度、耗氧量、氨氮、亚硝酸盐、硝酸盐、硫酸盐、氯化物、氟化物、氰化物、硫化物、石油类、挥发性酚类、锰、锌、1,1-二氯乙烯、1,2-二氯乙烯、二氯甲烷、二氯乙烷、三氯甲烷、1,1,1-三氯乙烷、1,1,2-三氯乙烷、四氯化碳、1,2-二氧丙烷、三氯乙烯、四氯乙烯、三溴甲烷、氯乙烯、苯、甲苯、氯苯、乙苯、二甲苯、苯乙烯、邻二氯苯、对二氯苯、三氯苯（总量）、2,4-二硝基甲苯、2,6-二硝基甲苯、2,4,6-三氯酚、蒽、荧蒽、苯并[b]荧蒽、苯并[a]芘、萘、滴滴涕（总量）、六氯苯、七氯、2,4-滴、克百威、涕灭威、敌敌畏、甲基对硫磷、乐果、毒死蜱、百菌清、莠去津、草甘膦、六六六（总量）、γ-六六六（林丹）、五氯酚、全盐量、可吸附有机卤素、甲醛、三氧乙醛、氯苯类、硝基苯类、苯胺类、吡啶、N,N-二甲基甲酰胺、辛硫磷、丙溴磷、马拉硫磷、二嗪磷、草铵膦、乙酰甲胺磷、三唑磷、异稻瘟净、稻丰散、敌百虫、氧乐果、氯氰菊酯、氯氟氰菊酯、烯丙菊酯、氯戊菊酯、甲氰菊酯、乙撑硫脲、硝磺草酮、2,4-滴酸、2甲4氯酸、磺酰脲类农药（单体）、甲草胺、乙草胺、丁草胺、其他酰胺类农药（单体）、三氯杀螨醇、灭多威、灭多威肟
涂料、油墨、颜料及类似产品制造业	pH、色度、耗氧量、氨氮、硝酸盐、亚硝酸盐、石油类、挥发性酚类、阴离子表面活性剂、氟化物、氰化物、汞、烷基汞、镉、总铬、六价铬、铅、铜、锌、镍、砷、锰、钴、硒、锑、铊、铍、钼、苯、甲苯、乙苯、二甲苯、氯苯、1,1-二氯乙烯、1,2-二氯乙烯、二氯甲烷、二氯乙烷、三氯甲烷、1,1,1-三氯乙烷、1,1,2-三氯乙烷、四氯化碳、1,2-二氯丙烷、三氯乙烯、四氯乙烯、三溴甲烷、氯乙烯、苯乙烯、邻二氯苯、对二氯苯、三氯苯（总量）、2,4-二硝基甲苯、2,6-二硝基甲苯、2,4,6-三氯酚、蒽、荧蒽、苯并[b]荧蒽、苯并[a]芘、萘、多氯联苯（总量）、苯胺类、甲醛、可吸附有机卤化物
合成材料制造业	pH、色度、耗氧量、氨氮、硝酸盐、亚硝酸盐、石油类、挥发性酚类、阴离子表面活性剂、氟化物、氰化物、硫化物、镉、铅、铬、铜、锌、镍、汞、砷、锰、钴、硒、锑、铊、铍、钼、1,1-二氯乙烯、1,2-二氯乙烯、二氯甲烷、二氯乙烷、三氯甲烷、1,1,1-三氯乙烷、1,1,2-三氯乙烷、四氯化碳、1,2-二氯丙烷、三氯乙烯、四氯乙烯、三溴甲烷、氯乙烯、苯、甲苯、氯苯、乙苯、二甲苯、苯乙烯、邻二氯苯、对二氯苯、三氯苯（总量）、2,4-二硝基甲苯、2,6-二硝基甲苯、2,4,6-三氯酚、蒽、荧蒽、苯并[b]荧蒽、苯并[a]芘、萘
专用化学品制造业	pH、色度、耗氧量、氨氮、硝酸盐、亚硝酸盐、氯化物、石油类、挥发性酚类、阴离子表面活性剂、氟化物、氰化物、硫化物、镉、铅、铬、铜、锌、镍、汞、砷、铝、锰、钴、硒、锑、铊、铍、钼、1,1-二氯乙烯、1,2-二氯乙烯、二氯甲烷、二氯乙烷、三氯甲烷、1,1,1-三氯乙烷、1,1,2-三氯乙烷、四氯化碳、1,2-二氯丙烷、三氯乙烯、四氯乙烯、三溴甲烷、氯乙烯、苯、甲苯、乙苯、二甲苯、苯乙烯、氯苯、邻二氯苯、对二氯苯、三氯苯（总量）、2,4-二硝基甲苯、2,6-二硝基甲苯、2,4,6-三氧酚、蒽、荧蒽、苯并[b]荧蒽、苯并[a]芘、萘、多氯联苯（总量）
炸药、火工及焰火产品制造业	pH、色度、耗氧量、氨氮、硝酸盐、亚硝酸盐、硫化物、铅、氰化物、挥发性酚类、2,4-二硝基甲苯、2,6-二硝基甲苯、硫氰化物、铁氰络合物、肼、叠氮化物、硝化甘油、梯恩梯、二硝基甲苯、硝基酚类、硫氰酸

续表

行业类别	特征污染因子
化学药品原料药制造业	pH、色度、耗氧量、氨氮、硝酸盐、亚硝酸盐、挥发性酚类、硫化物、氰化物、氟化物、锌、铜、汞、烷基汞、镉、六价铬、砷、铅、镍、1,1-二氯乙烯、1,2-二氯乙烯、二氯甲烷、二氯乙烷、三氯甲烷、1,1,1-三氯乙烷、1,1,2-三氯乙烷、四氯化碳、1,2-二氯丙烷、三氯乙烯、四氯乙烯、三溴甲烷、氯乙烯、苯、甲苯、氯苯、乙苯、二甲苯、苯乙烯、邻二氯苯、对二氯苯、三氯苯（总量）、2,4-二硝基甲苯、2,6-二硝基甲苯、2,4,6-三氯酚、苯胺类
纤维素纤维原料及纤维制造业	pH、色度、耗氧量、氨氮、硝酸盐、亚硝酸盐、挥发性酚类、硫化物、氰化物、氟化物、锌、铜、汞、镉、六价铬、砷、铅、1,1-二氯乙烯、1,2-二氯乙烯、二氯甲烷、二氯乙烷、三氯甲烷、1,1,1-三氯乙烷、1,1,2-三氯乙烷、四氯化碳、1,2-二氯丙烷、三氯乙烯、四氯乙烯、三溴甲烷、氯乙烯
合成纤维制造业	pH、色度、耗氧量、氨氮、硝酸盐、亚硝酸盐、石油类、挥发性酚类、硫化物、氰化物、氟化物、氯化物、锌、铜、烷基汞、汞、镉、总铬、六价铬、砷、铅、镍、锰、钴、硒、锑、铊、铍、钼、钒、1,1-二氯乙烯、1,2-二氯乙烯、二氯甲烷、二氯乙烷、三氯甲烷、1,1,1-三氯乙烷、1,1,2-三氯乙烷、四氯化碳、1,2-二氯丙烷、四氯乙烯、三溴甲烷、氯乙烯、蒽、荧蒽、苯并[b]荧蒽、苯并[a]芘、萘、氯苯、邻二氯苯、对二氯苯、三氯苯、四氯苯、苯、甲苯、乙苯、二甲苯、苯乙烯、可吸附有机卤素、一氯二溴甲烷、二氯一溴甲烷、异丙苯、甲醛、乙醛、丙烯醛、五氯丙烷、戊二醛、三氯乙醛、环氧氯丙烷、双酚、β-萘酚、二氯酚、2,4,6-三氯酚、苯甲醚、丙烯腈、氯丁二烯、丙烯酸、六氯丁二烯、氯乙酸、二溴乙烯、三氯乙酸、环烷酸、黄原酸盐丁酯、邻苯二甲酸二乙酯、邻苯二甲酸二丁酯、邻苯二甲酸二辛酯、二（2-乙基己基）己二酸酯、苯胺类、硝基苯类、丙烯酰胺、水合肼、吡啶、四乙基铅、二噁英类、异丙醇、丙酮、硫氰化物、聚乙烯醇、己内酰胺、乙二酸、乙二胺、己二酸、二甲基乙酰胺、二甲基甲酰胺
黑色金属冶炼和压延加工业	pH、色度、耗氧量、氨氮、硝酸盐、亚硝酸盐、挥发性酚类、硫化物、氰化物、氟化物、锌、铜、汞、镉、总铬、六价铬、砷、铅、镍、锰、钴、硒、锑、铊、铍、钼、铝、蒽、荧蒽、苯并[b]荧蒽、苯并[a]芘、萘、石油类
有色金属冶炼和压延加工业	pH、耗氧量、氨氮、硝酸盐、亚硝酸盐、挥发性酚类、硫化物、氰化物、氟化物、锌、铜、汞、镉、六价铬、砷、铅、镍、锰、钴、硒、锑、铊、铍、钼、铝、蒽、荧蒽、苯并[b]荧蒽、苯并[a]芘、萘、石油类、总α放射性、总β放射性
金属表面处理及热处理加工业	pH、耗氧量、氨氮、硝酸盐、亚硝酸盐、总磷、氟化物、氰化物、石油类、挥发性酚类、阴离子表面活性剂、六价铬、镍、镉、银、汞、铜、铁、铝、锰、砷、硒、铍、硼、锑、钡、钴、钼、铊、1,1-二氯乙烯、1,2-二氯乙烯、二氯甲烷、二氯乙烷、三氯甲烷、1,1,1-三氯乙烷、1,1,2-三氯乙烷、四氯化碳、1,2-二氯丙烷、三氯乙烯、四氯乙烯、氯乙烯、苯、甲苯、乙苯、二甲苯
电池制造业	pH、耗氧量、氨氮、硝酸盐、亚硝酸盐、氯化物、氟化物、氰化物、石油类、挥发性酚类、阴离子表面活性剂、镍、镉、六价铬、银、铅、汞、铜、锌、铁、铝、锰、砷、硒、铍、硼、锑、钡、钴、钼、铊
环境治理业（危废、医废处置）	pH、耗氧量、溶解性总固体、氯化物、硝酸盐、亚硝酸盐、氨氮、总磷、氟化物、氰化物、挥发性酚类、烷基汞、汞、铅、镉、总铬、六价铬、铜、锌、铍、钡、镍、砷、总大肠菌群、菌落总数、三氯甲烷、四氯化碳、苯、甲苯
环境卫生管理（生活垃圾处置）	pH、总硬度、溶解性总固体、耗氧量、氨氮、硝酸盐、亚硝酸盐、硫酸盐、氯化物、挥发性酚类、氟化物、氰化物、砷、汞、六价铬、铅、镉、铁、锰、铜、锌、铍、钡、镍、总铬、硒、总大肠菌群、菌落总数
一般工业固体废物贮存、处置场	pH、耗氧量、色度、总硬度、溶解固体总量、阴离子合成洗涤剂、挥发性酚类、氨氮、亚硝酸盐、硝酸盐、硫化物、硫酸盐、氯化物、碘化物、铁、锰、铜、锌、铝、汞、砷、硒、镉、六价铬、铅、氰化物、三氯甲烷、四氯化碳、苯、甲苯、乙苯、二甲苯、总大肠菌群、菌落总数
农业污染源（再生水农用区）	pH、耗氧量、挥发性酚类、阴离子表面活性剂、溶解固体总量、氯化物、硫化物、石油类、汞、镉、砷、六价铬、铅、铍、钴、铜、氟化物、铁、锰、钼、镍、硒、锌、硼、氰化物、六氯苯、氯苯、七氯、2,4-滴、克百威、涕灭威、敌敌畏、甲基对硫磷、乐果、毒死蜱、百菌清、莠去津、草甘膦、滴滴涕（总量）、六六六（总量）、γ-六六六（林丹）、五氯酚、三氯乙醛、丙烯醛、甲醛、总大肠菌群、菌落总数
农业污染源（规模化畜禽养殖场）	pH、耗氧量、溶解固体总量、挥发性酚类、阴离子表面活性剂、氯化物、硫化物、石油类、汞、镉、砷、六价铬、铅、总大肠菌群、菌落总数
石油生产、销售区	pH、耗氧量、氨氮、硝酸盐、亚硝酸盐、硫酸盐、挥发性酚类、石油类、石油烃（C₆~C₉）、石油烃（C₁₀~C₄₀）、硫化物、铅、砷、镍、汞、苯、甲苯、乙苯、二甲苯（总量）、总氰化物、甲基叔丁基醚（MTBE）、苯并[a]芘

续表

行业类别	特征污染因子
高尔夫球场	pH、耗氧量、溶解固体总量、挥发性酚类、阴离子表面活性剂、氯化物、硫化物、氰化物、石油类、铁、锰、汞、镉、砷、六价铬、铅、滴滴涕（总量）、六氯苯、七氯、2,4-滴、克百威、涕灭威、敌敌畏、甲基对硫磷、乐果、毒死蜱、百菌清、莠去津、草甘膦、六六六（总量）、γ-六六六（林丹）、五氯酚、总大肠菌群、菌落总数

注：具体污染源的潜在特征项目应根据实际情况确定。

2.5.4　地下水优控污染物的筛选

优控污染物（priority control pollutants，PCPs）也称优先控制污染物，是指从众多有毒有害的污染物中筛选出在环境中出现概率高、对周围环境和人体健康危害较大，并具有潜在环境威胁的化学物质，以达到优先控制的目的。

1. 地下水优控污染物筛选原则

优控污染物的筛选应遵循以下原则：
（1）优先选择具有较大的生产量、使用量或排放量的污染物。
（2）优先选择广泛存在于环境中，具有较高的检出率和稳定性的污染物。
（3）优先选择具有环境与健康危害性，在水中难以降解，具有生物累积性和水生生物毒性的污染物。
（4）优先选择已经具备一定监测条件，存在可用于定性和定量分析的化学标准物质的污染物。
（5）采取分期分批建立优控污染物名单的原则。

2. 各国优控污染物筛选方法

1）美国优控污染物筛选

1977 年美国通过了《联邦水污染控制法案》的修正案，即《清洁水法》，建立了污染物排放管控的基本框架，要求美国环保局建立水环境质量标准与污染物排放标准，一方面工厂采用技术控制污染物排放，另一方面制订环境质量标准。1976 年美国环保局制订和公布工业排放点源类型和限值。据此美国环保局启动了优控污染物筛查工作，经初筛、专家论证和利益相关方协商之后，最终确定了包括 129 种污染物的优先控制污染物名单。美国在优控污染物筛选方法研究、资料积累和管理实践方面都值得各国借鉴，其优控污染物筛选的基本原则往往是其他国家筛选优先控制污染物的重要依据，其优控污染物清单也是重要参考。美国筛选优控污染物的依据主要有：
（1）以化学品的毒性为基础，综合考虑化学品对人体和生物体的影响，评估其健康危害和生态风险。
（2）污染物的检出率高，检出率在 5% 以上。
（3）污染物稳定性高，且具有长效性。
（4）污染物具有生物积累性，在人体和生物体的富集性强。

（5）污染物产量大，具有高产物质。

（6）具有可靠的分析测试方法。

2）欧盟优控污染物筛选

欧洲理事会于 1976 年发布了水污染控制指令，要求控制面源与点源污染。2000 年欧盟进一步修改和完善了该指令，要求欧盟的成员国必须采取措施，控制具有水环境风险的污染物，争取在 2020 年使欧盟河流恢复自然的生态功能，污染浓度减少到零或接近背景浓度。

在水污染控制指令中，对水环境中的有害物质和优先物质进行了定义，前者是指有毒、在环境中持久存在易于在生物体内积累的单一物质或一组物质，以及具有持久性生物积累性质的物质；后者是指对水环境产生显著风险的污染物，对这些污染物将优先采取控制和治理措施。同时欧盟还颁布了一些污染物风险评价方法的标准文件，指导该区域污染物的风险评价，合理筛选优控污染物。欧盟的筛选流程包括：

（1）污染物的性质特征。

（2）暴露分析及评价标准确定。

（3）危害确定。

（4）危害评价。

（5）利益相关方参与。

2001 年欧盟筛选了 33 种优先物质，包括镉、镍、汞、铅及其化合物等无机金属，丁基锡类化合物等有机金属，多环芳烃，有机氯类农药，除草剂，卤代化合物，以及壬基酚和辛基酚等烷基酚类物质。另外欧盟还列出了 7 种由 Directive86/280/EEC 和 Directive76/464/EEC 列出的危险物质，包括 DDTs、狄氏剂、艾氏剂、异艾氏剂、四氯化碳、四氯乙烯、三氯乙烯。欧盟并于 2008 年列出了 33 种特征污染物和其他 8 种有害物质，包括草甘膦及代谢物、灭草松、双酚、三氯杀螨醇、乙二胺四乙酸、自由氰化物、二甲苯麝香、全氟辛烷磺酸、喹氧灵、二噁英、多氯联苯等物质。

3）我国优控污染物名单

中国环境监测总站于 20 世纪 80 年代末组织开展了水环境中优先污染物的筛选工作，依据美国、日本、荷兰、德国等国家污染物名单和重点行业调查名单，根据急慢性毒性、"三致"效应、产品产量、环境检出率、生物降解、水生毒性，并考虑环境监测的可行性，确定了 68 种水中优控污染物名单，俗称"黑名单"，包括卤代烃类 10 种、苯系物 6 种、氯代苯类 4 种、酚类 6 种、硝基苯 6 种、苯胺类 4 种、多环芳烃 7 种、邻苯二甲酸酯类 3 种、农药 8 种、亚硝酸铵 2 种、金属及其化合物 9 种及其他物质 3 种。这些物质具有毒性大、降解难、检出率高、可生物积累、具有"三致"效应等特点，且检测方法成熟，但由于时间较早，一些毒性大、持久性强、生物积累多的新型污染物没有纳入。

3. 优控污染物筛选流程

筛选环境优控污染物时，首先要考虑化学物质自身的毒性和环境行为，同时还要考虑污染物在环境中的残留现状。地下水中优控污染物的筛选则更为复杂，既要考虑污染物在地下水环境中的含量及其危害性，还要考虑研究区经济发展水平和水文地质条件等特殊性。

在综合我国不同行业污染物排放情况的基础上，将生态风险、环境持久性、生物富集性、环境检出率、人体健康危害性与高产量化学品作为筛选条件，结合欧美国家优控污染物名单，建立基于风险评价方法和基于污染评价方法的地下水优控污染物筛选流程框架（图 2.5-1）。

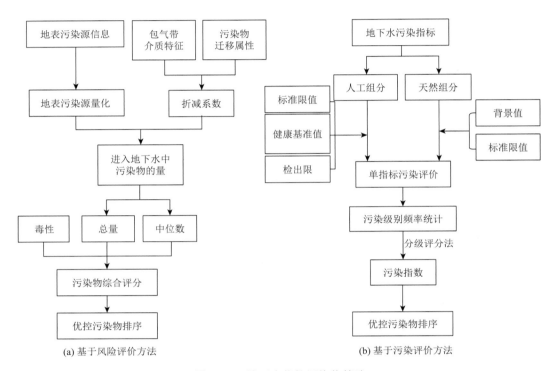

(a) 基于风险评价方法　　　　　　　　　(b) 基于污染评价方法

图 2.5-1　地下水优控污染物筛选

2.5.5　地下水污染源溯源方法

当水质波动较大或污染较严重时，需要进行污染溯源分析，以确定污染源。常用的污染溯源分析方法有同位素法、多元统计模型法和水化学法等。

1. 同位素法

同位素法可参照《地下水污染同位素源解析技术指南（试行）》。同位素法主要利用多元同位素关系图或同位素-水化学指标关系图等分析解译同位素及水化学数据，解析地下水污染来源并确定各污染源的贡献率。同位素样品的采集和测试方法汇总如表 2.5-5所示。

表 2.5-5　同位素样品采集及测试方法汇总

同位素	测试方法	常用测试仪器	采样量	采样瓶	是否过滤	是否加酸	备注
^2H、^{18}O	光谱法或质谱法	液态水同位素分析仪（IWA-35-EP、Picarro L2130-i）、气体稳定同位素比值谱仪（如 MAT-253）	50～100mL	高密度聚乙烯瓶或玻璃瓶	0.45pm 微孔波膜	否	不留顶空，立即密封
$^{87}Sr/^{86}Sr$	质谱法	热电离质谱仪（TIMS）、多接收电感耦合等离子体质谱仪（MC-ICP-MS）	地下水、河水取 0.5L；融雪水取 2～3L	高密度聚乙烯瓶	0.45μm 微孔滤膜	优级纯 HNO_3，酸化至 pH≤2	不留顶空，立即密封
^3H	计数法	液体闪烁计数仪（LSC）	需电解浓缩：取 500mL；不需要浓缩：取 50mL	高密度聚乙烯瓶	0.45μm 微孔滤膜	否	不留顶空，立即密封
^{14}C（溶解无机碳，dissolved inorganic carbon，DIC）	计数	液体闪烁计数仪（LSC）	$V=12500/Y$，其中，V 为最小采水量，L；Y 为水中的 DIC 含量，mg/L	一般为大容器（如 25L 塑料桶等）	否	否，若其中溶解有机碳（dissolved organic carbon，DOC）含量较高，需加入少量饱和 $HgCl_2$ 溶液或 NaN_3	避免大量空气混入，不留顶空，立即密封
	质谱法	加速器质谱仪（AMS）	保证所取水样含 5mg 碳	高密度聚乙烯瓶或玻璃瓶			
^{36}Cl	计数法	液体闪烁计数仪（LSC）	1～5L	高密度聚乙烯瓶	否	否	不留顶空，立即密封
	质谱法	加速器质谱仪（AMS）					
^{81}Kr	原子阱痕量分析法（ATTA）	原子阱痕量分析装置	100～200L 水样脱气处理，野外现场取气量约 5L	标准气体罐	否	否	密封
^{15}N、^{18}O	质谱法	元素分析仪-气体稳定同位素比值质谱仪（EA-1RMS，如 EA-MAT-253）	一般取 1～5L，保证所取水样含 80～100mg NO_3^-	高密度聚乙烯瓶	否	否	不留顶空
^{34}S、^{18}O	质谱法	元素分析仪-同位素比值质谱仪联用分析仪（EA-IRMS，如 EA-MAT-253）	一般取 1～5L，保证所取水样含 500mg SO_4^{2-}	高密度聚乙烯瓶	否	优级纯浓 HCl 酸化至 pH<2，再加入过量的饱和 $BaCl_2$（优级纯溶液，使之完全生成 $BaSO_4$ 沉淀	不留顶空
^{37}Cl	质谐法	气体稳定同位素比值质谱仪（如 MAT-253）、热电离质谱仪（TIMS）	保证所取水样含 3mgCl^-	高密度聚乙烯瓶	否	否	不留顶空
^{53}Cr	质谱法	热电离质谱仪（TIMS）、多接收电感耦合等离子体质谱（MC-ICP-MS）	500mL	高密度聚乙烯瓶	0.45μm 微孔滤膜	优级纯 HNO_3 酸化至 pH≤2	不留顶空
Pb 同位素	质谱法	多接收电感耦合等离子体质谱仪（MC-ICP-MS）	澄清液 1L	高密度聚乙烯瓶或玻璃瓶	0.45μm 微孔滤膜	10mL 优级纯浓 HCl 酸化	不留顶空，石蜡密封

续表

同位素	测试方法	常用测试仪器	采样量	采样瓶	是否过滤	是否加酸	备注
有机单体稳定同位素	质谱法	^{13}C：气相色谱-燃烧炉-同位素比值质谱仪（GC-ICP-MS） ^{2}H：气相色谱-热解-同位素比值质谱仪（GC-C-IRMS） ^{37}Cl 或 ^{81}Br：气相色谱-连续流同位素比值质谱仪（GC-CF-IRMS）、气相色谱-多接收电感耦合等离子体质谱仪（GC-MC-ICP-MS）	保证所取水量满足对应元素同位素测试要求	棕色玻璃瓶（配套含聚四氟乙烯硅胶垫的盖子）	否	若有余氯，加入约0.3mL 10%的硫代硫酸钠，再用优级纯浓HCl酸化至pH≤2	不留顶空，立即密

2. 多元统计模型法

多元统计模型法根据多元统计分析建立相应的模型，多元统计分析是从经典统计学中发展起来的一个分支，是一种综合分析方法，它能够在多个对象和多个指标互相关联的情况下分析它们的统计规律，主要内容包括多元正态分布及其抽样分布、多元正态总体的均值向量和协方差阵的假设检验、多元方差分析、直线回归与相关、多元线性回归分析、主成分分析与因子分析、判别分析与聚类分析、香农（Shannon）信息量及其应用，简称多元分析。当总体的分布是多维（多元）概率分布时，常用多元统计模型法处理该总体，是数理统计学中的一个重要的分支学科。

3. 水化学法

水化学法是指通过收集和分析水化学参数，对水环境中污染物的来源进行识别，并且对水环境中污染物的迁移过程进行追踪。但是水化学法很难对比较复杂的污染物来源进行准确判断，结论不够清晰准确，水化学参数缺乏稳定性，适用范围有限。

2.6　地下水污染评价方法

我国幅员辽阔，天然状态下的地下水水质差异巨大，广泛存在一些天然劣质水，正确区分劣质水和遭受污染的水，是地下水污染评价工作的关键。天然水文地质环境中出现的劣质水不应视为污染，而应视为天然异常。为解决这一问题，将地下水中的指标组分分为人工组分和天然组分。分别利用单指标人工组分评价方法和单指标天然组分评价方法进行污染评价，评价体系借鉴欧盟利用 RFID 为全球环境提供解决方案（The Building Radio Frequency IDentification Solutions for the Global Environment，BRIDGE）的地下水水质状态评估方法，将地下水指标背景值和阈值作为污染级别的划分依据。

在实际地下水污染评价中，指标繁多，类型不一，感官性状与一般化学指标和毒理学指标对人体健康的危害性存在较大的差异，两者一起评价的结果可能会存在歧义。因此，本书提出指标分类评价的思路，分别对感官性状、一般化学指标和毒理学指标进行评价，最终结果用两者共同表示。根据《地下水质量标准》（GB/T 14848—2017）规定的指标项，提出如下组分判别原则：在天然环境中存在的组分，存在背景值，判定为天然组分；在天然环境中不存在的、由人工合成的组分视为人工组分，不存在背景值。

2.6.1　天然组分污染评价

1. 天然组分单指标污染评价

天然组分单指标污染评价是从背景值出发，比较天然组分的背景值与《地下水质量标准》（GB/T 14848—2017）中Ⅲ类限值的大小，如果背景值大于《地下水质量标准》（GB/T 14848—2017）中Ⅲ类限值，则认为该指标为劣质指标，不参与天然组分的污染评价；反之，则按照表 2.6-1 进行地下水污染级别的判断。未污染主要根据背景值来判断，疑似污染与轻污染的级别划分依据主要是欧盟 BRIDGE 地下水水质状态评估方法中的相应阈值，中污染与重污染则是根据《地下水质量标准》（GB/T 14848—2017）中Ⅲ、Ⅳ类限值确定。

表 2.6-1　天然组分污染级别分类

分级区间	污染级别	级别描述
$C \leqslant \text{NBL}$	Ⅰ	未污染
$\text{NBL} < C \leqslant 0.5\text{NBL} + \text{GQS（Ⅲ）}$	Ⅱ	疑似污染
$0.5（\text{NBL} + \text{GQS}） < C \leqslant \text{GQS（Ⅲ）}$	Ⅲ	轻污染
$\text{GQS（Ⅲ）} < C \leqslant \text{GQS（Ⅳ）}$	Ⅳ	中污染
$C > \text{GQS（Ⅳ）}$	Ⅴ	重污染

注：C 为实测浓度；NBL 为背景值，GQS（Ⅲ）为《地下水质量标准》（GB/T 14848—2017）Ⅲ类限值，GQS（Ⅳ）为《地下水质量标准》（GB/T 14848—2017）Ⅳ类限值。

2. 天然组分背景值的获取

背景值获取方法的合理性有待于进一步研究，目前地下水背景值获取方法有很多，但效果均不理想。借鉴英国地质调查局地下水背景值的获取方法，即累计频率曲线图法，该方法以背景值的浓度的对数为横坐标，以所有参评组分的累计频率为纵坐标，得到累计频率曲线图。一般背景值的上限取累计频率为 90%、95%或 97.5%的浓度，该方法的优点在于无须考虑数据的分布特征，简单有效，但对地下水中水样数据的选择比较严格，结合我国实际情况，提出如下数据筛选原则：

（1）检验电荷平衡，将大于 5%的水样数据点删除。

（2）利用散点图判断离群值，将明显离群的数据删除，分析各个指标数据是否在区间 $Y = X$（均值）$+ 3S$（标准差）范围内，若不在，应予以剔除。

（3）利用异常值检验的格鲁布斯法检验指标数据，判断可疑值，将异常值删除。

（4）利用水文地球化学成分图示法中的 Piper 三线图进行异常值的判断，将水化学类型突变的水样数据剔除。删除异常的水样数据点后，如果代表地下水天然组分的数据量超过 60 个，可采用累计频率为 97.7%的浓度作为背景值。

2.6.2　人工组分污染评价

人工组分污染级别分类见表 2.6-2。

表 2.6-2　人工组分污染级别分类

分级区间	污染级别	级别描述
$C \leqslant$ TDF	I	未污染
TDF$<C \leqslant$5TDF	II	疑似污染
5TDF$<C \leqslant$GQS（III）	III	轻污染
GQS（III）$<C \leqslant$GQS（IV）	IV	中污染
$C>$GQS（IV）	V	重污染

注：C 为实测浓度；TDF 为背景值；GQS（III）为《地下水质量标准》（GB/T 14848—2017）III类限值；GQS（IV）为《地下水质量标准》（GB/T 14848—2017）IV限值。

2.7　地下水污染源强评价

地下水污染源强评价在综合考虑"污染源—污染途径"的基础上，研究不同地质条件下包气带对于污染物的阻滞作用，识别典型水文地质条件下地下水污染源强主控因子，通过构建半定量和定量模型评价污染源对于地下水可能的影响程度。

本小节以主控因子识别、优化、筛选为主线，提出地下水污染源强评价指标体系，依次建立地下水污染源强半定量、定量评价模型和分级评价方法，根据源强分级评价结果对地下水污染场地进行分类并制定防控对策，同时对实际场地开展地下水污染源强评价并验证评估结果的有效性，实现我国地下水污染场地有效管理。

2.7.1　半定量评价模型

基于典型水文地质条件下地下水污染特征及包气带防污主控因子研究成果，系统分析污染源特征和包气带特征的主控因子，通过查阅文献、现场收集资料、HYDRUS 模型分析敏感性因子等方法（李娟等，2014），为指标筛选提供依据，初步确定地下水污染源强评价指标库，构建地下水污染源强评价指标体系。

1. 地下水污染源强评价指标

1）污染源影响因子
污染源的污染特征直接决定着地下水污染源强，因此需要系统分析污染源的影响因

子，污染源的污染特征主要包括污染物类型、污染物毒性、污染物挥发性、污染物溶解
性、污染物吸附性、污染物位置及分布、排放量、排放方式、排放频率、排放时间、产
生方式等。除此之外，污染源场地防护措施也是有必要考虑的，防护措施的好坏对污染
物进入地下水的量有较大的影响。

2）包气带影响因子

包气带一般是污染物进入含水层的必经途径，对污染物的迁移会起到一定的截留和
降低毒性的作用。根据地下水脆弱性评价软件 DRASTIC 和污染物运移 HYDRUS 软件分
析结果，包气带阻控性能影响因子主要包括包气带厚度、土壤厚度、岩性、结构、渗透
系数、含水量、有机质含量等，这些因子构成源强评价指标库的必要因素。

通过以上分析，地下水污染源强评价指标库初步构建完成，如表 2.7-1 所示。

表 2.7-1　地下水污染源强影响指标

分类	评价指标
污染源特征	污染源类型（潜在污染源、已存在污染源）、污染源位置（地上、地下）及分布（点源、线源、面源）、污染物毒性、污染物溶解性、污染物吸附性、污染物挥发性、排放量、排放方式、排放时间、排放频率、产生方式、污染源防护措施
包气带特征	地形，结构，岩性，土壤厚度，渗透系数，包气带厚度，含水量，土壤及包气带稀释净化能力，透水性，土壤体积、密度，有机质含量，包气带体积、密度，坡度

2. 污染源特征指标

1）筛选方法

（1）通过查阅资料、相关文献和现场踏勘搜集污染源特征因子数据和地下水污染现
状数据，分析确定各因子的贡献率及相关性。

（2）筛选的污染源特征污染物应是污染源的主要污染物，能够反映污染源的主要特
征，同时与研究区域主要地下水污染物相吻合，并优先考虑我国"水中优先控制污染物"、
《地下水质量标准》（GB/T 14848—2017）和《生活饮用水卫生标准》（GB 5749—2022）
中所列的物质。

2）污染源类型

基于目前我国典型场地的污染特征，根据污染源有无污染到地下水的界定，将污
染源分为潜在污染源和已存在污染源两大类。潜在污染源为尚未对该区包气带及地下
水造成污染的污染源；已存在污染源为已对包气带或地下水造成污染的污染源（李燕
和卢楠，2019）。

3）污染物特征

不同行业排放的特征污染物组分不同，且不同特征污染物的物理、化学和生物性质
不同，对地下水危害程度不同，因此有必要考虑污染源特征污染物。而对于特征污染物
的指标，需要选择无机污染物和有机污染物共同且具有代表性的属性。溶解性是首要考
虑的，不同污染物的溶解度不同，不溶物难以通过溶液下渗进入地下水，对地下水危害
较小，反之则危害较大。其次考虑毒性，毒性越大对环境及地下水危害越大。降解性体

现为污染物在环境存在的时间长短，降解性越强则污染物存在时间越短，对环境危害相对较小，反之则危害大。吸附性和挥发性也是污染物具有代表性的属性，污染物本身的吸附性代表了污染物在介质中的迁移能力，吸附性强则污染物迁移能力弱，对地下水的危害性较小，吸附性弱则对地下水危害性强。不同污染物挥发性不同，具有高挥发性的物质，可减小污染物与地面介质接触的浓度，以减少对地下水的危害。

4）排放量与排放浓度

排放浓度和排放量与进入包气带和地下水中污染物的量有直接关系。当排放量较多时，有利于污染物在包气带中渗透进入含水层，反之则较难进入含水层。同理，当排放污染物浓度较高时，则污染物进入含水层的机会较多，污染地下水风险较大；当排放污染物浓度较低时，则污染地下水风险较低。

5）污染源防护措施

污染源防护措施主要是指对污染源的防渗措施，防渗措施越好，地下水越不容易受到污染。

6）污染源位置

污染源的位置对地下水污染风险也有较大影响，对于相同污染源，处于包气带底部的污染源对地下水的危害性大于处于包气带顶部的污染源。这是由于处于包气带底部的污染源释放的污染物更容易通过包气带进入地下水，换言之包气带对处于包气带底部的污染源释放的污染物的净化能力弱于处于包气带顶部的污染源释放的污染物的净化能力。

7）污染物的排放方式

不同行业、不同企业的污染物排放方式不同，有的企业对污水及污染物进行处理达标后再排放，因此对地下水造成的污染风险相对较低；但有的企业产生的污水及污染物不经处理直接排放，则地下水被污染的风险相对较大。

8）污染物组分形态

污染物组分形态主要是考虑污染物存在的状态，如固态污染物在自然状态下的迁移性远远小于液态污染物的迁移性，且固态污染物相对于液态污染物更容易控制，对地下水的危害性也更小。

3. 包气带特征指标

1）筛选方法

在参考美国经典地下水脆弱性评价模型 DRASTIC 的基础上，进一步筛选指标。筛选依据主要有：参考现有的地下水脆弱性评价指标体系及叠置指数法中各模型的指标进行筛选；监测、调查部门的相关数据；通过查阅文献、现场搜集资料、HYDRUS 软件分析敏感性因子、灰色关联度分析等方法，为指标筛选提供依据。

不同模型、不同方法考虑的包气带影响因素不仅有主要因素还有次要因素，但是包气带有些因子的数据难以获得，如土壤含水量、黏土矿物含量等，而有些因子可操作性较差，在区域性评价中取值比较困难，不易量化，因此，在实际中要建立一个包含所有影响因素的包气带评价因子体系是不可能也是不现实的。另外，评价考虑的影响因子越多，不同因子之间的关系也就越复杂，容易造成因子之间相互关联或包容；同时，因子太多也会淡化主要因子的影响作用，缺乏评价侧重点。

2）包气带介质

包气带介质指土壤与含水层之间的介质，是污染物进入地下水的必经途径。包气带是由不同介质分层组成的，在不同深度范围内介质不同，不同介质间的理化性质有较大差异。包气带也是污染物进入地下水之前发生物理、化学和生物作用的主要场所。如砂土与粉土其粒径、紧实度和有机质含量等不同，它们对污染物的净化作用不同，由此它们对地下水的保护作用大小也不同。

3）地下水埋深

地下水埋深直接决定污染源排放的污染物迁移到地下水的距离及时间。地下水埋深深，则污染物迁移距离大，包气带对污染物净化作用增加，减少污染物迁移到地下水的量，进而减小地下水遭受污染的风险；地下水埋深浅，则包气带对污染物的净化作用小，地下水遭受污染的风险大。

4）黏土层厚度

黏土具有低含砂量，具有黏性。黏土层介质颗粒非常小，具有吸附性强和不透水等特点，对于污染物的截留作用明显。黏土层可能在包气带的最上层也可能在包气带的中间或下层。

5）渗透系数

渗透系数是包气带的重要指标之一，它主要影响污染物在包气带中的垂直下渗速率。对于渗透系数大的包气带，污染物在包气带中的迁移时间相对较短，到达地下水的量较多，地下水污染风险较大。

6）地形坡度

通常地形坡度越大，越有利于污染物的横向迁移，增加污染物与包气带的接触面积，加大包气带对污染物的净化作用，有利于减小地下水遭受污染的风险。

污染源特征指标和包气带特征指标相结合构建地下水污染源强评价指标体系，如表 2.7-2 所示。

表 2.7-2　地下水污染源强评价指标体系

指标	污染源特征指标								包气带特征指标			
一级指标	污染物特征	排放量	排放浓度	污染源位置	排放方式	污染源类型	污染物组分形态	污染源防护措施	包气带介质类型	地下水埋深	黏土层厚度	渗透系数 ／ 地形坡度
二级指标	毒性 吸附性 挥发性 溶解性 降解性											

4. 评价指标的权重与评分值赋值

1）污染源特征指标筛选

在确定指标权重的方法中，专家打分法具有较大的人为主观性，客观性小。主成因因子法、神经网络法、熵权法、试算法和灰色关联度法则需要大量的监测数据，而我国在监测污染物方面以及地下水污染方面研究相对落后且数据不完整，这些方法也不适合多场地的地下水污染源强评价指标权重确定。层次分析法则避免了数据缺失带来的不便，通过计算得出指标权重具有相对客观性，层次分析法流程如图 2.7-1 所示。

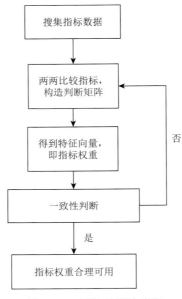

图 2.7-1　层次分析法流程

在地下水污染源强评价指标体系的研究成果上，利用层次分析法确定各部分指标权重。通过层次分析法建立地下水污染源强风险的递阶层次结构，分为目标层、准则层和指标层，如表 2.7-3 所示。

表 2.7-3　递阶层次结构

目标层 A	准则层 C	一级指标层 P	二级指标层 Q
		污染源防护措施 P10	
		排放量 P11	
		排放浓度 P12	
		排放方式 P13	
		污染源位置 P14	
		污染源类型 P15	
地下水污染源强 A	污染源特征 C1		毒性 Q50
			吸附性 Q51
		污染物特征 P16	挥发性 Q52
			溶解性 Q53
			降解性 Q54
		污染物组分形态 P17	

目标层 A	准则层 C	一级指标层 P	二级指标层 Q
地下水污染源强 A	包气带特征 C2	包气带介质类型 P20 地下水埋深 P21 地形坡度 P22 渗透系数 P23 黏土层厚度 P24	

在递阶层次结构的基础上，构造判断矩阵 $A = [a_{ij}]$，通过单层两两比较确定其判断矩阵，且 $a_{ij} > 0$，$a_{ij} = 1/a_{ji}$，$a_{ii} = 1$。a_{ji} 的确定采用 9 度标法，即 a_i 和 a_j 同等重要时取 1，a_i 比 a_j 略重要时取 3，a_i 比 a_j 较重要时取 5，a_i 比 a_j 非常重要时取 7，a_i 比 a_j 绝对重要时取 9；反之，分别取 1/3、1/5、1/7、1/9，2、4、6、8 为两两判断元素之间的中间状态反应的标度。然后根据以上原则构造判断矩阵。

计算得到判断矩阵的最大特征值 $\lambda_{\max}$ 及其对应的特征向量 W，将特征向量归一化后，即可得到相应的层次单元排序的相对重要性权重向量 W_1、W_2、$\cdots$、W_i。利用最大特征值 $\lambda_{\max}$ 和权重向量计算出一致性指标 CI 及随机性一致性比率 CR。

$$CI = \frac{\lambda_{\max} - n}{n - 1} \tag{2.7-1}$$

$$CR = \frac{CI}{RI} \tag{2.7-2}$$

其中，RI 的取值如表 2.7-4 所示。

表 2.7-4　RI 取值

n	1	2	3	4	5	6	7	8	9	10	11	12	13	14	15
RI	0	0	0.58	0.9	1.12	1.24	1.32	1.41	1.46	1.49	1.52	1.54	1.56	1.58	1.59

当 CR≥0.1 时，一致性检验未通过，说明权重判断矩阵的取值不合适，需要重新调整；当 CR<0.1 时，通过一致性检验，权重的计算值可用。权重值范围为 0~1，值越大说明该指标在同一层次中的重要性越大，反之则越小。

由表 2.7-3 可知，准则层由包气带特征和污染源特征两部分构成，两部分对地下水污染的影响可以认为是相同的，即两者的权重均为 0.5。

地下水污染源强评价指标体系中污染源特征指标为污染源类型、排放浓度、污染源防护措施、排放量、污染物特征、污染源位置、排放方式和污染物组分形态 8 个指标，利用层次分析法构造污染源特征指标判断矩阵（表 2.7-5）。

表 2.7-5　污染源特征指标判断矩阵

项目	污染源 类型	排放 浓度	污染源防 护措施	排放量	污染物特征	污染源位置	排放方式	污染物组分形态
污染源类型	1	2	2	4	4	4	4	8
排放浓度	0.5	1	1	2	2	2	2	4

项目	污染源类型	排放浓度	污染源防护措施	排放量	污染物特征	污染源位置	排放方式	污染物组分形态
污染源防护措施	0.5	1	1	2	2	2	2	4
排放量	0.25	0.5	0.5	1	1	1	1	2
污染物特征	0.25	0.5	0.5	1	1	1	1	2
污染源位置	0.25	0.5	0.5	1	1	1	1	2
排放方式	0.25	0.5	0.5	1	1	1	1	2
污染物组分形态	0.125	0.25	0.25	0.5	0.5	0.5	0.5	1

计算得到污染源各特征指标权重如表 2.7-6 所示。

表 2.7-6　污染源各特征指标权重

项目	污染源类型	排放浓度	污染源防护措施	排放量	污染物特征	污染源位置	排放方式	污染物组分形态
权重 W_i	0.31	0.15	0.15	0.09	0.09	0.09	0.09	0.03
检验			$\lambda_{\max} = 8.195$　CI = 0　CR = 0<0.1　一致性通过					

污染物特征中有毒性、吸附性、挥发性、溶解性和降解性 5 个分指标，利用层次分析法计算出各分指标权重如表 2.7-7 所示。

表 2.7-7　污染物各特征指标权重

项目	毒性	吸附性	挥发性	溶解性	降解性
权重 W_i	0.143	0.143	0.072	0.57	0.072
检验		$\lambda_{\max} = 8.195$　CI = 0　CR = 0<0.1　一致性通过			

2）包气带特征指标筛选

包气带特征指标的选取主要是在现有成熟的地下水污染风险评价模型基础上筛选出来的。包气带特征指标有黏土层厚度、包气带介质类型、地下水埋深、渗透系数和地形坡度 5 个指标。各指标权重赋值参考已有模型的权重大小来进行指标的两两比较。在 DRASTIC 模型中，地下水埋深、包气带介质类型、地形坡度和渗透系数的权重分别为 5、5、1 和 3。对于黏土层厚度国内外学者很少考虑，但由于黏土层对于污染物有较强截留作用，在比较时可以认为黏土层厚度的重要性与包气带介质类型的重要性相同，由此构造包气带特征的判断矩阵，详见表 2.7-8。

表 2.7-8　包气带特征指标判断矩阵

项目	黏土层厚度	包气带介质类型	地下水埋深	渗透系数	地形坡度
黏土层厚度	1	2	2	4	4
包气带介质类型	0.5	1	1	2	2

续表

项目	黏土层厚度	包气带介质类型	地下水埋深	渗透系数	地形坡度
地下水埋深	0.5	1	1	2	2
渗透系数	0.25	0.5	0.5	1	1
地形坡度	0.25	0.5	0.5	1	1

计算得到包气带特征指标权重如表 2.7-9 所示。

表 2.7-9　包气带特征指标权重

项目	黏土层厚度	包气带介质类型	地下水埋深	渗透系数	地形坡度
权重 W_i	0.28	0.28	0.28	0.10	0.06
检验		$\lambda_{max}=5.02$　CI $=0.005$　CR $=0.004<0.1$　一致性通过			

3）各指标分析评分

污染源特征、包气带特征两部分各评价因子评分范围及评分值的确定优先参考已有评价模型的参数值，若国内外参考文献中没有说明，则可查阅国内外相关污染因子标准自行进行分级评价，同时结合地下水污染源的实际情况，根据各指标潜在污染风险的大小进行分级评分，评分值范围为 1~10。其中排放量及排放浓度分级参考《污水综合排放标准》（GB 8978—1996）进行分级评分，排放浓度参考其中一级标准。污染源毒性分级参考美国环保局于 2006 年颁布的《饮用水健康与标准》，挥发性、吸附性、溶解性及降解性参考风险纠正措施（risk-based corrective action，RBCA）模型中的数据库进行分级评价，其中沸点是代表物质的一个重要参数，一般而言在常温下，沸点越低，挥发性越高；沸点越高，则挥发性越低。吸附性可以用 K_{ow}（辛醇-水分配系数）来表示，它是化学物质本身的属性，代表污染物在辛醇中与水中的分配比，一般认为 K_{ow} 小于 10 的物质比较亲水，吸附性弱；大于 10 的物质憎水性强，吸附性强。溶解性以物质在室温下的溶解度表示，以不同溶解程度进行分级。降解性参考持久性有机污染物的定义进行分级评分，通常认为在水中半衰期大于 2 个月、在土壤或沉积物中半衰期大于 6 个月的有机污染物为持久性有机物，以此为标准进行分级。包气带各特征指标分级参考 DRASTIC 模型。

5. 半定量评价方法

半定量评价模型以叠置指数法为原理，核心是通过综合分析"污染源—污染途径"过程，提取地下水污染源强的主要影响因素——示范区污染源的水文地质特征（以包气带为主）及由人类活动引起的污染源影响因子等，采用相应的方法对这些影响因子进行评价，然后将评价结果进行叠加，计算地下水污染源强强度指数，确定污染源对地下水污染的大小，在此基础上实现地下水污染源强评价与分级，为污染场地地下水资源的污染防治、合理利用和有效管理提供理论与方法。

半定量评价方法从地下水污染源特征和包气带特征两个方面构建评价指标体系，采用专家打分与层次分析法，分别对不同评价指标进行分级评分与权重赋值，在此基础上，利用叠置指数法构建地下水污染源强评价模型。首先确定污染源负荷指数和包气带防污性能指数，然后通过两者与权重相乘后叠加，得到地下水污染源强。

1）污染源负荷

单一污染物的污染源负荷计算为

$$D_R' = \sum W_i \times P_i \qquad (2.7\text{-}3)$$

式中，D_R' 为单一污染源的污染源负荷；W_i 和 P_i 分别为污染源各特征指标的权重与评分值，$P_i = W_i' \times Q_i$，W_i' 和 Q_i 分别为各污染物特征指标的权重与评分值。

对于含有多种污染物的污染源，分别计算各个污染物的污染源负荷，再求其平均值 D_R。

$$D_R = \frac{\sum D_R'}{n} \qquad (2.7\text{-}4)$$

式中，n 为特征污染物个数。

2）包气带防污性能

包气带防污性能为包气带各特征指标权重与相应评分值的乘积叠加和，即

$$D_1 = \sum W_i \times P_i \qquad (2.7\text{-}5)$$

式中，D_1 表示包气带防污性能；W_i 和 P_i 分别为包气带各特征指标的权重与评分值。

3）地下水污染源强半定量评价

地下水污染源强构建基于"污染源—污染途径"过程，通过将污染源特征负荷、包气带防污性能与相应权重相乘叠加，计算地下水污染源强。构建的地下水污染源强半定量模型为

$$P = W_R \times D_R + W_1 \times D_1 \qquad (2.7\text{-}6)$$

式中，P 为地下水污染源强强度指数，P 值越高，污染强度越大；W_R 和 W_1 分别为污染源特征指标权重和包气带特征指标权重；D_R 和 D_1 分别为污染源特征指标指数值和包气带特征指标指数值。

根据生态安全评价风险程度级别划分标准，采用非等间距法将污染源强强度指数分为 6 级：$P \leqslant 1$ 表示地下水污染源强度低；$1 < P \leqslant 3$ 表示地下水污染源强度较低；$3 < P \leqslant 5$ 表示地下水污染源强度一般，$5 < P \leqslant 7$ 表示地下水污染源强度较高；$7 < P \leqslant 9$ 表示地下水污染源强度高。

2.7.2　定量评价模型

1. 定量评价方法

采用已有的研究成果和半定量评价模型指标体系中的主要指标因子（如污染物排放浓度、排放方式、污染源位置、包气带介质类型、渗透系数、黏土层厚度等）为筛选依据，针对两种代表性的地下水特征污染物（氨氮、重金属），利用 HYDRUS-1D 软件模拟特定污染物在典型水文地质条件下的浓度折减系数，以一种量化的方法来综合评价包气带对于某一特征污染物的防污性能，进而达到定量评价污染源强的目的，为场地污染防控和治理提供数据参考。

HYDRUS-1D 是由美国农业部盐土实验室等机构在 SUMATRA、WORM 及 SWMI 等模型的基础上创建发展而来的。该软件可以在宏观及微观尺度上模拟一维水流和溶质

在饱和及非饱和介质中的运移及反应，在土壤学、水文地质学和环境学等领域得到了广泛应用，模型中方程解法采用 Galerkin 线性有限元法，可用于模拟水、农业化学物质及有机污染物的迁移与转化过程。

1）折减系数

在量化包气带防污性能时，引入折减系数的评价方法。在污染物初始浓度 C_0 给定的前提下，在 HYDRUS-1D 软件中输入包气带土壤和污染物相关参数，预测污染物到达含水层时的浓度值 C_i，从而推测不同包气带条件下的污染物折减系数 R_i。然后，通过灰色关联度分析方法（李娟等，2015）确定折减系数与污染源、包气带关联度较高的主控因子，对地下水污染源强评价指标体系进行优化。

折减系数 R_i 的计算公式为

$$R_i = \frac{C_i}{C_0} \tag{2.7-7}$$

式中，C_0 为特征污染物的初始浓度，mg/L；C_i 为特征污染物到达含水层时的浓度值，mg/L。

2）HYDRUS-1D 模型方程

（1）水流运动方程。

在局部饱和孔隙介质中，HYDRUS-1D 使用经典理查兹（Richards）方程描述一维平衡水流运动：

$$\frac{\partial \theta}{\partial t} = \frac{\partial \left[K \left(\frac{\partial h}{\partial \theta} + \cos \alpha \right) \right]}{\partial x} - S \tag{2.7-8}$$

式中，h 为压力水头，m；θ 为体积含水率，m^3/m^3；t 为时间，a；S 为源汇项，$m^3/(m^3 \cdot a)$；α 为水流方向与纵轴夹角，本书认为水流一维连续垂向入渗，故 $\alpha = 0$；$K(h)$ 为非饱和渗透系数函数，m/a，可由方程 $K(h, x) = K_s(x)K_r(h, x)$ 计算，其中，K_s 为饱和渗透系数，m/a，K_r 为相对渗透系数。

（2）溶质运移方程。

溶质运移模型使用经典对流-弥散方程描述一维溶质运移，公式为

$$\frac{\partial \theta_c}{\partial t} + \rho \frac{\partial s}{\partial t} = \frac{\partial \left[\theta D_L \frac{\partial c}{\partial z} \right]}{\partial z} - \frac{\partial qc}{\partial z} - \phi \tag{2.7-9}$$

式中，c 为溶质液相浓度，mg/m^3；s 为溶质固相浓度，mg/mg；D_L 为弥散系数（代表分子扩散及水动力弥散），m^2/a；q 为体积流动通量密度，m/a；ϕ 为源汇项（代表溶质发生的各种零级、一级及其他反应），$mg/(m^3 \cdot a)$；ρ 为土壤体积密度，mg/m^3。

（3）评价方法应用。

以垃圾填埋场为案例,选取渗滤液中的氨氮和重金属镉为研究对象,利用 HYDRUS-1D 模型进行数值模拟，确定场地地下水污染源强评价主要指标。

2. 源强评价指标体系的优化

以特征污染物氨氮和重金属镉为研究对象，利用 HYDRUS-1D 软件模拟多个污染场

地氨氮和重金属镉浓度的折减系数，并通过灰色关联度法分析折减系数与场地污染源、包气带特征指标之间的关联程度。灰色关联度分析法需要一定规模样本数据资料的支撑，主要包括多个典型场地地下水污染影响因子的整理和折减系数的计算。场地影响因素的整理主要基于场地调查资料；折减系数的计算则依靠 HYDRUS-1D 软件。

根据灰色关联度分析法使用要求、源强特征指标半定量模型初筛结果和可提供的场地数据信息，选取污染源初始排放浓度、包气带厚度、地形坡度、渗透系数、土壤容重、纵向弥散系数和吸附系数 7 个影响因子作为灰色关联度分析指标。优化的主要流程为：①利用 HYDRUS-1D 软件，模拟特征污染物在不同污染场地上的污染源强折减系数；②利用灰色关联度分析法，筛选出影响折减系数的主控因子。

2.7.3　分级评价方法

1. 地下水污染源强评价指标体系

地下水污染源强评价指标体系主要从污染源特征和包气带特征两个方面来考虑。结合分析计算结果，污染源特征主要考虑污染源的排放量和排放方式等指标，包气带特征主要考虑包气带防污性能和脆弱性等指标，具体的地下水污染源强评价指标体系见图 2.7-2。

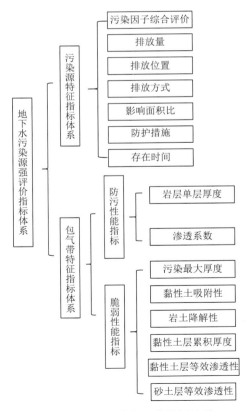

图 2.7-2　源强分级评价指标体系

2. 地下水污染源强分级评价方法

基于污染源分类结果，按照潜在污染源和已存在污染源所在的场地有无防渗措施，将实际的污染场地分为四大类：潜在的有防渗污染源、潜在的无防渗污染源、已存在的无防渗污染源、已存在的有防渗污染源，并以这四大类污染源作为评价的基本对象，构建分级评价体系，具体地下水污染源强分级评价流程如图 2.7-3 所示。

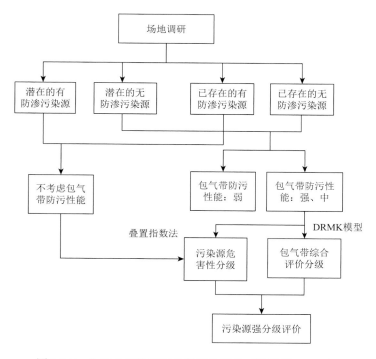

图 2.7-3　地下水污染源强分级评价流程（杨洋等，2014）

2.8　地下水污染评价方法的筛选

区域地下水污染综合评价研究是一项总结区域地下水水质和水化学特征、评估地下水水质状况和污染状况、分析其驱动机制、研判其演化趋势的重要基础性工作。对此，本书梳理了相关工作的内在关系和流程，见图 2.8-1。在这项工作中，背景值的确定至关重要，不仅可以用于污染判定，还能够指导劣质水和劣变水的评价以及识别人类活动对地下水水质演化的影响。劣质水和劣变水评价旨在区分天然劣质水和污染水。人类活动的识别不仅体现在识别人为污染源的输入，还在于识别无明显污染源的水质劣变问题。劣质水和劣变水评估以及人类活动影响程度识别不但能够深化对地下水污染状况的认识，而且对于深入分析地下水污染驱动机制及水质演化趋势具有重要的意义，科学回答防和治的问题，是合理开发利用地下水资源以及污染防控的重要依据。

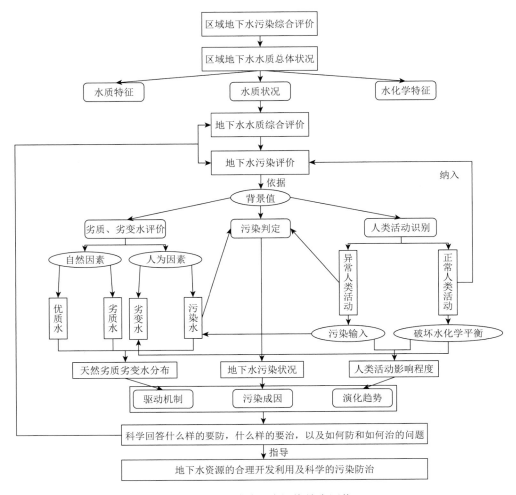

图 2.8-1　区域地下水污染综合评价

2.8.1　地下水污染评价与背景值获取

我国地下水水质状况引起了广泛关注，与《地下水质量标准》（GB/T 14848—1993）相比，最新修订的《地下水质量标准》（GB/T 14848—2017）将水质指标由原来的 39 项增加至 93 项，新增了 54 项。然而，在使用一些新增的水质综合评价指标时存在诸多不合理，例如，1993 版《地下水质量标准》（GB/T 14848—1993）中的指标"内梅罗指数法"评价的水质类别不符合地下水水质分布连续性的统计学特征，存在水质类别缺失和跳跃问题，因此，2017 版《地下水质量标准》（GB/T 14848—2017）将其修订为"单指标最高类别法"，即根据水质单指标分类的最高类别确定最终的水质综合评价结果。然而，近几年的实践表明，这种方法会夸大水质恶劣程度，尤其是当一些对水质影响不大的感官性状指标超标时存在一票否决的现象，这使得评价结果的科学性和可靠性受到质疑。

考虑到国际上鲜有类似的水质综合评价，因此有关水质综合评价的废存问题备受争议。对我国来说，水质综合评价已经延续使用了 20 多年，存在很大的使用惯性。此外，水质综合评价也是政府部门和社会了解地下水水质最直接的方法，因此仍然备受青睐。然而，面对存在的问题，很多学者通过改进评价方法来提高评价结果的可靠性，如综合指数法、模糊综合评价法和灰色聚类法等。采用这些改进的评价方法尽管有一定成效，但也存在一些普遍性问题：

（1）多数方法仍适用于常规指标，评价结果难以全面反映地下水的综合质量，尤其是应对大量新增有机指标时不太适用。

（2）评价结果会产生歧义或误导，出现夸大一般化学指标的危害，或者掩盖有毒、有机物等对人体健康危害较大的现象。

（3）评价的水质类别不符合地下水水质分布连续性的统计学特征，存在水质类别缺失和跳跃。

由此可以看出，改进评价方法并不能解决问题的根本，只有认识水质综合评价的本质才是解决这一问题的关键。

2.8.2　地下水污染评价方法

目前关于地下水污染评价方法的研究较多，主要有单因子污染指数法、综合污染指数法、内梅罗综合污染指数法、参数分级评分叠加指数法、模糊综合评价法、人工神经网络法、浓度法等。地下水污染的复杂性高，并没有一套广泛接受的污染评价模型，不同的污染评价方法有其适用性与范围，在水质指标及地下水污染风险方面的考虑有所欠缺。单因子污染指数法对地下水整体污染状况考虑有所欠缺，同时对不存在背景值的污染物指标无法评价。综合污染指数法的缺陷在于评价结果会出现失真或物理意义不明确的现象。模糊综合评价法在选择数学模型的过程中需要设计大量函数，计算复杂，并且不能直接体现地下水的污染特征。参数分级评分叠加指数法的评价指标项局限于 9 项以内，使其应用受限。综上所述，目前的地下水污染评价方法存在对参评指标项有限制、评价结果物理意义不明确、指标性质差异性未考虑、对背景值考虑不足等问题，难以进行客观的污染评价。国外地下水污染评价是从指标浓度出发，对比相关质量标准，评估其污染状况；也有的利用地质统计学的克里金插值法进行地下水污染评价，即通过绘制指标等值线图来进行污染评价，以及针对特定的污染物指标进行污染评价。

针对目前地下水污染评价方法存在的问题，有学者提出地下水污染指标分类的综合评价方法。首先，该方法考虑天然劣质指标，因为天然劣质指标的参评容易使评价结果产生歧义。其次，提出区分指标组分信息，对天然组分与人工组分分别进行评价。最后，考虑不同指标性质的差异，进行指标分类评价，具体评价方法及流程参照 2.6 小节。

1. 单因子污染指数评价法

单因子污染指数评价法采用单监测项目污染指数表示，其值为某一水质监测指标的测定值与执行标准的相应水质类别中该项目的限定值之间的比值（何宝南等，2022），其中 pH 和溶解氧除外。单因子指数 P_i 计算公式为

$$P_i = \frac{C_i}{C_0} \tag{2.8-1}$$

式中，C_i 为某一水质监测指标的测定值；C_0 为该项目的限定值。

单因子污染指数评价法中，$P_i > 1$，则水质不达标，其具体符合类别按单因子评价。

2. 综合污染指数法

综合污染指数法指算术平均值的综合污染指数，是对水质的多指标综合评价，尽量规避了单一监测项目数据对水质综合评价的影响，同时降低了水质监测数据异常造成的整体评价误差。均值综合污染指数 P 按式（2.8-2）计算。

$$P = \frac{1}{n}\sum_{i=1}^{n} P_i \tag{2.8-2}$$

式中，P_i 为单因子污染指数；n 为参与评价的监测项目个数。

均值综合污染指数的污染程度划分为：$P \leq 0.20$ 表示水质好；$0.21 \leq P \leq 0.40$ 表示水质较好；$0.41 \leq P \leq 0.70$ 表示轻度污染；$0.71 \leq P \leq 1.00$ 表示中度污染；$1.01 \leq P \leq 2.00$ 表示重污染；$P \geq 2.01$ 表示严重污染。

3. 内梅罗综合污染指数法

内梅罗综合污染指数法是当前国内外进行综合污染指数计算的常用方法之一。该方法根据各监测项目的污染指数计算综合污染指数，其特点是突出最大值的环境质量指数，兼顾各监测项目污染指数的平均值和最高值，重点突出最大污染项目对水质评价的影响。内梅罗综合污染指数 I 按式（2.8-3）计算。

$$I = \sqrt{\frac{(P^2 + P_{i,\max}^2)}{2}} \tag{2.8-3}$$

式中，P 为均值综合污染指数；$P_{i,\max}$ 为 n 项监测项目中单因子污染指数最大值。

内梅罗综合污染指数的污染程度划分为：$I < 1$ 表示水质清洁；$1 \leq I \leq 2$ 表示轻度污染；$2 < I \leq 3$ 表示污染；$3 < I \leq 5$ 表示重污染；$I > 5$ 表示严重污染。

第 3 章　地下水环境监测井成井技术

地下水环境监测井是用钻孔法建成的监测地下水水位、水温、水质变化状况的专用井，是开展地下水环境监测和质量调查评价工作的基础。受建设需求不同、施工单位不同、工作需求不同以及后期维护管理不足的影响，目前我国地下水环境监测井质量参差不齐，有的监测井无法准确监测地下水水质状况，严重的甚至导致地下水污染，因此规范开展地下水环境监测井成井建设和维护工作已迫在眉睫。

地下水环境监测井通常包含井壁管、封隔止水层、滤水管、围填滤料、沉淀管和井底等组成部分，同时还需要设立井口保护装置、警示标、警示桩、水泥平台或井顶盖等。为准确掌握地下水环境质量状况和地下水体中污染物的动态分布变化情况，需严格按照规范要求建设地下水环境监测井。本章从地下水环境监测井设计、施工、成井、抽水试验等方面介绍地下水环境监测井的成井技术。

3.1　监测井成井技术

3.1.1　监测井设计

1. 监测井编码

地下水环境监测井基本信息包括：监测井统一编号、监测井名称、监测井地理坐标、所在地及区划、监测井归属单位、联系人姓名、联系方式、企业行业名称和代码、建井时间、所属流域、水文地质分区、含水介质类型、监测井性质、监测井类别。

地下水环境监测井建设应遵循一井一设计，一井一编码，所有监测井统一编码的原则，在充分搜集掌握拟建监测井地区有关资料和现场踏勘基础上，因地制宜，科学设计。地下水环境监测井编码具体要求如下：

（1）地下水环境监测井编码由 10 位阿拉伯数字组成。

（2）自左向右，第 1～2 位、3～4 位、5～6 位分别为所在省（自治区/直辖市）、地市级城市和县级行政区的行政区划代码，具体参照《中华人民共和国行政区划代码》（GB/T 2260—2007）中相关条款执行；第 7～10 位为监测井代码，按本区内监测井顺序编号。

（3）地下水环境监测井原始编号为施工时的井孔编号。

2. 监测井结构

地下水环境监测井结构类型包括单管单层监测井、单管多层监测井、巢式监测井和丛式监测井，可根据具体水文地质条件、监测目的、目标含水层分布等情况选择，详见表 3.1-1，如无特殊要求，均为单管单层监测井。监测井取水位置一般在目标含水层的中部，当水中含有重质非水相液体（dense non-aqueous phase liquid，DNAPL）时，取水位置应在含水层底部和不透水层的顶部；当水中含有轻质非水相液体（light non-aqueous phase liquid，LNAPL）时，取水位置应在含水层的顶部。

表 3.1-1　监测井结构类型

地下水环境监测井结构类型	钻孔数量	井管数量	适用范围
单管单层监测井	单孔	单根	监测单一目标含水层
单管多层监测井	单孔	单根	监测不同深度的两个及两个以上目标含水层
巢式监测井	单孔	多根（不同深度）	分别监测不同深度的两个及两个以上目标含水层
丛式监测井	多孔（不同深度）	多根（不同深度）	分别监测不同深度的目标含水层

3. 监测井深度

地下水环境监测井深度应根据监测目的、所处含水层类型及其埋深和厚度来确定，尽可能超过已知最大地下水埋深以下 2m。地下水环境监测井深度应满足监测目标要求，宜揭穿目的含水层。监测目标层与其他含水层之间须做好止水，监测井滤水管不得越层，监测井不得穿透目标含水层下的隔水层的底板。

4. 井管设计

地下水环境监测井井管设计要素包括井管材质、井深、井径、井厚、建井技术、材料强度、滤水管、填砾、地下水的腐蚀性、微生物的作用、化学吸附和脱除性能及材料成本。

1）井管材质

井管材质选用钢管、不锈钢管、聚氯乙烯（PVC）材质较为普遍（表 3.1-2），选择要求如下：

（1）水质监测井井管应采用无污染材质，宜选用 PVC-U 塑料管或不锈钢管；水位监测井宜选用 PVC-U 塑料管或无缝钢管。

（2）监测井深度小于或等于 100m 的单井宜选 PVC-U 塑料管；大于 100m 的监测井宜采用无缝钢管或不锈钢管。

（3）对于垃圾填埋厂、高浓度氯代有机物污染场地等特殊场地，不适用 PVC 管材，应选用不锈钢管材。

（4）当地下水检测项目为有机物或地下水需要长期监测时，宜选择不锈钢材质井管；当监测项目为无机物或对地下水的腐蚀性较强的污染物时，宜选择聚氯乙烯（PVC）材质管件，井管材质选择见表 3.1-3。

表 3.1-2　不同类型井管性质

井管材料	成本	特性	适用范围
PVC 井管	低	安装使用方便，有机物可能造成化学侵蚀	有机物能造成化学侵蚀
不锈钢井管	高	具有较高的强度和抗腐蚀性	影响痕量金属浓度

表 3.1-3　井管材质选择要求

地下水中污染物	第一选择	第二选择	禁用材质
金属	聚四氟乙烯（PTFE）	优先序：丙烯腈-苯乙烯-丁二烯共聚物（ABS）＞硬聚氯乙烯（PVC-U）＞PVC	304 和 316 不锈钢
有机物	304 和 316 不锈钢	优先序：PTFE＞ABS＞PVC-U＞PVC	无
金属和有机物	无	优先序：PTFE＞ABS＞PVC-U＞PVC	304 和 316 不锈钢

2）井管直径

地下水环境监测井井管的内径要求不小于 50mm。考虑到井管内径过大会导致地下水紊流，容易使土壤颗粒进入地下水中，故应在满足洗井和取水要求的前提下，尽量选择小口径井管。

3）井管厚度

地下水环境监测井管壁厚度应符合以下要求：①不锈钢管和无缝钢管壁厚不小于4.5mm；②PVC-U 塑料管壁厚度依据不同的井深为 4～6mm 或 6～9mm。

4）滤水管设计

同一监测井（组）滤水管材质应与井管材质相同，具体要求如下。

（1）滤水管类型。

①PVC-U 塑料管可采用缝隙式滤水管，不锈钢管和无缝钢管可采用圆孔缠丝滤水管、桥式滤水管等，缠丝材质和井管相同。

②基岩裂隙水和岩溶水监测井可采用不缠丝滤水管。

③滤水管孔隙率、缠丝（或包网）间隙（或网眼）等要求如下：

a. 使用横切缝式滤水管时，筛缝宽度依据含水层土壤粒径决定，详见表 3.1-4。

表 3.1-4　筛缝宽度与含水层土壤粒径换算表

含水层土壤 D_{10}/mm	筛缝宽度/mm
(0, 0.30]	0.178
(0.30, 0.60]	0.254
(0.60, 1.18]	0.508
(1.18, 2.30]	1.270
(2.30, 4.50]	2.286
(4.50, ∞)	3.810

注：1. D_{10} 为滤料试样筛分组成中，过筛质量累计为 10%时的最大颗粒直径；2. 筛缝宽度数值可依据不同厂商的规格选取与表中数值最接近的。

b. 使用缠丝包埋式滤水管时，过滤器类型应根据所监测含水层性质按表 3.1-5 选用。

使用穿孔过滤器时，滤水管钻孔直径不超过 5mm，钻孔之间距离在 10～20mm，滤水管外以细铁丝包裹并固定 2～3 层的 40 目钢丝网或尼龙网。

表 3.1-5 监测井过滤器选择

含水层性质	适用条件	过滤器类型
基岩	岩层稳定	不安装过滤器
	岩层不稳定	割缝或穿孔过滤器
	裂隙、溶洞有充填	包网过滤器
	裂隙、溶洞无充填	割缝或穿孔过滤器
碎石土类	$D_{20} < 2mm$	缠丝或包网过滤器
	$D_{20} \geq 2mm$	割缝过滤器
砂土类	粗砂、中砂	包网过滤器填砾
	细砂、粉砂	贴砾或携砾过滤器

注：D_{20} 为土壤试样筛分组成中，过筛质量累计为20%时的最大颗粒直径。

（2）滤水管长度。

①地下水环境监测井滤水管长度要求，丰水期间需要有1m的滤水管位于水面以上；枯水期需有1m的滤水管位于地下水面以下。

②对于丰枯季节水位差较大（>5m）的监测井，滤水管长度范围应保持在多年平均最低水位下至少1m处，水面上预留5m；在多年平均最高水位上1m处，水面下预留5m。

③有轻质非水相液体（LNAPL）（比重小于水、与水不相溶的有机相）污染风险的监测井滤水管应高于丰枯季节水位面上0.5m；有重质非水相液体（DNAPL）（比重大于水、与水不相溶的有机相）污染风险的监测井滤水管应深入隔水层0.2~0.3m。

（3）沉淀管。

沉淀管的长度一般为50cm。若含水层厚度超过3m，地下水环境监测井原则上可以不设沉淀管，但滤水管底部必须用管堵密封。

5. 填砾设计

地下水环境监测井填料从下至上依次为滤料层、止水层和回填层，各层填料要求如下。

1）滤料层

监测井过滤材料应由经过清水或蒸汽清洗、按比例筛选、化学性质稳定、成分已知、尺寸均匀的球形颗粒构成，宜采用分级（均匀系数为1.5~2.0）石英砂作为过滤层滤料。滤料规格和包网间隙可按以下方式确定。

①当砂土类含水层的 $\eta_1 < 10$ 时，滤料规格宜采用式（3.1-1）计算：

$$D_{50} = (6 \sim 8)d_{50} \tag{3.1-1}$$

式中，d_{50} 为含水层土试样筛分组成中，过筛质量累计为50%时的最大颗粒直径；D_{50} 为滤料试样筛分组成中，过筛质量累计为50%时的最大颗粒直径。

②当碎石土类含水层的 $d_{20} < 2mm$ 时，滤料规格宜采用式（3.1-2）计算。

$$D_{50} = (6 \sim 8)d_{20} \tag{3.1-2}$$

式中，d_{20} 为含水层土试样筛分组成中，过筛质量累计为20%时的最大颗粒直径。

③当碎石土类含水层的 $d_{20} \geqslant 2mm$ 时，应充填粒径 10～20mm 的滤料。

在砂土类中的粗砂含水层中，当颗粒不均匀系数大于 10 时，应除去筛分样中部分粗颗粒后重新筛分，直至不均匀系数小于 10，这时应取其 d_{50} 代入式（3.1-1）中确定滤料规格。

2）止水层

止水层主要用于防止滤料层以上的外来水通过滤料层进入井内，建议选用材料为直径 20～40mm 的球状膨润土。止水材料要符合以下要求：①具备良好的隔水性能；②无毒、不污染水质；③达到使用寿命要求。

3）回填层

应根据条件选择合适的回填材料，常用的回填材料有膨润土、混凝土和水泥等。当地下水含有可能导致膨润土水化不良的成分时，宜选择混凝土作为回填材料。使用混凝土作为回填材料时，为延缓固化时间，可在混凝土浆中添加 5%～10%的膨润土。

地下水环境监测井应按图 3.1-1 所示流程进行施工。

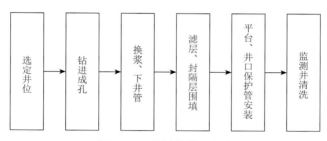

图 3.1-1　监测井施工程序

3.1.2　钻探

1. 地下情况探查

土孔钻探前应探查采样点下部的地下罐槽、管线、集水井和检查井等地下情况，若地下情况不明，可选用手工钻探或物探设备探明地下情况，在确保地下情况符合施工要求后，方可开始施工。

2. 钻探方法

地下水环境监测井的钻探方法包括探坑法、手工钻探法、冲击钻探、螺旋钻探、直推式钻进成孔等方法，可综合考虑当地水文地质条件、钻探深度等条件选择，常用钻探方法优缺点及适用性比较见表 3.1-6。

3. 钻孔直径

钻孔直径根据监测井井管而定，要保证围填滤层厚度不低于 50mm。

4. 钻探深度

一般地下水环境监测井井深应低于近十年历史最低水位面 5m，有受 DNAPL 污染风险的监测井深应在隔水层底板以下 0.5m（但不可穿透）。水文水井钻孔深度划分为浅孔、中深孔、深孔和特深孔，其深度范围见表 3.1-7。

表 3.1-6　常用钻探方法优缺点及适用性

钻探方法	优点	缺点	适合土层				
			黏性土	粉土	砂土	碎石、卵砾石	岩石
探坑法	①可从三维的角度描述地层条件；②易于取得较多样品；③速度快且造价低；④可采集未经扰动的样品；⑤适用于多种地面条件；⑥可以观察到土壤的新鲜面，便于拍照、记录颜色和岩性等基本信息	①人工挖掘深度一般不宜超过 1.2m，除非有足够安全的支护措施，轮式/履带式的挖掘机最大挖掘深度约为 4.5m；②污染物和运移的媒介暴露于空气中，会造成污染物变质及挥发性物质挥发；③不适合在地下水位以下取样；④对场地的破坏程度较大，挖掘出来的污染土壤易造成二次污染；⑤与钻孔勘探方法相比，产生弃土较多；⑥污染物易于传播到空气或水体当中，需要回填清洁材料	++	++	++	++	—
手工钻探法	①可用于地层校验和采集设计深度的土壤样品；②适用于松散的人工堆积层和第四纪沉积的粉土、黏性土层，即不含大块碎石等障碍物的地层；③适用于机械难以进入的场地	①采用人工操作的方式，最大钻进深度一般不超过 5m，受地层的坚硬程度和人为因素影响较大，当有碎石等障碍物存在时，很难继续钻进；②由于会有杂物掉进钻探孔中，可能导致土壤样品交叉污染；③只能获得体积较小的土壤样品	++	++	—	—	—
冲击钻探	①钻探深度可达 30m；②对人员健康安全和地面环境影响较小；③钻进过程中无须添加水或泥浆等冲洗介质，可以采集未经扰动的样品，可用于含挥发性有机物土壤样品的采集；④可采集到多类型样品，包括污染物分析试样、土工试验样品、地下水试样，还可用于地下水采样井建设	①不如探坑法获得地层的感性认识直观；②需要处置从钻孔中钻探出来的多余样品	++	++	++	+	—
螺旋钻探	①钻探深度可达 40m；②采样井建设可以在钻杆空心部分完成，避免钻孔坍塌；③不需要泥浆护壁，避免泥浆对土壤样品的污染；④适用于挥发性有机物土壤样品的采集	①不可用于坚硬岩层、卵石层和流砂地层；②钻进深度受钻具和岩层的共同影响	++	+	+	—	—
直推式钻进成孔	①适用于均质地层，典型采样深度为 6～7.5m；②钻进过程无须添加水或泥浆等冲洗介质；③可采集原状土心，适用于挥发性有机物土壤样品采集	①对操作人员技术要求较高；②不可用于坚硬岩层、卵石层和流砂地层；③典型钻孔直径为 3.5～7.5cm，建设采样井的钻孔需进行扩孔	++	++	++	—	—

　注：++表示适用；＋表示部分适用；—表示不适用。

表 3.1-7　水文水井钻孔深度分级　　　　　　　　（单位：m）

钻孔类型	浅孔	中深孔	深孔	特深孔
深度范围	≤100	100～500	500～1500	≥1500

为防止潜水层底板被意外钻穿，应从以下方面做好预防措施：

（1）开展调查前，必须搜集区域水文地质资料，掌握潜水层和隔水层的分布、埋深、厚度和渗透性等信息，初步确定钻孔安全深度。

（2）优先选择熟悉当地水文地质条件的钻探单位进行钻探作业。

（3）钻探全程跟进套管，在接近潜水层底板时采用较小的单次钻深，并密切观察采出岩心情况，若发现揭露隔水层，应立即停止钻探；若发现已钻穿隔水层，应立即提钻，在钻孔底部至隔水层投入足量止水材料进行封堵、压实，再完成建井。

5. 钻孔倾斜

钻孔深度小于 100m 时，其顶角偏斜不得超过 1°；深度大于 100m 时，每百米顶角偏斜的递增数不得超过 1.5°。

6. 施工要求

土孔钻探按照钻机架设、开孔、钻进、取样、封孔、点位复测的流程进行，各环节技术要求如下：

（1）根据钻探设备实际需要清理钻探作业面，架设钻机，设立警示牌或警戒线。

（2）开孔直径应大于正常钻探的钻头直径，开孔深度应超过钻具长度。

（3）每次钻进深度宜为 50～150cm，岩心平均采取率一般不小于 70%，其中，黏性土及完整基岩的岩心采取率应不小于 85%，砂土类地层的岩心采取率应不小于 65%，碎石土类地层岩心采取率应不小于 50%，强风化、破碎基岩的岩心采取率应不小于 40%。

（4）应尽量选择无浆液钻进，全程套管跟进，防止钻孔坍塌和上下层交叉污染。

（5）在采集不同样品时应对钻头和钻杆进行清洗，清洗废水应集中收集处置。

（6）钻进过程中揭露地下水时，要停钻等水，待水位稳定后，测量并记录初见水位及静止水位。

（7）钻孔过程中参照表 3.1-8 填写土壤钻探报表，对钻探点、钻进操作、岩心箱、钻孔记录单等进行拍照记录。

（8）进场就位拍照要求：按照钻井东、南、西、北四个方向进行拍照记录，照片应能反映周边建构筑物、设施等情况，以点位编号＋E、S、W、N 分别作为东、南、西、北四个方向照片名称。

（9）钻孔拍照要求：应体现钻孔作业中开孔、套管跟进、钻杆更换和取土器使用、原状土样采集等环节操作要求，每个环节至少 1 张照片。

（10）岩心箱拍照要求：土壤岩心样品应按照揭露顺序依次放入岩心箱，对土层变层位置进行标识。拍照应体现整个钻孔土层的结构特征，重点突出土层的地质变化和污染特征，每个岩心箱至少 1 张照片。同时，参照表 3.1-9 对孔深、厚度、岩心长、采心率、岩土名称进行记录。

表 3.1-8　钻探报表

项目名称：＿＿＿＿＿＿＿＿＿＿＿

孔号：＿＿＿＿＿＿　　　　钻孔位置：＿＿＿＿＿＿

地理位置：经度＿＿＿＿＿　纬度＿＿＿＿＿

机号：＿＿＿＿＿钻机类型：＿＿＿＿＿＿开孔时间：＿＿＿＿＿孔口高程：＿＿＿＿＿＿

初见水位：＿＿＿＿＿＿　静止水位：＿＿＿＿＿＿

回次	进尺/m			岩矿心			分层					地层代号	标志面与岩心轴夹角	地质描述
	自	至	计	长度/m	残留/m	采取率/%	回次分层进尺	分层孔深/m	厚度/m	岩心长/m	采取率/%			

注：土质分类应按照《岩土工程勘察规范》（GB 50021—2001）中土的分类和鉴定进行识别。

表 3.1-9　岩心记录

项目名称：＿＿＿＿＿＿＿＿＿＿＿＿

孔号：＿＿＿＿＿＿＿钻孔位置：＿＿＿＿＿＿

地理位置：经度＿＿＿＿＿＿纬度＿＿＿＿＿＿

层号	孔深/m	厚度/m	岩心长/m	采心率/%	岩（矿）土名称	岩心照片
...						

（11）钻孔结束后，对于不需设立地下水采样井的钻孔应立即封孔并清理恢复作业区地面。

（12）钻孔结束后，使用全球定位系统（GPS）或手持智能终端对钻孔的坐标进行复测，记录坐标和高程。

（13）钻孔过程中产生的污染土壤应统一收集和处理，对废弃的一次性手套、口罩等个人防护用品应按照一般固体废物处置要求收集处置。

（14）钻进设备及机具进入场地前应用无磷洗涤液和纯净水进行彻底清洗，并对钻进设备各接口及动力装置进行漏油检测，不得泄漏燃油和润滑油，避免污染物带进场地。在场地存放时，应避免钻具受到地面污染。

（15）采用冲洗液回转钻进成孔时，尽量使用清水钻进，不得使用污染水、劣质水，禁止使用其他添加剂；孔壁不稳定时，应采用临时套管护壁。

（16）钻进过程中应详细记录以下资料：地层岩性、钻机类型及使用设备、钻头大小及类型、临时套管直径及长度、钻具组合、冲洗液漏失情况、地下水水位、目测污染情况等。

3.1.3　下管

1. 下管准备

（1）将冲孔钻杆下放到孔底，用大泵量冲孔排碴，待孔内岩碴排除后，将孔内冲洗液的黏度降低至 20s 内，浓度小于 1.15g/cm³。

（2）若水层护壁泥皮过厚，可先用环状钢丝刷在含水层孔壁处上下提拉破坏孔壁泥皮，再按（1）中要求进行冲孔、排碴、换浆。

（3）冲孔、排碴、换浆结束后，在下管前应进行探（通）孔，所用探（通）孔器直径应比孔径小 30～50mm，长度为 3～5m。经探孔确认钻孔圆直、畅通无阻后，方可下管。

（4）下管前应校正孔深，确定下管深度、过滤管长度和安装位置。按下管先后次序将井管逐根丈量、排列、编号、试扣，确保下管深度和过滤管安装位置准确无误。

（5）对井管进行逐根检查，不符合质量要求的不得下入孔内，过滤管的缠绕丝有错动者应进行修理使之符合要求。

（6）对下管设备和工具进行检查，不符合安全要求者不得使用。

2. 下管要求

（1）下管作业应统一指挥，互相配合，操作要稳、要准，井管下放速度不宜太快，中途遇阻时不准猛墩强提，可适当上下提动和缓慢地转动井管，仍下不去时，应将井管提出，扫除孔内障碍后再下。

（2）下管期间应保持孔内液面与孔口持平，若有下降应及时补充。

（3）井管下完后，要用升降机将管柱吊直，并在孔口将其扶正、固定。

（4）松散层孔壁与管壁的环状间隙应不小于 100mm，下管时设扶正器，保证井管位于孔中心。

（5）在多层含水层组中，滤水管应安置在主要含水层部位。

（6）一孔多井下管时，应确保管间的止水效果。

（7）井管可采用螺纹或卡扣进行连接，应避免使用黏合剂，并避免连接处发生渗漏。井管连接后，各井管轴心线应保持一致。

（8）地面以上预留井管高度在 0.5～1m，便于井口保护。

（9）基岩成井井口设置护孔管，完整岩石裸孔成井，岩石破碎段和有泥质充填空隙的孔段设置过滤器。

3. 下管方法

常见的下管方法有悬吊下管法、浮力下管法、兜底下管法、二次或多次下管法等，详见表 3.1-10。

表 3.1-10　常见下管方法

下管方法	适用条件	
	井管连接方式	井管总重量
悬吊下管法	丝扣或焊接	小于下管设备的安全负荷和小于井管的抗拉强度时采用
浮力下管法		大于下管设备的安全负荷或大于井管的抗拉强度时采用
兜底下管法	非丝扣或焊接	小于下管设备的安全负荷和井管的抗压强度，并大于井管的抗拉强度时采用
二次或多次下管法	非丝扣或焊接或丝扣连接	采用浮力塞后，有效重量大于下管设备的安全负荷或大于井管抗拉强度时采用

3.1.4　填砾止水

在下管完成后，则须进行填砾止水。地下水环境监测井填料从下至上依次为滤料层、止水层、回填层，填砾规格参照 3.1.1 小节中的方法设计，各层填料要求如下。

1. 填砾

（1）填砾前应认真检查砾料的质量和规格，不符合要求的砾料不得填入孔内；含泥土杂质较多的砾料，要用水冲洗干净后才可填入。

（2）按计算用量，现场应备足砾料。

（3）填砾应从孔口井管周围均匀填入，不得只从单一的方位填入。

（4）填砾中要定时探测孔内填砾面的位置，发现堵塞时，应采取措施消除后再填。

（5）砾料填至预定位置后，在进行止水或管外封闭前，应再次测定填砾面位置，若有下沉，应补填至预定位置。

（6）滤料层应从沉淀管（或管堵）底部一定距离到滤水管顶部以上 50cm，滤料层超出部分可容许在成井、洗井的过程中有少量的细颗粒土壤进入滤料层。

2. 止水

（1）止水部位应根据钻孔含水层的分布情况确定，一般选择在隔水层或弱透水层处。

（2）止水层的填充高度应达到滤料层以上 50cm。为了保证止水效果，建议选用直径 20～40mm 的球状膨润土分两段进行填充，第一段从滤料层往上填充不小于 30cm 的干膨润土，然后采用加水膨润土或膨润土浆继续填充至距离地面 50cm 处。

（3）止水效果检验。

①水位压差法检验：测定止水后井管内外的水位，采用注水或抽水的方法造成井管

内外的水位差，并使其差值达到 10m 或抽水试验时的最大降深值时，稳定半小时，若水位波动幅度不超过 0.lm，则止水有效。

②泵压法检验：将止水管口密封，用水泵往管内送水，使水泵压力达到止水段在试验期内可能受到的最大压力值时，稳定半小时，若耗水量不超过 1.5L，则止水有效。

③食盐扩散法检验：先测定井水的电阻率，再用浓度为 5%的食盐溶液倒入止水管与钻孔之间的环状间隙内，2h 后测定止水管内液体的电阻率，若与未倒入食盐溶液前测得的井水电阻率基本相同，则止水有效。

（4）对于一孔多井的井组，应进行抽水试验，根据相邻含水层水位、水质的差异进一步检验止水效果。

3. 回填

用混凝土或水泥回填至地面，与井台相衔接，填充高度一般不小于 50cm。

3.1.5　井口保护

为保护地下水环境监测井，应建设井口保护装置，包括井口保护筒、井台或井盖等部分，监测井保护装置应坚固耐用，具体要求如下：

（1）井口保护筒宜使用不锈钢材质，井盖中心部分应开不小于 20cm 的圆孔，并采用高密度树脂材料封严，避免数据无线传输信号被屏蔽。

（2）井盖需加异型安全锁。

（3）依据井管直径，可采用内径为 24～30cm，高为 50cm 的保护筒，保护筒下部应埋入水泥平台中 10cm 固定。

（4）水泥平台为厚 15cm，边长 50～100cm 的正方形平台，水泥平台四角须磨圆。

（5）无条件设置水泥平台的监测井可考虑使用与地面水平的井盖式保护装置。

3.1.6　标识、标牌

地下水环境监测井宜设置统一标识，包括图形标、警示柱、警示标、铭牌、宣传牌等部分。

1. 图形标

地下水环境监测井图形标是全国统一使用的地下水环境监测井图形符号。图形标颜色为浅蓝，尺寸直径为 200mm，设立于井口保护装置井盖的正面，刻印在井盖上，如图 3.1-2 所示。

2. 警示柱

警示柱宜采用碳钢材质，表面采用反光材料

图 3.1-2　地下水环境监测井图形标示意图

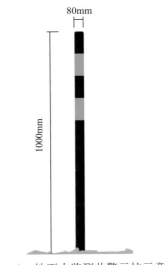

图 3.1-3 地下水监测井警示柱示意图

并做防锈处理，直径 80mm，高 1000mm，颜色为黄黑相间横向条纹。用于警示行人、车辆等此处为地下水环境监测井，需远离，不得擅自破坏、损害、变更。警示柱设立于水泥平台的四个角，须高出水泥平台0.5m，埋在水泥平台下 0.5m，如图 3.1-3 所示。

3. 警示标

警示标宜采用铁制材质，表面采用反光材料并做防锈处理，长 900mm，宽 600mm，颜色为蓝底、白边，图案背景和文字为白色。采用告示牌的形式，上部为地下水环境监测井的图形标，下部书写"地下水环境监测井，禁止破坏，违者必究！监督电话：xxxxxx"，提示人群对其进行保护。警示标固定于水泥平台式井口保护装置周边 1m 区域内，如图 3.1-4和图 3.1-5 所示。

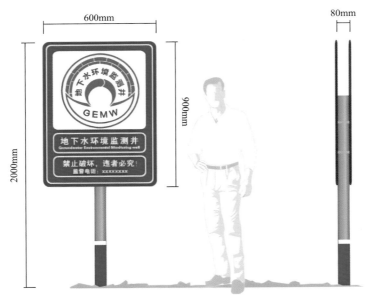

图 3.1-4 地下水监测井警示标尺寸

图 3.1-5 地下水监测井警示标图示

4. 铭牌

铭牌应采用不锈钢材质，长 150mm，宽 100mm，颜色为不锈钢牌的本底色。对于井口保护装置为水泥平台式的地下水环境监测井，铭牌应设立于水泥台中间位置；对于井口保护装置为井盖式的地下水环境监测井，铭牌应设立于地下水环境监测井井盖的背面。

铭牌采用钻孔打钉方式固定。铭牌内容包含井编号、经纬度、井深、建井日期、滤水管长度及深度、井顶高程、地下水水位、建设单位及联系电话、施工单位及联系电话、管理单位及联系电话等。铭牌左上角加制二维码，二维码包含地下水环境监测井相关基础信息，见图 3.1-6。

地下水环境监测井

井编号		井深(m)	
经纬度	东经××.××××××°	井顶高程(m)	
	北纬××.××××××°	地下水水位(m)	
建井日期	××年××月××日	滤水管长度及深度(m)	
建设单位		联系电话	
施工单位		联系电话	
管理单位		联系电话	

图 3.1-6　地下水环境监测井铭牌内容

5. 宣传牌

　　宣传牌材质可以根据实际情况采用合成树脂类板材或铝合金材质等，颜色由地方政府依据实际情况确定。地方政府可根据当地实际需求设计宣传牌上的文字，如"保护地下水环境监测井，人人有责！"等，图形采用地下水环境监测井图形标。宣传牌应设立在监测井附近 5m 区域内明显位置，并添加地下水环境监测井图形标，如图 3.1-7 所示。

图 3.1-7　地下水环境监测井宣传牌示意图

3.1.7　成井洗井

洗井的目的是彻底清除井内的泥浆，破坏井壁泥皮，抽出渗入含水层中的泥浆和细小颗粒，使过滤器周围形成一个良好的人工滤层，以增加井孔涌水量。为防止泥皮硬化，在成井后应立即进行洗井。洗井质量应达到如下要求：①出水量应接近设计要求或连续两次单位出水量之差小于10%；②出水的含砂量应小于1∶200000（体积比）。

在同一水文地质单元内，有3个以上抽水孔时，可采用单位涌水量比拟法检查洗井效果，但比拟条件要基本相同，比拟井要经过标定。

1. 常用洗井方法

根据孔身（井身）结构确定洗井方法，在同一钻孔中，宜采用多种方法联合洗井，常用洗井方法见表3.1-11。

表 3.1-11　常用洗井方法

孔身（井身）结构	洗井方法
第四系松散地层（井壁管、过滤管）孔（井）	1. 焦磷酸钠（或其他磷酸盐）洗井； 2. 活塞洗井； 3. 液态二氧化碳洗井； 4. 空压机洗井、排碴
基岩下管孔（井）	1. 活塞洗井； 2. 液态二氧化碳洗井； 3. 空压机震荡，大降深连续抽水洗井、排碴
碳酸盐岩孔（井）	1. 盐酸洗井； 2. 液态二氧化碳压酸洗井； 3. 空压机洗井、排碴
基岩裸眼孔（井）	1. 爆破扩裂洗井； 2. 液态二氧化碳洗井； 3. 空压机震荡，大降深连续抽水洗井、排碴

2. 各种洗井方法操作要求

1）活塞洗井操作要求

（1）活塞直径应根据井管内壁平整情况选定。在内壁粗糙的管中，活塞直径一般小于井管内径10～20mm；在内壁较光滑的管中，活塞直径一般小于井管内径20～30mm。

（2）活塞下降速度要适当，提升速度一般为0.6～1.2m/s。在升降到浮力塞位置时，不得硬拉、猛墩。

（3）勤检查钢丝绳、升降机制动带的磨损情况。洗井工具下降时，升降机卷筒上必须留有4～5圈的余绳，以防钢丝绳从升降机卡头处切断。

（4）钢丝绳绕在升降机卷筒上应当周正、平整，防止互相缠绕而损坏。

（5）用钻杆提拉时，提引器的安全箍必须固定。

3.2.3　监测网布设方法

1. 区域地下水常规监测点位布设方法

1）第四系松散岩类孔隙水平原（盆地）地区

（1）区域地下水质监测密度。

监测点密度要求如下：

①区域监测密度的设计应在地下水风险性评价分区的基础上进行，参照以下推荐值：a. 很高风险区按照 6 点/100km²～10 点/100km² 布设；b. 高风险性地区按照 5 点/100km²～6 点/100km² 布设；c. 中等风险性、低和很低风险性地区按照 3 点/100km²～4 点/100km² 布设。

②宜加强城市泉水的水质监测。

③城区可利用当地自备井进行监测。

④多层含水层区应根据区域水文地质条件及地下水开发利用情况进行分层监测。

⑤遵循上述原则，设计地下水水质监测网，编制地下水水质监测网设计图。

（2）污染源及附近区域监测密度。

监测点密度要求如下：

①重点污染源中的点源和线源应根据实际调查结果布设专门的污染监测点。

②监测目标层以最上部含水层为主。

③在污染源的上游附近，布设地下水水质背景监测井。

④在污染源的下游附近，布设地下水污染监测井，监测地下水污染晕的范围和发展趋势。

（3）重点地区的监测密度。

重点地区地下水水质监测应参照地下水饮用水水源地保护区和自然保护区的相关规范。在水源一级保护区（100d）、水源二级保护区（第四系松散层为 10a，岩溶区为 5a）、水源准保护区（25a）及汇流区按照密度由高到低的原则布设地下水质监测井。由供水部门负责监测的一级水源保护区和汇流区应纳入区域地下水水质监测网。

2）岩溶水地区

监测点密度要求如下：

（1）岩溶发育均匀的区域及红层覆盖岩溶区，按照岩溶水易污性评价结果布设监测点，参照以下推荐值：①易污性很高和高的区域按照 4 点/100km²～6 点/100km² 布设；②易污性中等的区域按照 2 点/100km²～4 点/100km² 布设；③易污性低和很低的区域按照 0.5 点/100km²～2 点/100km² 布设。

（2）岩溶发育不均匀的区域，按照 0.5 点/100km²～1 点/100km² 布设监测点，对于大的地下水暗河系统应控制主要的出口、入口、部分天窗和流量变化地段，小的地下暗河系统应控制主要的出口；泉水以控制枯水期、平水期、丰水期水质动态为原则，丰水期适当加密。

（3）对区域洪涝灾害具有重要影响的岩溶流域等应根据需要布设监测点。

3）裂隙水地区

（1）监测点布设。

监测点布设应考虑以下因素：①地下水开采利用状况；②裂隙水的类型、运动特征。

（2）监测密度。

①风化带裂隙水地区监测点密度。依据风化裂隙水呈壳状（带状）分布的特点，监测网布设可按网格设计，监测点密度按照 3 点/100km^2～4 点/100km^2 布设。②层状裂隙水地区监测点密度。存在于成层的脆性岩层（砂岩、玄武岩等）原生裂隙和构造裂隙构成的层状裂隙水，测网布设可按网格设计，监测点密度可按照 3 点/100km^2～4 点/100km^2 布设，重要开采区可适当加密。③脉状裂隙水地区监测点密度。存在于断裂破碎带、火成岩体的侵入接触带、岩脉节理的地下水，依据脉状裂隙水的分布特点，测点密度可按照 3 点/100km^2～4 点/100km^2 布设，重要地段可适当加密。

2. 地下水饮用水水源保护区和补给区监测点布设方法

1）孔隙水和风化裂隙水

地下水饮用水水源保护区和补给区面积小于 50km^2 时，水质监测点不少于 7 个；面积为 50km^2～100km^2 时，监测点不得少于 10 个；面积大于 100km^2 时，每增加 25km^2 监测点至少增加 1 个；监测点按网格法布设在地下水饮用水水源保护区和补给区内。

2）岩溶水

地下水饮用水水源保护区和补给区岩溶主管道上水质监测点不少于 3 个，一级支流管道长度大于 2km 布设 2 个监测点；一级支流管道长度小于 2km，布设 1 个监测点。

3）构造裂隙水

构造裂隙水监测点位参见岩溶水地区的布设方法。

3. 污染源地下水监测点布设方法

1）孔隙水和风化裂隙水

（1）工业污染源。

①工业集聚区。

a. 对照监测点布设 1 个，设置在工业集聚区地下水流向上游边界处。

b. 污染扩散监测点至少布设 5 个，垂直于地下水流向呈扇形布设不少于 3 个，在集聚区两侧沿地下水流方向各布设 1 个。

c. 工业集聚区内部监测点要求布设 3 个/10km^2～5 个/10km^2 监测点，若面积大于 100km^2，每增加 15km^2，至少增加 1 个监测点。监测点布设在主要污染源附近的地下水下游，同类型污染源布设 1 个监测点，工业集聚区内监测点布设总数不少于 3 个。

②工业集聚区外工业企业。

a. 对照监测点布设 1 个，设置在工业企业地下水流向上游边界处。

b. 污染扩散监测点布设不少于 3 个，地下水下游及两侧的监测点均不得少于 1 个。

c. 工业企业内部监测点要求布设 1 个/10km^2～2 个/10km^2 监测点，若面积大于

$100km^2$，每增加 $15km^2$ 至少增加 1 个监测点；监测点布设在存在地下水污染隐患区域。

（2）矿山开采区。

①采矿区、分选区、冶炼区和尾矿库位于同一个水文地质单元。

a. 对照监测点布设 1 个，设置在矿山影响区上游边界。

b. 污染扩散监测点不少于 3 个，地下水下游及两侧的地下水监测点均不得少于 1 个。

c. 尾矿库下游 30～50m 处布设 1 个监测点，以评价尾矿库对地下水的影响。

②采矿区、分选区、冶炼区和尾矿库位于不同水文地质单元。

a. 对照监测点布设 2 个，设置在矿山影响区和尾矿库影响区上游边界 30～50m 处。

b. 污染扩散监测点不少于 3 个，地下水下游及两侧的地下水监测点均不得少于 1 个。

c. 尾矿库下游 30～50m 处设置 1 个监测点，以评价尾矿库对地下水的影响。

d. 采矿区与分选区分别设置 1 个监测点，以确定其是否对地下水产生影响，如果地下水已污染，应加密布设监测点，以确定地下水的污染范围。

（3）加油站。

①地下水流向清楚时，污染扩散监测点布设至少 1 个，设置在地下水下游距离埋地油罐 5～30m 处。

②地下水流向不清楚时，布设 3 个监测点，呈三角形分布，设置在距离埋地油罐 5～30m 处。

（4）农业污染源。

①再生水农用区。

a. 对照监测点布设 1 个，设置在再生水农用区地下水流向上游边界。

b. 污染扩散监测点布设不少于 6 个，分别在再生水农用区两侧布设各 1 个，再生水农用区及其下游不少于 4 个。

c. 面积大于 $100km^2$ 时，监测点不少于 20 个，且面积以 $100km^2$ 为起点每增加 $15km^2$，监测点数量增加 1 个。

②畜禽养殖场和养殖小区。

a. 对照监测点布设 1 个，设置在养殖场和养殖小区地下水流向上游边界。

b. 污染扩散监测点不少于 3 个，地下水下游及两侧的地下水监测点均不得少于 1 个。

c. 若养殖场和养殖小区面积大于 $1km^2$，场区内监测点数量增加 2 个。

（5）高尔夫球场。

①对照监测点布设 1 个，设置在高尔夫球场地下水流向上游边界处。

②污染扩散监测点不少于 3 个，地下水下游及两侧的地下水监测点均不得少于 1 个。

③高尔夫球场内部监测点不少于 1 个。

（6）危险废物处置场。

①在处置场上游应设置 1 个监测井，在处置场两侧各布置不少于 1 个监测井，在处置场下游至少设置 3 个监测井。

②处置场设置有地下水收集导排系统的，应在处置场地下水主管出口处至少设置监测井 1 个，以监测地下水导排系统的水质。

③监测井应设置在地下水上下游相同水力坡度上。

④监测井深度应足以采集具有代表性的样品。

（7）生活垃圾填埋场。

①本底井布设 1 个，设在填埋场地下水流上游 30～50m 处。

②排水井布设 1 个，设在填埋场地下水主管出口处。

③污染扩散井布设 2 个，分别设在垂直填埋场地下水走向的两侧 30～50m 处。

④污染监测井布设 2 个，分别设在填埋场地下水流向下游 30m 和 50m 处。

⑤大型填埋场可以在上述要求基础上适当增加监测井的数量。

2）岩溶水和构造裂隙水

（1）原则上主管道上不得少于 3 个监测点，根据地下河的分布及流向，在地下河的上、中、下游布设 3 个监测点，分别作为对照监测点、污染监测点及污染扩散监测点。

（2）岩溶发育完善，地下河分布复杂的，根据现场情况增加 2～4 个监测点，一级支流管道长度大于 2km，布设 2 个监测点；一级支流管道长度小于 2km，布设 1 个监测点。

3.3　地下水监测井网优化设计

地下水环境监测井网优化设计就是运用地下水环境要素的已有监测数据，采用定量化方法，对地下水环境监测孔的密度与监测频率进行优化设计。地下水环境监测井网优化设计可定义为：为确定地下水环境中化学组分的浓度和生物特性等，对地下水环境监测孔的密度、位置及监测频率进行有效选择。有效选择就是以最少的经费、人力和时间投入，获取足够多的地下水环境信息。

地下水环境监测井网优化设计主要考虑以下几个问题：

（1）地下水环境监测井网优化设计的目的。为了解大区域地下水环境变化而建立的区域地下水环境监测井网，该监测网的目的是要了解地下水环境在区域上的时空分布，为大区域地下水环境评价服务；为了解重点地区地下水环境的变化规律而设立的局地地下水环境监测井网，该监测网的目的是要了解重点污染区地下水的污染状况，为局地地下水环境评价和污染控制对策提供技术服务。进行地下水环境监测井网优化设计时，应从这些目的出发，提出监测井网优化设计的目标函数，不同的监测目的，监测网优化设计的目标函数不同。

（2）地下水环境监测井网优化设计变量的选择，如某种化学组分的浓度。

（3）地下水环境监测井网控制区的选择。根据研究的目的，结合区域地下水环境特点，确定地下水环境监测井网控制区范围。如某一区域环境污染主因子是总氮，而另一区域环境污染主因子是某些重金属，就不能将它们划为一个区域进行监测井网的优化。

3.3.1　监测井网类型

在确定地下水环境监测井网的费用、观测精度及设计方法时，地下水环境监测井网的设计目标是主要考虑因素。一般来说，地下水环境监测井网具有多目标的特点，根据不同的目标，地下水环境监测井网类别可分为：区域性地下水环境监测井网、跟踪性地下水污染监测井网、符合性地下水环境监测井网和研究性地下水环境监测井网。

1. 区域性地下水环境监测井网

区域性地下水环境监测井网目的一般是了解区域地下水环境的时空变化特征，这类监测一般通过区域内设立的国家级和省地级地下水环境监测井网进行地下水环境监测，属于一级地下水环境监测井网。

2. 跟踪性地下水污染监测井网

跟踪性地下水污染监测井网一般是指对具有明显污染源的研究区地下水污染状况进行跟踪性监测，以了解污染物在地下水中的迁移趋势，以便及时制订治理方案。跟踪性地下水污染监测有水质背景值，将监测结果与背景值比较，若检测出地下水水质超出原值，说明地下水已受到污染。这类监测孔一般设在污染区上游和下游，上游监测值作为背景值，下游监测孔监测地下水污染物羽状扩散范围和迁移趋势。这类地下水环境监测井网为二级地下水环境监测井网。

3. 符合性地下水环境监测井网

符合性地下水监测井网表示一系列严格的水质监测，一般指对饮用水水源地保护区内的地下水进行的水质监测。当监测孔一旦检出污染物时，应及时进行控制与治理，避免污染物的进一步扩展，这类地下水环境监测井网属于三级地下水环境监测井网。

4. 研究性地下水环境监测井网

研究性地下水环境监测井网指针对已定的研究目的，研究地下水环境的时空分布而设立的地下水环境监测井网；另外还可以针对一些特殊问题进行地下水环境监测，如为研究地下水水流特性进行群井抽水试验、地下水流域污染物迁移模拟、示踪试验、河流与地下水相互转换等设立的地下水环境监测井网，这类监测的目的性强，监测范围比较集中，属于三级地下水环境监测井网。

3.3.2　井网优化原则

由具有特定的地下水环境监测目的和有效地搜集地下水环境信息的监测孔集所构成的网络系统称为地下水环境监测井网。地下水环境监测井网的基本元素是监测孔的几何位置、密度和监测频率。

1. 地下水环境监测井网的特性

（1）明确的目的性，即为了某种地下水环境问题而设置。

（2）时间性和空间性，即地下水环境监测孔分布上的空间性和按照一定时间间隔采集数据的时间性。地下水环境监测井网的时空性特点，为评价地下水环境时空上的变化规律提供了满足一定精度的地下水环境信息。

（3）有效性，即地下水环境监测井网的最佳运行状态。从结构上看，地下水环境监测井网在监测孔的分布上合理，在监测孔和监测频率的组合上最佳；从效益上看，地下水环境监测井网以最少的经费、人力及时间投入，获取足够的地下水环境信息量，也就是信息量损失最少。

地下水环境监测井网的这些特性，决定了地下水环境监测井网设计要定量化，且监测孔的密度、几何位置和监测频率要最优化。这就为地下水环境监测井网优化设计提出了更高的要求。以往地下水环境监测井网的设立是用经验的方法，定性地布设地下水环境监测井网，带有一定的主观性，不能满足地下水环境监测井网优化设计的需要，影响地下水环境监测质量评价的精度、代表性以及可靠性。

2. 地下水环境监测井网优化的原则

（1）根据地下水的质量状况，对地下水污染进行监测和控制。

（2）根据地下水类型及开采强度，重点监测主要开采层，同时兼顾深层地下水和浅层地下水。

（3）与现有地下水监测井相结合，利用部分勘探孔建成地下水动态监测井网。

（4）地下水监测井密度按"主供水区密，一般地区稀；城区密，农村稀；污染区密，非污染区稀"的原则布设。

（5）考虑含水层的空间不均匀性，要求每个含水层应划分为特性相同的水文地质单元，每个单元至少应有一个地下水监测井。

（6）考虑水文地质条件的连续性，要求地下水监测井之间的距离应不小于空间不均匀性的尺度范围（郑王琼，2017）。

3.3.3　井网优化设计思路

在地下水环境研究中，测量是对地下水环境的时空监测，提供地下水环境演化的信息；模型是对概化的地下水系统进行定量化描述，以估算地下水系统中污染物浓度。测量和模型是对地下水系统状态估计时必需使用的两个重要手段。测量具有测量误差（也称测量噪声），模型具有系统误差（也称系统噪声）。而估计误差的标准差与测量误差的方差、系统误差的方差及选用的算法有关，它们之间的关系可用图 3.3-1 描述。

从图 3.3-1 可以看出，地下水环境监测井网最优设计中估计误差标准差越小，要求估计算法、测量及系统模型越精确，要使地下水环境监测井网运行效益高，地下水环境信息提取的损失量就要小。

地下水环境监测井网的最优化设计是一个理想过程，在实际应用中难以实现，主要原因有以下几点：

（1）一般情况下要求几年或几十年的地下水主要环境要素监测序列，用现在和过去的测量数据来研究未来问题。因此，所有信息的损失量在地下水环境监测井网优化设计时是未知的。

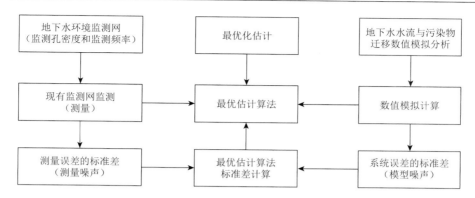

图 3.3-1　地下水环境监测井网优化设计过程

（2）多数情况下，地下水环境监测井网最优化设计过程中，地下水环境信息损失值无法定量给出，也就无法定量给出地下水环境信息提取精度。

（3）在实际的地下水环境研究中，地下水环境系统噪声的概率分布是未知的。

（4）所有费用和损失是时间的函数，很难得到地下水环境监测井网优化设计的费用与损失。

因此，地下水环境监测井网最优化设计难以在实际中应用。尽管如此，地下水环境监测井网最优化设计的概念仍为地下水环境监测井网优化分析提供了思路。通过一些概化方法或采用代用目标，可以解决给定条件下的地下水环境监测井网优化问题，一般有两种概化方法。

（1）根据现有地下水环境监测井网质量，结合地下水环境监测目的和经费投入，确定地下水环境监测井网估计误差标准差的临界值，在给定估计误差标准差临界值的条件下，优化设计地下水环境监测井网，使得投入的总费用最小。

（2）计算中要先给出多个备选方案（监测站的数量及监测频率），备选方案一定要结合地下水环境监测井网优化设计的目标及地下水流向与污染物迁移状态。

3.3.4　井网优化设计步骤

地下水环境监测井网建立的目的是通过对地下水环境诸多要素的实时监测，了解地下水环境的变化状况。含水层的结构和物质组成、地下水水位、地下水开采状况、地下水中污染物的浓度以及污染源分布状况等，是地下水环境监测井网优化设计研究的基础，目标函数的确定、优化设计方法的选择是地下水环境监测井网（监测井数量和监测频率）优化设计的重要环节，如图 3.3-2 所示。

3.3.5　井网优化布设方法

1. 水文地质分析法

水文地质分析法是监测网优化设计最基本的方法，该方法的基本原理是利用具体的

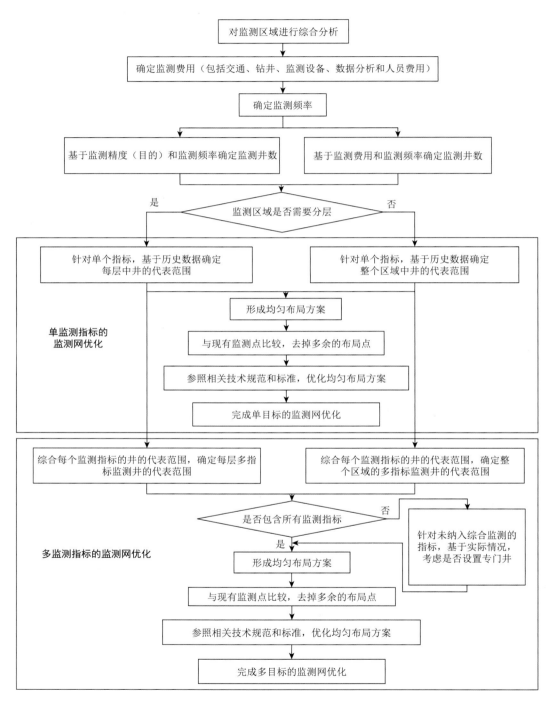

图 3.3-2　地下水环境监测井网优化设计步骤

气象、水文地质环境、人类活动等综合因素对监测区域进行区划和叠加，再根据历史监测数据和人为经验对地下水环境的时空分布进行评估，最终确定监测井数量和位置。

水文地质分析法是一种定性的分析方法，想要使优化得到的监测网更接近最优方案需要大量的历史数据，并尽可能地减少决策者的主观意见。水文地质分析法分为地下水动态类型编图法和地下水污染风险编图法（郭燕莎等，2011）。

1）地下水动态类型编图法

该方法可用于优化设计区域地下水位的监测网密度。地下水位的时空分布受气象、水文、地质、地形、生态和人类活动等综合因素的影响，将这些因素在空间上进行叠加即可划分出许多不同的动态类型区，每个区代表了一种时空变化特征，为监测不同水位的时空变化规律，要求每个地下水动态分区中至少有一个监测井，具体所需监测井的数目需参考相关的技术规范和标准，并结合知识经验和当地实际情况确定。

2）地下水污染风险编图法

该方法可用于优化设计地下水水质的监测网密度，地下水污染风险编图过程如下：

（1）地下水易污性评价（易污性是指人类活动产生的地表污染物进入地下水到达含水层系统的可能性）。

（2）地下水污染源分级。

（3）地下水污染风险评价。将地下水价值图与地下水易污性图叠加形成地下水保护紧迫性图，再将其与地下水污染源分级图叠加形成地下水污染风险图，最后，按风险性大小和相关规范来调整地下水水质监测网的密度。

2. 克里金（Kriging）插值法

克里金插值法主要用于地下水水质监测网和水位监测网的监测密度优化，是一种比较常见的优化方法。克里金插值法是在考虑了监测区域形状、大小和地下水水位、水质的空间分布等特征，以及水文地质参数、含水层结构的时空分布特征后，为达到理想状态（线性、无偏差、方差最小），而对每个监测区域赋予一个权重系数，最后进行加权平均的方法。

3. 信息熵法

信息熵法主要用于地下水水位和水质监测网的密度优化。在地下水监测网优化中，以各监测井之间的最小距离为网格大小，网格化监测区，保证每个网格中有且只有一个监测井。当网格中监测井的数量多于一个时，保留信息熵最大的监测井，去掉其他监测井；当网格中没有监测井时，添加新的监测井，从而完成监测井优化。

4. 聚类分析法

聚类分析法主要用于地下水水质监测网的密度优化设计。在具体优化过程中，以监测井的主要监测指标为聚类依据，识别出具有相同或相似水质指标的监测井，在这些井中，根据浓度是否超标进行聚类分析，保证同一聚类井的特征是相近的，具有相互替代性，不同聚类井间特征相异，则均应当予以保留。最后，在同一类监测井中选出代表性监测网，完成监测网优化。

5. 卡尔曼滤波法

卡尔曼滤波法主要用于地下水位和水质监测网的密度和频率优化。卡尔曼滤波在1960 年首先由英国科学家卡尔曼（R. E. Kalman）提出，1978 年威尔逊（Wilson）基于地下水系统的确定性和随机性提出了用卡尔曼滤波技术来估计地下水系统的确定性和随机性参数，而后荷兰将该方法应用到了全国地下水位监测网的优化设计中。这种方法通过地下水环境系统内部分监测孔的监测信息，结合地下水环境系统状态反复测量和校正，来获得对于未知的地下水环境系统的准确认识。

3.3.6　井网优化布设密度

1. 水位监测井网优化布设

地下水水位监测井网布设可参考下列要求：

（1）地下水水位监测井网应分别沿着平行和垂直于地下水流向的监测线布设。

（2）各基本类型区、开采强度分区的地下水水位监测井网布设密度可参照表 3.3-1。

表 3.3-1　地下水水位监测井网布设密度表　　　　　　（单位：口/10³km²）

基本类型区名称		监测网布设形式	开采强度分区			
			超采区	强开采区	中等开采区	弱开采区
平原区	冲洪积平原区	全面布设	8～14	6～12	4～10	2～6
	内陆盆地平原区		10～16	8～14	6～12	4～8
	山间平原区		12～16	10～14	8～12	6～10
	黄土台塬区	选择典型代表区布设	宜参照冲洪积平原区内弱开采区水位监测井网布设密度布设			
	荒漠区					
山丘区	一般基岩山丘区	选择典型代表区布设	宜参照冲洪积平原区内弱开采区水位监测井网布设密度布设			
	岩溶山区					
	黄土丘陵区					

（3）各特殊类型区的地下水水位监测井网布设密度可在表 3.3-1 的基础上适当加密；冲洪积平原区中的山前地带，地下水水位监测井网布设密度宜采用表 3.3-1 相应开采强度分区布设密度的上限值。

（4）国家级地下水水位监测井宜占地下水水位监测井总数的 20% 左右，省级行政区重点地下水水位基本监测井宜占地下水水位监测井总数的 30% 左右。

（5）国家级地下水水位监测井网和省级行政区重点地下水水位监测井网主要布设在特殊类型区内和三级基本类型区的边界附近。

（6）生产井不宜作为地下水水位监测井。

（7）国家级地下水水位监测井网应采用专用水位监测井，并实行自动监测；省级行政区重点地下水水位监测井网宜采用专用水位监测井，实行自动监测；试验站地下水水位监测井网宜采用自动监测。

2. 开采量监测井网优化布设

地下水开采量监测井网优化布设可参考下列要求：

（1）针对各水文地质单元的各地下水开发利用目标含水层组，应分别布设地下水开采量监测井。

（2）在基本类型区内的各开采强度分区，应分别选择 1 组或 2 组有代表性的生产井群，布设地下水开采量监测井，每组井群的分布面积宜控制在 $5\sim10km^2$，地下水开采量基本监测井数不宜少于 5 个。

（3）特殊类型区内的生产井应作为地下水开采量监测井。

3. 泉流量监测井网优化布设

泉流量监测井网优化布设可参考下列要求：

（1）山丘区流量大于 $1.0m^3/s$、平原区流量大于 $0.5m^3/s$ 的泉，应布设为泉流量监测井。

（2）山丘区流量不大于 $1.0m^3/s$、平原区流量不大于 $0.5m^3/s$ 的泉，可选择少数具有较大供水意义者，布设为泉流量监测井。

（3）具有特殊观赏价值的名泉，宜布设为泉流量监测井。

4. 水质监测井网优化布设

地下水水质监测井网优化布设可参考下列要求：

（1）地下水水质基本监测井宜从经常使用的民井、生产井及泉流量监测井中选择布设，不足时可从地下水水位监测井中选择布设。

（2）地下水水质监测井网的布设密度宜控制在同一地下水类型区内水位监测井网布设密度的 10%左右，地下水化学成分复杂的区域或地下水污染区应适当加密。

（3）国家级地下水水质监测井网宜占地下水水质监测井网总数的 20%左右，省级行政区重点地下水水质监测井网宜占地下水水质监测井网总数的 30%左右。

5. 水温监测井网优化布设

地下水水温监测井网优化布设可参考下列要求：

（1）沿经线方向布设水温监测井网。

（2）地下水水温监测井网宜从水质、水位监测井网中选择布设，不足时可从地下水开采量监测井网或泉流量监测井网中选择布设。

（3）地下水水温监测井网的布设密度宜控制在同一区域内地下水水位监测井网布设密度的5%左右，地下水水温异常区应适当加密。

3.4　监测井成井质量控制

3.4.1　施工质量要求

1. 钻孔直径

钻孔直径以满足水文地质试验和供水井抽水要求为原则，应根据钻孔类型、水文地质条件、预计水量、钻进方法与工艺、含水层岩性、填砾要求，过滤管类型及孔深等因素综合确定。填砾的钻孔应满足填砾厚度和下入过滤管口径的要求；不填砾的钻孔，一般以下入过滤管口径为准，在易缩径地层施工的勘探孔，还应考虑过滤管起拔等因素。

2. 岩心采取率

（1）采用回转钻进法取岩心时，黏性土和完整基岩平均采取率应大于 70%，单层不少于 60%。

（2）砂性土、疏松砂砾岩、基岩强烈风化带、破碎带平均采取率应大于 40%，单层不少于 30%。无岩心间隔一般不超过 3m。

（3）对取心特别困难的巨厚（大于 30m）卵砾石层、流沙层、溶洞充填物和基岩强烈风化带、破碎带，无岩心间隔一般不超过 5m，个别不超过 8m。

（4）当采用物探测井验证时，采取率可以放宽。采取率的计算应以实际钻进岩层为准，无充填的溶洞、废矿坑及允许不取心孔段的进尺不得参与计算；凡从取粉管内捞取的岩粉，不得放入岩心内计算。

3. 孔深与孔斜

钻孔深度以钻孔地质设计为准，地质设计依据不足或地质条件变化需要加深或提前终止，应按钻孔任务变更通知书执行。钻孔深度小于100m时，其顶角偏斜不得超过 1°；钻孔深度大于100m时，每百米顶角偏斜的递增数不得超过 1.5°。

4. 填砾与止水

填砾与止水质量控制要求可参照"3.1.4 填砾止水"所述。

进行分层抽水试验的钻孔应做临时性的管外止水，管外止水部位应选择在隔水性好、能准确分层、孔径规整部位或换径部位。

止水后进行止水效果检查，并在抽水试验过程中继续观测管外水位变化，以校验止水效果。否则，应采取补救措施或重新止水，直至符合要求。

5. 固井与封孔

对于长期地下水环境监测井，在下管填砾后应进行永久性的管外固井，对管外非取水层全部进行封固回填；对于临时地下水环境监测井，在钻孔验收后，一般应进行封孔。对于下列情况应用优质黏土回填捣实，必要时用水泥浆进行封孔：

（1）有咸、淡水或水质不同的潜水、承压水的钻孔。

（2）穿过工业矿体及在开采矿区内施工的钻孔。

（3）位于江、河、湖、海防护堤附近的钻孔和位于重要建筑物地基附近的钻孔。

（4）对土地耕作及道路安全有影响的钻孔。

3.4.2　监测井验收与资料归档

监测井（组）竣工后，应依据设计，并按表 3.4-1 和表 3.4-2 所规定的内容在现场进行逐项验收。验收时，可参照《地下水环境监测井建井技术指南（征求意见稿）》中的评分细则进行评级。施工方应提供钻探班报表、物探测井、下管、填砾、止水、洗井等原始记录及代表性岩心。监测井汇交资料包括设计资料、原始记录、成果资料、竣工报告、验收书的纸质和电子文档。

1. 地下水环境监测井施工验收评分细则

1）验收项目及评分值

地下水环境监测井施工验收项目及评分值详见表 3.4-1。

表 3.4-1　地下水监测井施工验收记录表

项目名称				
施工单位				
施工负责人		施工时间	至	
孔位		钻孔编号		
孔深/m		孔径/mm		
验收单位		验收日期		
	验收项目		分值	得分
1	孔位、孔深是否符合设计要求		8	
2	孔径、孔斜是否符合设计要求		6	
3	岩心采取率是否符合设计要求		6	
4	岩性描述是否准确、详细		8	
5	管材质量是否符合设计要求		8	
6	过滤器、砾料是否符合设计要求		6	
7	止水、封孔是否符合设计要求		8	
8	洗井及抽水试验是否符合设计要求		6	
9	水样采取、化验是否符合设计要求		8	
10	物探测井是否符合设计要求		6	

11	班报表是否齐全准确、齐全	8	
12	资料整理是否及时、规范	8	
13	施工总结是否满足要求	8	
14	施工监理质量控制是否严格	6	
总分			
验收意见及评级			
验收方		施工方		监理方	

评级标准：①60分以下不合格；②60～75分合格；③75～90分良好；④90分以上优秀。

2）各验收项目评分细则

各验收项目评分细则详见表3.4-2～表3.4-15。

（1）孔位、孔深。

表3.4-2 孔位、孔深评分细则

评分项目	评分内容		分值	总分
	监测井中心偏离设计中心的距离/m	成井深度/m		
孔位、孔深	基岩地层监测井	0～0.5 / 不小于设计深度0.5m	8分	8分
		>0.5 / 小于设计深度0.5m，但不超过1.5m	0分	
		0～0.5 / 小于设计深度0.5m，但不超过1.5m	6分	
		0～0.5 / 小于设计深度1.5m，但不超过3m	4分	
		0～0.5 / 小于设计深度3m	0分	
	松散地层监测井	0～1.5 / 与设计深度之差在±0.5m范围内	8分	
		>1.5 / 无论成井深度是否满足设计要求，本项目不得分	0分	
		0～1.5 / 与设计深度之差超过±0.5m，但小于±1m	4分	
		0～1.5 / 与设计深度之差超过±1m	0分	

（2）孔径、孔斜。

表3.4-3 孔径、孔斜评分细则

评分项目	评分内容		分值	总分
	孔径	孔斜		
孔径、孔斜	≥设计孔径	不大于1.5°/100m	6分	6分
	<设计孔径	无论孔斜是否满足每100m不大于1.5°的要求，本项目不得分	0分	
	≥设计孔径	大于1.5°/100m	3分	

（3）岩心采取率。

表 3.4-4　岩心采取率评分细则

评分项目	评分内容	权重	总分
岩心采取率	≥设计要求	6 分	6 分
	在设计要求采取率 50%范围内	3 分	
	<设计要求采取率 50%	0 分	

（4）岩性描述。

表 3.4-5　岩性描述评分细则

评分项目	评分内容	分值	总分
岩性描述	内容基本齐全、准确	8 分	8 分
	只描述岩性名称、成分等主要内容	4 分	
	只有岩性名称，但缺乏主要内容描述	0 分	

注：①碎石土类岩性描述应包括名称、岩性成分、磨圆度、分选性、粒度、胶结情况和充填物；②砂土类岩性描述应包括名称、颜色、矿物成分、粒度、分选性、胶结情况和包含物；③黏性土类岩性描述应包括名称、颜色、湿度、有机物含量、可塑性和包含物；④岩石类岩性描述应包括名称、颜色、矿物成分、结构、构造、胶结物、化石、岩脉、包裹物、风化程度、裂隙性质、裂隙和岩溶发育程度及充填物情况。

（5）管材质量。

表 3.4-6　管材质量评分细则

评分项目	评分内容			分值	总分
	材质	规格	材质单或检验证书		
管材质量	符合设计要求	符合设计要求	有	8 分	8 分
	符合设计要求	符合设计要求	无	4 分	
	不符合设计要求	不符合设计要求	有/无	0 分	

（6）过滤器、砾料。

表 3.4-7　过滤器、砾料评分细则

评分项目	评分内容		分值	总分
	过滤器材质、规格、孔隙率、孔内安装位置	砾料材质、规格、填砾位置		
过滤器、砾料	满足设计要求	满足设计要求	6 分	6 分
	满足设计要求	任何一项不满足设计要求	3 分	
	任何一项不满足设计要求	满足设计要求	3 分	
	一项或多项不满足设计要求	一项或多项不满足设计要求	0 分	

（7）止水、封孔。

表 3.4-8　止水、封孔评分细则

评分项目	评分内容		分值	总分
	止水材料、规格、止水位置	孔口处井管与钻孔间的环状间隙		
止水、封孔	满足设计要求	已做封闭处理	8分	8分
	满足设计要求	未做封闭处理	4分	
	有一项不符合设计要求	已做封闭处理	4分	
	有一项不符合设计要求	未做封闭处理	0分	

（8）洗井及抽水试验。

表 3.4-9　洗井及抽水试验评分细则

评分项目	评分内容		分值	总分
	洗井	抽水试验		
洗井及抽水试验	按设计要求洗井	符合设计要求，且记录齐全	6分	6分
	按设计要求洗井	不符合设计要求	3分	
	未按设计要求洗井	符合设计要求	3分	
	未按设计要求洗井	不符合设计要求	0分	

洗井要求：洗井结束前的出水含砂量不大于1/20000（体积比）。

（9）水样采取、化验。

表 3.4-10　水样采取、化验评分细则

评分项目	评分内容		分值	总分
	采取水样的种类、采取方法、运送保管的设计及有关标准规范要求	水样化验分析项目、分析过程的设计及有关标准规范要求		
水样采取、检测分析	符合	符合	8分	8分
	采取水样的种类不全或采取方法不符合要求	符合	4分	
	符合	水样化验分析项目不全或分析过程未满足要求	4分	
	采取水样的种类不全或采取方法不符合要求	水样化验分析项目不全或分析过程未满足要求	0分	

（10）物探测井。

表 3.4-11　物探测井评分细则

评分项目	评分内容		分值	总分
	物探测井方法	测井资料		
物探测井	符合设计要求	解译且解译准确	6分	6分
	不符合设计要求	解译	3分	
	不符合设计要求	未进行解译	0分	

（11）班报表。

表 3.4-12　班报表评分细则

评分项目	评分内容	分值	总分
班报表	齐全、填写规范、无缺失	8 分	8 分
	不全、填写规范、无缺失	6 分	
	不全、填写不规范、无缺失	4 分	
	不全、填写不规范、有缺失	0 分	

（12）资料整理。

表 3.4-13　资料整理评分细则

评分项目	评分内容		分值	总分
	监测井施工及孔内试验	监测井施工过程中形成的原始资料		
资料整理	按设计要求完成	分析整理，并归档成册	8 分	8 分
	按设计要求完成	分析整理，未归档成册	6 分	
	按设计要求完成	未分析整理及归档成册	0 分	

（13）施工总结。

表 3.4-14　施工总结评分细则

评分项目	评分内容		分值	总分
	测井施工及孔内试验	钻孔施工工作总结		
施工总结	按设计要求完成	完成	8 分	8 分
	按设计要求完成	未完成	0 分	

　　钻孔施工工作总结包括：施工前的准备情况、施工组织情况、钻孔开工日期、竣工日期、施工过程、施工结果、原始资料等。

（14）施工监理质量控制。

表 3.4-15　施工监理质量控制评分细则

评分项目	评分内容		权重	总分
	监测井施工前技术交底	施工过程的监理记录		
施工监理质量控制	已完成	有	6 分	6 分
	未完成	有	3 分	
	未完成	无	0 分	

2. 地下水环境监测井设施验收评分细则

1）验收项目及评分值

地下水环境监测井设施验收项目及评分值详见表 3.4-16。

表 3.4-16　地下水监测井设施验收记录表

项目名称				钻孔编号	
钻孔位置				施工日期	
验收单位				验收日期	
序号		验收项目		分值	得分
1	孔口保护装置	孔口防护是否完成		14	
2		防护设施的选型是否符合当地情况		14	
3		孔口防护是否符合设计要求		14	
4		能否满足自动监测设备安装要求		14	
5		高程测量点设置是否合理		14	
6	资料整理	资料是否齐全		10	
7		质量控制是否满足要求		12	
8		资料整理是否满足要求		8	
总分					
验收意见及评级					
验收方		施工方		监理方	

评级标准：①60 分以下不合格；②60～75 分合格；③75～90 分良好；④90 分以上优秀。

2）各验收项目评分细则

各验收项目评分细则详见表 3.4-17。

表 3.4-17　各验收项目评分细则

评分项目	评分内容	分值	总分
孔口防护完成情况	已完成	14 分	14 分
	未完成或未进行	0 分	
防护设施选型	符合设计规定	14 分	14 分
	不符合设计规定	0 分	
孔口防护设计要求	均符合设计要求	14 分	14 分
	不符合设计要求	单项逐项扣分，每项指标扣 3 分	
自动监测设备安装要求	满足设备牢固安放，能够实现信号传输	14 分	14 分
	满足设备牢固安放，不能实现信号传输	7 分	
	不满足设备牢固安放，不能实现信号传输	0 分	

续表

评分项目	评分内容	分值	总分
高程测量点设置	牢固，水平，便于高程测量	14 分	14 分
	不牢固	7 分	
	不水平	0 分	
孔口防护装置建设资料	齐全	10 分	10 分
	不齐全	5 分	
	无资料	0 分	
质量控制要求	均满足要求	12 分	12 分
	任何一项不符合要求	−3 分	
资料整理要求	归纳整理，并造册归档	8 分	8 分
	归纳整理，未造册归档	4 分	
	未归纳整理，未造册归档	0 分	

注：①孔口防护完成情况是指材料、规格尺寸、质量、设置标示等符合规范；②自动监测设备安装要求是指，设备牢固安放、能够实现无线传输信号的传输；③质量控制要求是指，防护设施的选型符合当地情况，孔口防护符合设计要求，防护装置满足自动监测设备安装要求，高程测量点设置合理且质量符合要求；④资料整理要求是指，孔口防护装置建设完成后，对建设过程中形成的原始资料进行归纳整理，并造册归档。

3.4.3　监测井维护与管理

对每个监测井建立《监测井基本情况表》（表 3.4-18），监测井的撤销、变更情况应记入原监测井的《监测井基本情况表》内，新监测井应重新建立《监测井基本情况表》。应指派专人对监测井的设施进行经常性维护，设施一经损坏，必须及时修复。

表 3.4-18　监测井基本情况表

监测井统一编号			原编号		
地理位置	省（区/市）　　市　　县（区）　　乡（镇）　　村　　方向　　m				
地理坐标	经度：　　°　　′　　″　　纬度：　　°　　′　　″				
所属单位		联系人		电话	
流域		水文地质单元		地下水类型	
地面高程/m		测点高程/m		孔深/m	
孔口直径/mm		孔底直径/mm		井管类型	
含水层埋藏深度/m		水位埋深/m		监测手段	
含水层地层代号		含水介质类型		监测内容	
矿化度/(g/L)		水化学类型		监测频率	
钻探施工单位		钻探竣工日期	年　月　日	监测仪器安装日期	年　月　日
备注：					
填表人：　　　　审核人：　　　　填表日期：　　年　月　日					

每年测量一次监测井井深，当监测井内淤积物淤没滤水管或井内水深小于 1m 时，应及时清淤。每两年对监测井进行一次透水灵敏度试验，当向井内注入灌水段 1m 井管容积的水量，水位复原时间超过 15min 时，应进行洗井；对于潜在污染较大的区域，为防止污水扩散，可考虑使用微水试验测定井效率。井口固定点标志和孔口保护帽等发生移位或损坏时，必须及时修复。

3.5　施工安全管理

3.5.1　基本安全规定

监测井建设基本安全规定包括下列内容：

（1）钻探施工管理单位应按《地质勘探安全规程》（AQ 2004—2005）的要求，建立、健全保障安全生产的规章制度，并贯彻执行。

（2）钻探施工管理单位应设置专职安全员，机台应设置兼职安全员，安全员应经过安全培训，并考核合格。

（3）钻探施工管理单位应对上岗员工进行安全生产职业培训，定期进行工地安全检查，消除不安全隐患，开展安全生产和意外救生教育。

（4）在高低山区、梁峁沟壑黄土区施工时，钻探施工管理部门应充分关注施工区的自然环境，防止洪水、山火、崩塌、滑坡、泥石流等自然灾害造成人员危害和机械设备、临时住所等损坏。

（5）若气温高达 38℃或低至−30℃以下时，应停止工作，做好防护。

（6）上班前和上班时不得喝酒。进入场地工作时，应穿合体的工作服和工作鞋，戴安全帽，不得赤膊、赤脚或穿拖鞋上岗操作。

3.5.2　施工安全措施

（1）钻进中遇有钻具回转阻力增加、动力机响声异常、泵压增高、憋泵、提下钻遇阻等情况时，应及时停机检查。机器运转时，不得进行拆卸和修理。

（2）扩孔、扫孔阻力过大时，不得强行钻进。扫落岩心或钻进不正常孔段时，必须由熟练钻工操作。

（3）每次开钻及钻进过程中，注意防止胶管缠绕钻杆，应设有防缠绕及水龙头防坠装置。钻进中不得用人扶持水龙头及胶管。

（4）认真检查升降机的制动装置、离合装置、提引器、游动滑车和拧卸工具，天车要定期加油和检查。

（5）检查绳卡及钢丝绳的磨损情况，有断股必须更换。

3.5.3　环境保护措施

（1）在建井完成后，应恢复施工区域内的农田、耕地、植被、道路、绿化等，妥善处置岩屑、泥浆、油料等污染物。

（2）按照环境保护部门的有关规定，预计将对环境敏感区产生影响的施工作业，施工前须向当地环境保护行政主管部门申报审批，办理相应的环境保护手续，经审查批准后方可开工。

（3）孔位确定后，应对钻机场地周围的水文地质、植被、地貌、气候特征、人文环境、文化古迹等进行调查，了解当地有关部门环境管理办法、环境功能区划分标准、污染物排放标准，相应采取必要的措施。

（4）注意保护和有效利用土地资源，尽量利用已有道路，修路不得堵塞和充填排水通道，工地要避开或减少占用耕地、农田、林带。

（5）在河湖或居民区附近禁止使用铁铬木素磺酸盐、红矾等污染环境的化学处理剂，被岩屑、泥浆、油料污染的土地，应妥善置换或复原。

（6）设备应安装牢靠，并减少噪声。噪声等效声级超过 70dB 时，须采取减噪措施。

（7）保护好工作及生活的生态环境，不破坏绿化植被，不猎杀野生动物。

3.5.4　孔内事故预防

1. 基本要求

（1）施工前，应掌握施工场地区域地层、岩性、构造、稳定状况以及以往钻孔发生事故的经验教训，针对施工具体情况制定预防措施。

（2）施工人员应严格执行有关操作规程，坚持"预防为主"的方针。

2. 钻进中的事故预防

（1）在钻进过程中，遇到动力机响声异常、钻参仪表数值升高、钻具回转阻力增大、提钻困难、孔口冲洗液突然中断、泵压升高、孔内有异常响声、岩芯堵塞等情况，应及时提钻。

（2）在复杂地层中钻进时，可使用防事故安全接头。

（3）在钻进过程中，出现机械故障、停待或冲洗液突然严重漏失等情况时，应采取措施将钻具提升到安全孔段。

（4）采用金刚石钻进时，钻杆螺连接应密封可靠，泥浆泵工作状态要保持良好。在易坍塌岩层中，提钻时要进行钻孔回灌。

（5）当发现钻具回转遇阻时，应立即上下活动钻具，并保持冲洗液循环，不允许无故关泵。

3.5.5　钻探施工应急预案

（1）机台应配备专用事故处理工具，包括公锥、母锥、卡瓦、打捞茅、打捞筒、打捞钩、打印器、磨鞋等。施工单位应配有反丝公锥、母锥、钻杆、反循环打捞篮、磁力打捞器、提拉旋转器、上击器、下击器、测卡仪、爆炸松扣井下工具及套铣筒、钻头等，必要时可以快速运送至施工现场。

（2）孔内事故发生后，应在机长的指挥下进行事故经过分析，找出事故发生原因，确定事故的准确深度，根据提出钻具的损坏状况，分析判断孔内情况，采取相应处理措施。处理措施要积极、稳妥，并留有余地，防止措施不当造成事故复杂化。

（3）当孔壁不稳定时，要先进行护孔，再处理孔内事故。

（4）孔内事故处理。对入孔的钻具及打捞工具和出孔的事故钻具要求将规格、长度、数量等信息详细、准确地记录在班报表上。

（5）对一些复杂难以处理的孔内事故，应经过论证方可放弃处理。

（6）事故排除后，由机长组织全体人员分析查明事故原因，总结经验，吸取教训，制定预防措施，并填写与报送事故报表。

第4章　地下水采样分析与质量控制

地下水质量评价至为关键、首要的工作就是地下水监测采样，取得反映真实情况的地下水样本。地下水自动检测配套设备价格昂贵，并且使用、维护成本相当高，再加上只有少数的检测项目能够完成自动检测，因此目前地下水的监测仍然依赖于人工采样。地下水采样分析工作必须严格遵守一定的顺序和原则，先采集强挥发性的有机物，然后采集重金属和普通的无机物。

地下水采样方法在地下水基础状况调查中具有非常重要的地位，方法的选择对分析测试结果有重要影响。如何科学、规范地采集到具有代表性的样品，并获得真实、准确的数据尤为重要。地下水采样分析必须明确从样品接收（含协助采集样品）、样品保存、样品检测和结果报告等各主要流程环节上的责任、权限和全过程质量控制措施等相关要求。

4.1　监测指标及频率

4.1.1　监测指标

地下水环境调查评价工作以摸清地下水环境状况为目标。以下测试指标仅供参考，实际调查过程中的指标范围包括但不局限于如下内容，应根据实际污染情况进行添加或选择，尤其注意特征指标的调查。饮用水水源地地下水测定指标、重点工业污染源地下水测定指标、矿山开采区地下水测定指标、危险废物处置场地下水测定指标、垃圾填埋场地下水测定指标、加油站地下水测定指标、农业污染源测定指标、高尔夫球场地下水测定指标均应严格按照《地下水质量标准》（GB/T 14848—2017）和《地下水环境状况调查评价工作指南》（2019）等国家标准严格选取。

1. 饮用水水源地地下水测定指标

（1）饮用水源开采井的监测指标共99项，其中包含《地下水质量标准》（GB/T 14848—2017）中的91项（表4.1-1）和《生活饮用水卫生标准》（GB 5749—2022）（扣除消毒剂副产物）中的8项（表4.1-2）。

表 4.1-1　饮用水水源地地下水测定指标［《地下水质量标准》（GB/T 14848—2017）中的91项］

序号	指标名称	序号	指标名称	序号	指标名称	序号	指标名称
1	色	4	肉眼可见物	7	溶解固体总量	10	铁
2	嗅和味	5	pH	8	硫酸盐	11	锰
3	浑浊度	6	总硬度	9	氯化物	12	铜

续表

序号	指标名称	序号	指标名称	序号	指标名称	序号	指标名称
13	锌	35	硼	57	四氯乙烯	79	六氯苯
14	铝	36	锑	58	氯苯	80	七氯
15	挥发性酚类	37	钡	59	邻二氯苯	81	2,4-滴
16	阴离子表面活性剂	38	镍	60	对二氯苯	82	克百威
17	耗氧量（COD_{Mn}法）	39	钴	61	三氯苯（总量）	83	涕灭威
18	氨氮	40	钼	62	乙苯	84	敌敌畏
19	硫化物	41	银	63	二甲苯（总量）	85	甲基对硫磷
20	钠	42	铊	64	苯乙烯	86	马拉硫磷
21	总大肠菌群	43	三氯甲烷	65	2,4-二硝基甲苯	87	乐果
22	菌落总数	44	四氯化碳	66	2,6-二硝基甲苯	88	毒死蜱
23	亚硝酸盐	45	苯	67	萘	89	百菌清
24	硝酸盐	46	甲苯	68	蒽	90	莠去津
25	氰化物	47	二氯甲烷	69	荧蒽	91	草甘膦
26	氟化物	48	1,2-二氯乙烷	70	苯并（b）荧蒽		
27	碘化物	49	1,1,1-三氯乙烷	71	苯并（a）芘		
28	汞	50	1,1,2-三氯乙烷	72	多氯联苯（总量）		
29	砷	51	1,2-二氯丙烷	73	邻苯二甲酸二（2-乙基己基）酯		
30	硒	52	三溴甲烷	74	2,4,6-三氯酚		
31	镉	53	氯乙烯	75	五氯酚		
32	铬（六价）	54	1,1-二氯乙烯	76	六六六（总量）		
33	铅	55	1,2-二氯乙烯	77	γ-六六六（林丹）		
34	铍	56	三氯乙烯	78	滴滴涕（总量）		

表 4.1-2　饮用水水源地地下水测定指标[《生活饮用水卫生标准》（GB 5749—2022）中的 8 项]

序号	指标名称
1	溴酸盐
2	一氯二溴甲烷
3	二氯一溴甲烷
4	二氯乙酸
5	三氯乙酸
6	六氯丁二烯
7	丙烯酰胺
8	环氧氯丙烷

（2）除饮用水源开采井以外的监测点监测指标划分为必测指标和特征污染物指标两类，必测指标详见表 4.1-3。

表 4.1-3　除饮用水源开采井以外的监测点必测指标

指标类型		指标名称	指标数量
现场指标		水位、水温、色度、浊度、溶解氧、嗅和味、肉眼可见物、pH、氧化还原电位、电导率	10
常规化学指标		溶解固体总量、总硬度、耗氧量（COD$_{Mn}$法，以 O$_2$ 计）、偏硅酸、硝酸盐、亚硝酸盐、铵离子、硫酸盐、碳酸盐、重碳酸盐、氯化物、氟化物、碘化物、钠、钾、钙、镁、铁、锰、铜、铅、锌、镉、铬（六价）、汞、砷、硒、铝、碘、溴、挥发酚（以苯酚计）、阴离子表面活性剂	32
常规微生物指标（明确无饮用功能的可不测）		总大肠菌群、菌落总数	2
有机物	卤代烃	三氯甲烷、四氯化碳、1,1,1-三氯乙烷、三氯乙烯、四氯乙烯、二氯甲烷、1,2-二氯乙烷、1,1,2-三氯乙烷、1,2-二氯丙烷、溴二氯甲烷、一氯二溴甲烷、溴仿、氯乙烯、1,1-二氯乙烯、1,2-二氯乙烯	15
	氯代苯类	氯苯、邻二氯苯、间二氯苯、对二氯苯、1,2,4-三氯苯	5
	单环芳烃	苯、甲苯、乙苯、二甲苯、苯乙烯	5
	有机氯农药	六六六（总量）、γ-六六六（林丹）、滴滴涕（总量）、六氯苯	4
	多环芳烃	苯并（b）荧蒽、苯并（a）芘	2

注：除必测指标外，还应将调查范围内的所有特征污染物指标列为监测指标，特征污染物指标依据潜在污染源释放的特征污染物选定。

2. 重点工业污染源地下水测定指标

重点工业污染源地下水测定指标详见表 4.1-4。

表 4.1-4　重点工业污染源地下水测定指标

指标类型			指标名称	指标数量
必测常规指标			色、嗅和味、浑浊度、肉眼可见物、pH、总硬度（以 CaCO$_3$ 计）、溶解固体总量、硫酸盐、氯化物、铁、锰、铜、锌、铝、挥发性酚类（以苯酚计）、阴离子合成洗涤剂、耗氧量（COD$_{Mn}$法，以 O$_2$ 计）、氨氮（以 N 计）、硫化物、钠、总大肠菌群、菌落总数、亚硝酸盐（以 N 计）、硝酸盐（以 N 计）、氰化物、氟化物、碘化物、汞、砷、硒、镉、铬（六价）、铅、三氯甲烷、四氯化碳、苯、甲苯、总 α 放射性、总 β 放射性	39
必测特征指标	石油加工/炼焦及核燃料加工业	精炼石油产品的制造	锌、镍、锰、钴、硒、矾、锑、铊、铍、钼、铝、氰化物、乙苯、二甲苯（总量）、苯乙烯、萘、蒽、荧蒽、苯并（b）荧蒽、苯并（a）芘、石油类	21
		炼焦	锌、镍、氰化物、乙苯、二甲苯（总量）、苯乙烯、萘、蒽、荧蒽、苯并（b）荧蒽、苯并（a）芘、石油类	12
	有色金属冶炼及压延加工业	常用有色金属冶炼	锌、铝、硒、铍、硼、锑、钡、镍、钴、钼、银、铊、石油类、总 α 放射性、总 β 放射性	15
		贵金属冶炼		

续表

指标类型			指标名称	指标数量
必测特征指标	化学原料及化学制品制造业	农药制造	氰化物、氯苯、邻二氯苯、对二氯苯、三氯苯（总量）、硝基苯类、2,4-二硝基甲苯、2,6-二硝基甲苯、二甲苯、乙苯、六六六（总量）、γ-六六六（林丹）、滴滴涕	13
		涂料、油墨、颜料及类似产品制造	色度、石油类、滴滴涕、乙苯、二甲苯（总量）、苯乙烯、氰化物	7
		专用化学产品制造	锌、铝、钠、碘化物、硒、铍、硼、锑、钡、镍、钴、钼、银、铊、氰化物、二氯甲烷、1,2-二氯乙烷、1,1,1-三氯乙烷、1,1,2-三氯乙烷、1,2-二氯丙烷、三溴甲烷、氯乙烯、1,1-二氯乙烯、1,2-二氯乙烯、三氯乙烯、四氯乙烯、氯苯、邻二氯苯、对二氯苯、三氯苯（总量）、乙苯、二甲苯（总量）、苯乙烯、2,4-二硝基甲苯、2,6-二硝基甲苯、萘、蒽、荧蒽、苯并（b）荧蒽、苯并（a）芘、多氯联苯（总量）、邻苯二甲酸二（2-乙基己基）酯、2,4,6-三氯酚、五氯酚、石油类	45
	纺织业	棉、化纤纺织及印染精加工	色度、锑、硒、2,4-二硝基甲苯、2,6-二硝基甲苯	5
		毛纺织和染整精加工		
		丝绢纺织及精加工		
	皮革、毛皮、羽毛（绒）及其制品业	皮革鞣制加工	铬、氯化物、色度、嗅和味、总大肠菌群、菌落总数	6
		毛皮鞣制及制品加工		
	金属制品	金属表面处理及热处理加工	锌、钴、硒、钒、锑、铊、铍、钼、石油类	9

注：①根据工业集聚区或复合型工业企业行业性质，选择不少于 20 项主要特征污染指标作为必测指标；对于污染物比较单一的工业污染源及废弃场地，特征污染物必测指标控制在 3～10 个；②未在本书中列出的其他行业地下水的特征污染指标可根据实际情况进行选择。

3. 矿山开采区地下水测定指标

矿山开采区地下水测定指标详见表 4.1-5。

表 4.1-5　矿山开采区地下水测定指标

指标类型			指标名称	指标数量
基本指标			钾、钙、钠、镁、硫酸盐、氯离子、碳酸根、碳酸氢根	8
			pH、溶解氧、氧化还原电位、电导率、色、嗅和味、浑浊度、肉眼可见物、总硬度、溶解固体总量、铁、锰、铜、锌、挥发性酚类、阴离子合成洗涤剂、高锰酸盐指数、硝酸盐氮、亚硝酸盐氮、氨氮、氟化物、氰化物、汞、砷、硒、镉、铬（六价）、铅、总大肠菌群	29
必测特征指标	金属矿山	无机组分	偏硅酸、镍、总铬	3
	非金属矿山	无机组分	偏硅酸	1
		有机组分	总石油烃、多环芳烃总量	2

续表

指标类型			指标名称	指标数量
选测特征指标	金属矿山	无机组分	总磷、溴化物、铝、铍、钡、锑、硼、银、铊、金、总铬	11
	非金属矿山	无机指标	总磷、溴化物、碘化物	3
		卤代烃	1, 2-二氯乙烷、三氯甲烷、四氯化碳	3
		氯代苯	氯苯	1
		总体有机组分	TVOC、TOC	2
		其他	硝基苯、苯胺	2

4. 危险废物处置场地下水测定指标

危险废物处置场地下水测定指标详见表 4.1-6。

表 4.1-6　危险废物处置场地下水测定指标

指标类型		指标名称	指标数量
天然对照离子（必测）		钾、钙、钠、镁、硫酸盐、氯离子、碳酸根、碳酸氢根	8
常规指标（必测）		pH、溶解氧、氧化还原电位、电导率、色、嗅和味、浑浊度、肉眼可见物、总硬度、溶解固体总量、铁、锰、铜、锌、挥发性酚类、阴离子合成洗涤剂、高锰酸盐指数、硝酸盐氮、亚硝酸盐氮、氨氮、氟化物、氰化物、汞、砷、硒、镉、铬（六价）、铅、总大肠菌群	29
必测特征指标	无机组分	钼、铍、钡、镍、锑、硼、银、总铬、碘化物	9
	有机氯农药	六六六、滴滴涕、p, p'-滴滴涕、六氯苯	4
	卤代烃	三氯甲烷、二氯一溴甲烷、三溴甲烷、四氯化碳、氯乙烯	5
	氯代苯	氯苯	1
	单环芳烃	苯、甲苯、乙苯、二甲苯、苯乙烯	5
	多环芳烃	苯并（a）芘	1
选测特征指标	无机组分	总磷、溴化物、硫化物、铊	4
	酚类	五氯酚、间甲酚、苯酚、对硝基酚	4
	多氯联苯	多氯联苯	1
	总体有机组分	TVOC、TOC	2
	放射性	总 α 放射性、总 β 放射性	2
	酯类	邻苯二甲酸二（2-乙基己基）酯	1
	生物学	菌落总数	1
	其他	二氯乙酸、三氯乙酸、三氯乙醛、硝基苯、苯胺	5

注：选测特征指标需根据处置场所处置废物类型筛选特征污染物进行测试，无机与有机类指标应分别选择不少于 3 项进行测试，非正规处置场无机与有机指标应分别不少于 5 项。

5. 垃圾填埋场地下水测定指标

垃圾填埋场地下水测定指标详见表 4.1-7。

表 4.1-7 垃圾填埋场地下水测定指标

指标类型		指标名称	指标数量
天然对照离子（必测）		钾、钙、钠、镁、硫酸盐、氯离子、碳酸根、碳酸氢根	8
常规指标（必测）		pH、溶解氧、氧化还原电位、电导率、色、嗅和味、浑浊度、肉眼可见物、总硬度、溶解固体总量、铁、锰、铜、锌、挥发性酚类、阴离子合成洗涤剂、高锰酸盐指数、硝酸盐氮、亚硝酸盐氮、氨氮、氟化物、氰化物、汞、砷、硒、镉、铬（六价）、铅、总大肠菌群	29
必测特征指标	有机氯农药	六六六、滴滴涕、p,p'-滴滴涕、六氯苯	4
	卤代烃	三氯甲烷、二氯一溴甲烷、三溴甲烷、四氯化碳、氯乙烯	5
	氯代苯	氯苯	1
	单环芳烃	苯、甲苯、乙苯、二甲苯、苯乙烯	5
	多环芳烃	苯并（a）芘	1
选测特征指标	无机组分	总磷、溴化物、钼、钴、铍、钡、镍、锑、硼、银、铊、总铬	12
	酚类	五氯酚、间甲酚、苯酚、对硝基酚	4
	多氯联苯	多氯联苯	1
	总体有机组分	TVOC、TOC	2
	放射性	总 α 放射性、总 β 放射性	2
	酯类	邻苯二甲酸二（2-乙基己基）酯、二（2-乙基己基）己二酸酯、二（2-乙基己基）磷酸酯	3
	生物学	菌落总数	1
	其他	二氯乙酸、三氯乙酸、三氯乙醛、硝基苯、苯胺	5

注：选测特征指标需根据填埋场所填垃圾类型筛选特征污染物进行测试，无机与有机类指标应分别选择不少于 3 项进行测试，非正规处置场无机与有机指标应分别不少于 5 项。

6. 加油站地下水测定指标

加油站地下水测定指标详见表 4.1-8。

表 4.1-8 加油站地下水测定指标

指标类型	指标名称	指标数量
基本指标（必测）	钾、钙、钠、镁、硫酸盐、氯化物、碳酸根、碳酸氢根	8
	pH、溶解氧、氧化还原电位、电导率、色、嗅和味、浑浊度、肉眼可见物、总硬度、溶解固体总量、铁、锰、铜、锌、挥发性酚类、阴离子合成洗涤剂、高锰酸盐指数、硝酸盐氮、亚硝酸盐氮、氨氮、氟化物、氰化物、汞、砷、硒、镉、铬（六价）、铅、总大肠菌群、六六六、滴滴涕、钼、钴、铍、钡、镍、总 α 放射性、总 β 放射性、菌落总数	39

测和挥发性有机物检测两类，专项检测分为地热水检测和饮用矿泉水检测两类，地下水样品检测种类及常见检测项目见表 4.2-1。

表 4.2-1　地下水样品检测种类及常见检测项目

检测种类		检测项目
现场检测		气温、水温、色（度）、嗅和味、肉眼可见物、pH、电导率、氧化还原电位、溶解氧、浊度
无机组分检测	常规指标	总硬度（以 $CaCO_3$ 计）、溶解固体总量、硫酸盐、氯化物、铁、锰、铜、锌、铝、钾、溴、挥发性酚类（以苯酚计）、耗氧量（COD_{Mn} 法，以 O_2 计）、氨氮（以 N 计）、硫化物、钠、亚硝酸盐（以 N 计）、硝酸盐（以 N 计）、氰化物、氟化物、碘化物、汞、砷、硒、镉、铬（六价）、铅等
		阴离子表面活性剂、总大肠菌群、细菌菌落总数
		总 α 放射性、总 β 放射性
	非常规指标	铍、硼、锑、钡、镍、钴、钼、银、铊等
有机组分检测	挥发性有机物检测	卤代烃：三氯甲烷、四氯化碳、1, 1, 1-三氯乙烷、三氯乙烯、四氯乙烯、二氯甲烷、1, 2-二氯乙烷、1, 1, 2-三氯乙烷、1, 2-二氯丙烷等
		氯代苯类：氯苯、邻二氯苯、对二氯苯、三氯苯等
		单环芳烃：苯、甲苯、二甲苯、苯乙烯、2, 4-二硝基甲苯、2, 6-二硝基甲苯、乙苯等
	半挥发性有机物检测	农药：总六六六、滴滴涕、六氯苯、γ-六六六、七氯、2, 4-滴、毒死蜱、草甘膦、百菌清、莠去津、克百威、涕灭威、敌敌畏、甲基对硫磷、马拉硫磷、乐果等
		酚类：五氯酚、2, 4, 6-三氯酚等
		酯类：邻苯二甲酸二（2-乙基己基）酯等
		多环芳烃：苯并（a）芘、萘、蒽、荧蒽、苯并（b）荧蒽等
		多氯联苯类：多氯联苯（PCBs）
气体组分检测		氧气（O_2）、氮气（N_2）、二氧化碳（CO_2）等
		溶解氧样品、同位素溶解气体［氦气（He）、氩气（^{39}Ar）、氪（^{81}Kr）、甲烷（CH_4）、氢气（H_2）］
同位素组分检测		^2H、^3H、^{13}C、^{14}C、^{36}Cl、^{18}O、^{15}N、^{32}Si、^{39}Ar、^{81}Kr、^4He、氟氯化碳（CFC）和六氟化硫（SF_6）等
专项检测		地热水检测按照《地热资源地质勘查规范》（GB/T 11615—2010）规定执行
		饮用矿泉水检测按照《饮用天然矿泉水检验方法》（GB 8538—2016）规定执行

4.2.2　采样量

采样量根据《地下水采样技术规程》（DZ/T 0420—2022）中的要求，具体如下：

（1）同时检测 pH、游离二氧化碳、氯化物、硫酸根、重碳酸根、碳酸根、氢氧根、钾离子、钠离子、钙离子、镁离子、总硬度及溶解固体总量（total dissolved solid，TDS）等项目的地下水样品，采样体积一般为 0.5～1L。

（2）除（1）中检测项目外，另增加氨离子、全铁（二价铁离子和三价铁离子）、亚硝酸根、硝酸根、氟离子、磷酸根、可溶性二氧化硅及耗氧量等检测项目的地下水样品，采样体积一般为 1～2L。

（3）检测铜、铅、锌、镉、锰、二价铁、三价铁、镍、钴、六价铬、总铬、钒、钨、汞、锶、钡、铀、镭、钍、硼、硒、钼、砷、铷、铯、锂等的项目的地下水样品，采样体积一般为 1～2L。

（4）检测有机氮、有机磷、硝酸盐、亚硝酸盐、氨氮、氯化物、硫酸盐、氟化物、苯类、烃类、酚、氰、TDS、生化需氧量（BOD）、化学需氧量（COD）等项目的地下水样品，采样体积一般为 2～3L。

（5）单项检测地下水样品采样体积按表 4.2-2 规定执行。

表 4.2-2　单项样品的最少采样量

项目名称	采样量/mL	项目名称	采样量/mL
色*	250	硒	250
嗅和味*	200	镉	250
浑浊度*	250	六价铬	250
肉眼可见物*	200	铅	250
pH*	200	铍	250
总硬度**	250	钡	250
溶解固体总量**	250	镍	250
硫酸盐**	250	铝	100
氯化物**	250	硼	250
钾	250	锑	250
钠	250	银	250
铁	250	铊	1000
锰	250	石油类**	500
铜	250	硫化物	250
锌	250	总大肠菌群**	150
钼	250	菌落总数**	150
钴	250	总 α 放射性	60000
挥发性酚类**	1000	总 β 放射性	
阴离子表面活性剂**	250	挥发性有机物**	40/个
耗氧量**	500	硝基苯类**	1000
硝酸盐**	250	有机氯农药**	1000
亚硝酸盐**	250	有机磷农药**	1000
氨氮	250	酚类化合物**	1000
氟化物**	250	氯苯类化合物**	1000
碘化物**	250	邻苯二甲酸酯类**	1000
氰化物*	250	多环芳烃**	1000
汞	250	多氯联苯**	1000
砷	250		

注：*表示应尽量现场测定；**表示低温（0～4℃）避光保存。

4.3　采样工作流程

采样工作基本流程如图 4.3-1 所示。

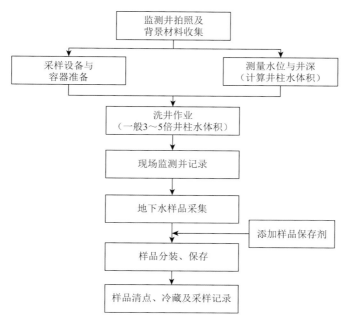

图 4.3-1　采样工作基本流程图

4.3.1　采样设备与容器

1. 采样设备

采样前应根据样品检测项目，选择相应的采样设备及设备材质。采取常规无机物样品时，一般采样器具均可使用；采取挥发、半挥发有机物样品时，宜使用气囊泵、蠕动泵或闭合定深采样器。采样器具对不同分析检测项目的适用性见表 4.3-1，采样器具材质适用性见表 4.3-2。

表 4.3-1　常见的采样器具及所适用监测项目一览表

分析项目	采样器						
	敞口定深取样器	闭合定深取样器	惯性泵	气囊泵	气提泵	潜水泵	自吸泵
电导率	√	√	√	√	√	√	√
pH	—	√	√	√	—	√	√
碱度	√	√	√	√	—	√	√
氧化还原电位	—	√	—	√	—	√	—
金属	√	√	√	√	√	√	√

分析项目	采样器						
	敞口定深取样器	闭合定深取样器	惯性泵	气囊泵	气提泵	潜水泵	自吸泵
硝酸盐等阴离子	√	√	√	√	√	√	√
非挥发性有机物	√	√	√	√	√	√	√
VOCs 和 SVOCs	—	√	—	√	—	—	—
TOC（总有机碳）	√	√	—	√	—	—	—
TOX（总有机卤）	—	√	—	√	—	—	—
微生物指标	√	√	√	√	—	√	√

表 4.3-2　采样器具材质适用性

适合检测项目	取样器具本体及抽水管材质
涉及的项目	含氟聚合物：常用聚四氟乙烯（PTFE）
除有机物外的检测项目	热性塑料：聚氯乙烯（PVC/UPVC/CPVC）、聚乙烯（PE）、交联聚乙烯（PEX）、耐热聚乙烯（PE-RT）、低密度聚乙烯（LDPE）、中密度聚乙烯（MDPE）、高密度聚乙烯（HDPE）、改性聚丙烯（PPH/PPR/PPB）、丙烯腈-苯乙烯-丁二烯共聚物（ABS）、聚丁烯（PB）
	铝塑复合材料（PAP）、增强聚乙烯（RTP）、玻璃钢、陶瓷
	尼龙、硅胶
除痕量金属外的检测项目	铸铁、钢、镀锌钢、不锈钢、铜

2. 样品容器

（1）应根据待测组分的性质选择样品容器。

（2）不加任何保护剂的样品，应选用硬质玻璃瓶或无色聚乙烯塑料瓶。

（3）一般有机检测样品应使用棕色玻璃瓶，无机检测样品使用无色塑料瓶。

（4）需要碱化至 pH≥12 的样品，应选用无色聚乙烯塑料瓶。

（5）需要酸化至 pH≤2 的样品，应选用硬质玻璃瓶容器。

（6）各检测项目使用的样品容器按表 4.3-3 选择。

（7）样品容器密封要求：内衬特氟龙垫片的螺旋盖适合于大多数检测项目的样品，尤其是挥发性和半挥发性有机物样品；带真空阀门的容器、压封的铜管适合于气体检测样品。

表 4.3-3　不同项目样品适用容器

检测项目	采样容器	检测项目	采样容器
色*	G，P	硒	G，P
嗅和味*	G	镉	G，P
浑浊度*	G，P	六价铬	G，P
肉眼可见物*	G	铅	G，P
pH*	G，P	铍	G，P

续表

检测项目	采样容器	检测项目	采样容器
总硬度**	G, P	钡	G, P
溶解固体总量**	G, P	镍	G, P
硫酸盐**	G, P	铝	G, P
氯化物**	G, P	硼	P
钾	P	锑	G, P
钠	P	银	G, P
铁	G, P	铊	G, P
锰	G, P	石油类**	G
铜	P	硫化物	G, P
锌	P	总大肠菌群**	G（灭菌）
钼	P	菌落总数**	G（灭菌）
钴	P	总 α 放射性	P
挥发性酚类**	G	总 β 放射性	
阴离子表面活性剂**	G, P	挥发性有机物**	40mL 棕色 G
耗氧量**	G	硝基苯类**	G
硝酸盐**	G, P	有机氯农药**	G
亚硝酸盐**	G, P	有机磷农药**	G
氨氮	G, P	酚类化合物**	G
氟化物**	P	氯苯类化合物**	G
碘化物**	G, P	邻苯二甲酸酯类**	G
氰化物*	G, P	多环芳烃**	G
汞	G, P	多氯联苯**	G
砷	G, P		

注：G 为硬质玻璃瓶；P 为聚乙烯瓶；*表示应尽量现场测定；**表示低温（0~4℃）避光保存。

4.3.2　测定地下水水位与井水深度

（1）地下水水质监测通常在采样前应先测定地下水水位（埋深水位）和井水深度。井水深度可按"井水深度＝井底至井口深度-水位面至井口深"计算。

（2）地下水水位测量主要测量静水位埋藏深度和高程，高程测量参照《水文测量规范》（SL 58—2014）相关要求执行。

（3）手工法测水位时，用布卷尺、钢卷尺、测绳等测具测量井口固定点至地下水水面垂直距离，当连续两次静水位测量数值之差在±1cm/10m 以内时，测量合格，否则需要重新测量。

（4）在有条件的地区，可采用自记水位仪、电测水位仪或地下水多参数自动监测仪进行水位测量。

（5）水位测量结果以米为单位，记至小数点后两位。

（6）每次测量地下水水位时，应记录监测井是否曾抽过水，以及是否受到附近井抽水的影响。

4.3.3 洗井

若监测井未经常使用，长期放置三个月以上，在采样前应当进行一次充分洗井，清洗地下水用量不得少于 3～5 倍井容积，以去除细颗粒物质，避免堵塞监测井并促进监测井与监测区域之间的水力连通。

每次清洗过程中抽取的地下水，要进行 pH 和温度等参数的现场测试。

洗井过程需持续到取出的水不混浊，细微土壤颗粒不再进入水井，洗出的每个井容积水的 pH 和温度或溶解氧和电导率连续三次的测量误差需小于 10%，洗井工作才能完成。

若监测井使用频繁，每次采样时间间隔不超过一周，在样品采集前只需进行简单的洗井或微洗井，待水质参数稳定后即可进行样品采集。洗井期间水质指标参数测量至少五次，直到最后连续三次符合各项水质指标参数的标准，其测量值偏差范围见表 4.3-4。

表 4.3-4　地下水环境监测井洗井参数测量值偏差范围

水质参数	稳定标准
浊度	≤10NTU，或±10%以内
pH	±0.1 以内
电导率	±10%以内
溶解氧	±0.3mg/L 以内，或在±10%以内
氧化还原电位	±10mV 以内，或在±10%以内
温度	±0.5℃以内

地下水采样应在洗井完成后 2h 内完成。洗井一般可以采用贝勒管、地面泵、离心式潜水泵、气囊泵和蠕动泵等。充分洗井后需要让监测井中水体稳定 24h 以后再进行常规地下水样品采样。

4.3.4 现场监测项目

采样现场使用便携式水质测定仪对水进行测定，现场监测项目包括水位、水温、pH、浊度、氧化还原电位、溶解氧、电导率等，测试人员应不吸烟，未食刺激性食物，无感冒、鼻塞症状，在测定完成后及时记录各项测定值。若需进行现场污染物的快速测定，还应准备好相关快速筛查设备，在实验室内准备好所需的仪器设备，安全运输到现场，使用前进行检查，确保性能正常。所有现场监测仪器使用前应进行校准，并定期维护。各监测项目所需仪器及要求如下：

（1）水位：使用布卷尺、钢卷尺、测绳等水位测具（检定量具为 50m 或 100m 的钢卷尺），其精度必须符合国家计量检定规程允许的误差规定。

（2）水温：使用水温计、气温计测定，最小分度值应不大于 0.2℃，最大误差在 ±0.2℃以内。在有条件的地区，可采用自动测温仪测量水温，自动测温仪探头位置应放在最低水位以下 3m 处。手工法测水温时，深水水温用电阻温度计或颠倒温度计测量，水温计应放置在地下水面以下 1m 处（泉水、自流井或正在开采的生产井可将水温计放置在出水水流中心处，并全部浸入水中），静置 10min 后读数。水温监测结果（℃）记至小数点后一位。

（3）pH：用测量精度高于 0.1 的 pH 计测定，测定前按要求认真冲洗电极并用两种标准溶液校准 pH 计。

（4）电导率：用误差不超过 1%的电导率仪测定，以校准到 25℃时的电导率为准。

（5）浑浊度：用目视比浊法或浊度计测量。

（6）色：黄色色调地下水色度采用铂-钴标准比色法测定；非黄色色调地下水可用相同的比色管，分取等体积的水样和去离子水比较，进行定性描述。目视比浊法和目视比色法所用的比色管应成套。

（7）肉眼可见物：将水样摇匀，在光线明亮处迎光直接观察，记录所观察到的肉眼可见物。

（8）嗅和味：该项目仅适于对地下水饮用水水源地补给区水样进行测定。

①原水样的嗅和味。

取 100mL 水样置于 250mL 锥形瓶内，振摇后从瓶口嗅水的气味，用适当词语描述，并按六级记录其强度，同时，取少量水样放入口中（此水样应对人体无害），不要咽下去，品尝水的味道，加以描述，并按六级记录强度等级，见表 4.3-5。

②原水煮沸后的嗅和味。

将上述锥形瓶内水样加热至开始沸腾，立即取下锥形瓶，稍冷后按①中方法嗅气和尝味，用适当的词句加以描述，并按六级记录其强度，见表 4.3-5。

表 4.3-5　嗅和味的强度等级

等级	强度	说明
0	无	无任何臭和味
1	微弱	一般饮用者甚难察觉，但嗅、味敏感者可以发觉
2	弱	一般饮用者刚能察觉
3	明显	已能明显察觉
4	强	已有很显著的臭和味
5	很强	有强烈的恶臭或异味

注：有时可用活性炭处理过的纯水作为无臭对照水。

4.3.5　地下水样品采集

1. 采样方法

地下水采样方法可参照《地下水环境监测技术规范》（HJ 164—2020），具体如下：

已有管路监测井采样法适用于地面已连接了提水管路的监测井的采样，普通监测井采样法适用于常规监测井的采样，深层/大口径监测井法适用于深层地下水的采样。水样采集可使用一次性贝勒管，要做到一井一管。条件许可的情况下也可采用离心式潜水泵、气囊泵、惯性泵等进行采样。若无同类型仪器设备，可采用经国家或国际标准认定的等效仪器设备。在采样过程中，可根据实际情况选取推荐的采样方法，也可以根据实地情况采用其他能满足质量控制要求的采样方法。

采样时应依据不同的目标物选取不同的采样位置，采样深度应至少在地下水水面0.5m 以下，一般在井中贮水的中部取水，以保证水样的代表性。

1）已有管路监测井采样方法

（1）采样器管材及采样井的确认。

套管和提水泵材料：PTFE（聚四氟乙烯）、碳钢、低碳钢、镀锌钢材和不锈钢。

提水泵类型：正压泵，例如潜水泵。

出水口条件：不能在沉淀罐、水塔等设施之后采样；提水泵排水管上须带有阀门，且距离井位不能超过 30m。

（2）导水管路连接。

如果泵的排水管上安装有带阀门的支管，且排水口距离该支管的距离超过 2m，则可将一管径相匹配的内衬聚四氟乙烯（PTFE）的聚乙烯（PE）软管（软管的中部接有一段玻璃管，以下简称"采样软管"）连接到该支管上，在采样软管的另一端连接一长度约350mm、内径约 5mm 的不锈钢管。

如果泵的排水管上安装有带阀门的支管，但排水口与支管相距不足 2m，则应在排水口连接一段延伸管，使排水口与采样支管的距离延伸至 2m 以上，如图 4.3-2 所示。

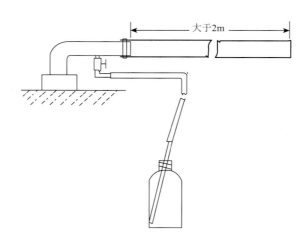

图 4.3-2　采样管路连接示例（1）

如果泵的排水管上没有支管，但泵的排水口距离井口较近（例如农灌井），则应在泵口上连接一支管上带阀门的三通管件（不锈钢或 PTFE 材质），连接管路采用内衬 PTFE的 PE 软管，如图 4.3-3 所示。

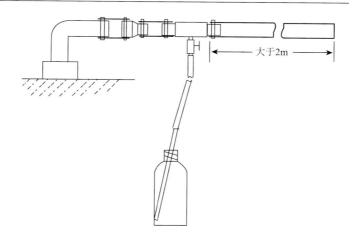

图 4.3-3　采样管路连接示例（2）

（3）井孔排水清洗。

采样前必须排出井孔中的积水，即清洗，清洗完成的条件是：所排出的水不少于三倍井孔积水体积且水质指示参数达到稳定。

（4）采样基本条件。

①如套管和提水泵材料为 PVC 或 HDPE（高密度聚乙烯），采集有机物分析样品时，应冲洗 30min 以上；②如果出水口不具备阀门，则需在出水口处加分流管采样；③观察采样软管中部的玻璃管，不得有气泡存在，否则通过调节采样支路阀门消除气泡；④调整采样支路阀门，使采样支管出水流量为 0.2～0.5L/min；⑤排水使水质稳定后，取下流动池，准备采样；⑥现场工作人员注意不得吸烟，手部不得涂化妆品，采样人员应在下风处操作，车辆也应停放在下风处。

2）普通监测井采样方法

采样应在洗井后 2h 内进行，若监测井位于低渗透性地层，洗井后，待新鲜水回补，应尽快于井底采样。

如用贝勒管采样，原则上将贝勒管放置于井筛中间附近取得水样。若考虑污染物在地表下分布特性、相关现场筛测结果及采样目的等因素，则应将贝勒管放置于井筛中适当位置进行取样。贝勒管在井中的移动应力求缓缓上升或下降，以避免井水扰动，造成气提或曝气作用。

监测项目中有挥发性有机物时，应根据水文地质条件、井管尺寸、现场采样条件等，选择低速采样、贝勒管采样或低渗透性含水层采样等方法进行地下水中挥发性有机物采样。具体要求如下：

（1）一般情况下，应优先选择低速采样方法，采用地下水机械采样设备（气囊泵或专用不锈钢潜水泵等，并配有聚四氟乙烯材质或具有聚四氟乙烯内衬的聚乙烯材质输水管线，管线的内径为 0.5～1cm）进行采样。

（2）水位浅或内径较小的监测井可选择贝勒管采样方法，采用地下水人工采样设备（该设备为单阀门贝勒管或双阀门贝勒管。聚四氟乙烯、不锈钢或聚乙烯材质的贝勒管为一次性使用。贝勒管外径应小于井管内径的 3/4，并配流速调节阀）进行采样。单阀门贝勒管适用于采集表层地下水样品，双阀门贝勒管适用于采集指定深度地下水样品。

（3）当含水层渗透性低，导致无法进行低速采样和贝勒管采样时，可采用低渗透性含水层采样方法。

（4）可采用油水界面仪或单阀门贝勒管判断地下水中是否存在非水相液体。

如以原来洗井抽水泵采样，则待洗井完成或水质参数稳定后，在不对井内作任何扰动或改变位置的情形下，维持原来洗井低流速，直接以样品瓶接取水样。离心式抽水泵不适用于采集挥发性有机物样品。抽水器应依其使用说明书或标准操作程序进行操作。

3）深层/大口径监测井采样方法

洗井完成后应尽快进行采样，并记录洗井结束时间及开始采样时间。采样时以原洗井的抽水泵进行采样并维持（或稍微降低）抽水率，直接由采样管以样品瓶接取水样。若需在水流单元中测量水质指标参数，在采样时需将采样管绕过或拆离水流单元。采样期间井中泄降需维持不超过 1/8 的井筛长（通常为 0.1m），并不得对井内作任何扰动，如改变抽水泵的位置等。

2. 采样顺序

样品采集一般按照挥发性有机物、半挥发性有机物、稳定有机物及微生物样品、重金属和普通无机物的顺序采集。样品采集时应控制出水口流速低于 1L/min，采集 VOCs 及样品时，出水口流速宜低于 0.1L/min，SVOCs 宜低于 0.2L/min。除油类和细菌类监测项目外，其他项目采样前应先用采样水荡洗采样器和水样容器 2～3 次。

依据不同的采样场地类型确定过滤方式。若水样浑浊度低于 10NTU 时，水样不需过滤。对于饮用水水源地补给区采样和测定溶解性金属离子项目，样品装瓶前应过 0.45μm 的 PE 滤膜；对于污染场地区采样和测定总金属离子项目，样品装瓶前不须过滤，可静置后取上清液。

测定挥发性有机污染物项目，采样时水样必须注满容器，上部不留空隙。测定硫化物、石油类、重金属、细菌类和放射性物质等项目的水样应分别单独采样。在水样采集或装入容器后，立即按 4.3.6 中的要求加入保存剂。

采集水样后，立即将水样容器瓶盖紧、密封，贴好标签，标签设计可以根据具体情况而定。采样结束前，应核对采样计划、采样记录与水样，如有错误或漏采，应立即重采或补采。

3. 采样记录要求

地下水采样记录包括采样现场描述和现场测定项目记录两部分，一般应包括监测井编号、采样深度、经纬度、采样日期和时间、地点、样品编号、监测项目、采样人等，可按表 4.3-6 的格式设计统一的采样记录表。采样人员应认真填写《地下水采样记录表》，字迹应端正、清晰，内容填写齐全。

表 4.3-6 地下水采样记录表

监测井编号	经纬度	采样日期			采样时间	采样方法	采样深度/m	气温/℃	天气状况	现场测定记录									样品性状
		年	月	日						水位/m	水温/℃	氧化还原电位/mV	溶解氧/(mg/L)	pH	浑浊度	肉眼可见物	嗅和味	电导率/(μs/cm)	色（描述）

固定剂加入情况

备注

采样人员： 记录人员： 记录日期：

4. 采样设备清洗程序

在一口井采样结束后，下一口井采样前应对现场采样设备和取样装置进行清洗，清洗方法可参照如下程序：

（1）用刷子刷洗、空气鼓风、湿鼓风、高压水或低压水冲洗等方法去除黏附较多的污染。

（2）用肥皂水等不含磷洗涤剂洗掉可见颗粒物和残余的油类物质。

（3）用水流或高压水冲洗去除残余的洗涤剂，所使用的水应为经水处理系统处理的饮用水。

（4）用蒸馏水或去离子水冲洗。

（5）当采集的样品中含有金属类污染物时，须用 10%的硝酸冲洗，然后用蒸馏水或去离子水冲洗，对于不存在金属污染物的场地，此步骤可省略。

（6）当采集样品中含有有机污染物时，应用色谱级有机溶剂进行清洗，常用的有机溶剂有丙酮、己烷等，其中丙酮适用于多数情况，己烷适用于多氯联苯（PCBs）污染的情况；当样品要进行目标化合物列表分析时，用以清洗的溶剂应选用易挥发物质，然后用蒸馏水或去离子水冲洗，对于不存在有机污染物的场地，此步骤可省略。

（7）将采样设备用空气吹干后，用塑料或铝箔包好。

5. 其他注意事项

（1）采样过程中采样人员不应有影响采样质量的行为，如使用化妆品，在采样、样品分装及密封现场吸烟等。监测用车停放应尽量远离监测点，一般停放在监测点（井）下风向 50m 以外。

（2）地下水水样容器和污染源水样容器应分架存放，不得混用。地下水水样容器应按监测井号和测定项目分类编号、固定专用。

（3）注意防止采样过程中的交叉污染，在采集不同监测点（井）水样时需清洗采样设备。

（4）同一监测点（井）应有两人以上进行采样，注意采样安全，采样过程要相互监护，防止意外事故的发生。

（5）在加油站、石化储罐等安全防护等级较高的区域采集水样时，要注意现场安全防护。

（6）对封闭的生产井，可在抽水时从泵房出水管放水阀处采样，采样前应将抽水管中的存水放干净。

（7）对于自喷的泉水，可在涌口处出水水流的中心采样；采集不自喷泉水时，将停滞在抽水管的水汲出，新水更替之后，再进行采样。

（8）洗井及设备清洗废水应使用固定容器进行收集，不得随意排放。

（9）采样单位应同实验室技术人员共同确定选测项目，并商定送样时间。野外采样应有实验室技术人员指导，确保样品的采集质量。采样使用试剂（保护剂）应由承担测试任务的实验室统一提供，并严格按要求密封、保存、运送样品。

4.3.6　样品保存、运输、交接与贮存

1. 样品保存

样品采集后应尽快运送实验室进行分析，并根据监测目的、监测项目和监测方法的要求，按表 4.3-7 的要求在样品中加入保存剂。装有地下水样品的样品瓶应单独密封在容积约 500mL 聚乙烯材质的自封袋中，避免交叉污染。

表 4.3-7　样品保存技术指标

项目名称	保存剂及用量	保存期	容器洗涤
色*		12h	I
嗅和味*		6h	I
浑浊度*		12h	I
肉眼可见物*		12h	I
pH*		12h	I
总硬度**	加 HNO_3，pH<2	24h	I
		30d	
溶解固体总量**		24h	I
硫酸盐**		7d	I
氯化物**		30d	I
钾	加 HNO_3 酸化，使 pH 为 1~2	14d	II
钠	加 HNO_3 酸化，使 pH 为 1~2	14d	II
铁	加 HNO_3，使其含量达到 1%	14d	III
锰	加 HNO_3，使其含量达到 1%	14d	III
铜	加 HNO_3，使其含量达到 1%②	14d	III
锌	加 HNO_3，使其含量达到 1%②	14d	III
钼	加 HNO_3，pH<2	14d	III
钴	加 HNO_3，pH<2	14d	III
挥发性酚类**	用 H_3PO_4 调至 pH 约为 4，用 0.01~0.02g 抗坏血酸除去余氯	24h	I
阴离子表面活性剂**	加入甲醛，使甲醛体积浓度为 1%	7d	IV
耗氧量**		2d	I
硝酸盐**		24h	I
亚硝酸盐**		24h	I
氨氮	H_2SO_4，pH<2	24h	I
氟化物**		14d	I
碘化物**		24h	I
氰化物*	NaOH，pH>12	12h	I
汞	1L 水样中加浓 HCl 10mL	14d	III
砷	1L 水样中加浓 HCl 10mL	14d	I

续表

项目名称	保存剂及用量	保存期	容器洗涤
硒	1L 水样中加浓 HCl 2mL	14d	III
镉	加 HNO₃ 使其含量达到 1%①	14d	III
六价铬	加 NaOH, pH 为 8~9	24h	III
铅	加 HNO₃, 使其含量达到 1%①	14d	III
铍	加 HNO₃, 使其含量达到 1%	14d	III
钡	加 HNO₃, 使其含量达到 1%	14d	III
镍	加 HNO₃, 使其含量达到 1%	14d	III
铝	加 HNO₃, pH<2	30d	III
硼	加 HNO₃, 使其含量达到 1%	14d	I
锑	加 HCl, 使其含量达到 0.2%(氢化物法), 1L 水样中加浓 HCl 2mL(原子荧光法)	14d	III
银	加 HNO₃, 使其含量达到 0.2%	14d	III
铊	加 HNO₃, 使其含量达到 1%	14d	III
石油类**	加入 HCl, 使 pH<2	3d	II
硫化物	1L 水样中加入 5mL 氢氧化钠溶液(1mol/L)和 4g 抗坏血酸, 使样品 pH≥11, 避光保存	24h	I
总大肠菌群**	加入硫代硫酸钠 0.2~0.5g/L, 除去余氯	4h	I
菌落总数**		4h	I
总 α 放射性	1L 水样加 HNO₃(1+1) 20mL, pH<2	5d	I
总 β 放射性			
挥发性有机物**	加 1+10HCl, 使 pH≤2, 加入 0.01~0.02g 抗坏血酸除去余氯	14d	I
硝基苯类**	若水中有余氯, 则 1L 水样加入 80mg 硫代硫酸钠	7d	I
有机氯农药**	加入 HCl, 使 pH<2	7d	I
有机磷农药**	加入 HCl, 使 pH<2	24h	I
酚类化合物**	加入 HCl, 使 pH<2	7d	I
氯苯类化合物**	加入 HCl, 使 pH<2	7d	I
邻苯二甲酸酯类**	加入 HCl 或 NaOH, 使 pH 为 7	7d	I
多环芳烃**	若水中有余氯, 则 1L 水样加入 80mg 硫代硫酸钠	7d	I
多氯联苯**	若水中有余氯, 则 1L 水样加入 80mg 硫代硫酸钠	7d	I

注 1: "*"表示应尽量现场测定; "**"表示低温(0~4℃)避光保存。

注 2: G 为硬质玻璃瓶; P 为聚乙烯瓶(桶)。

注 3: ①为单项样品的最少采样量; ②如用溶出伏安法测定, 可改用 1L 水样中加 19 mL 浓 HClO₄。

注 4: I、II、III、IV 分别表示四种洗涤方法:

I—无磷洗涤剂洗 1 次, 自来水洗 3 次, 蒸馏水洗 1 次, 甲醇清洗 1 次, 阴干或吹干;

II—无磷洗涤剂洗 1 次, 自来水洗 2 次, 1+3 HNO₃ 荡洗 1 次, 自来水洗 3 次, 蒸馏水洗 1 次, 甲醇清洗 1 次, 阴干或吹干;

III—无磷洗涤剂洗 1 次, 自来水洗 2 次, 1+3 HNO₃ 荡洗 1 次, 自来水洗 3 次, 去离子水洗 1 次, 甲醇清洗 1 次, 阴干或吹干;

IV—铬酸洗液洗 1 次, 自来水洗 3 次, 蒸馏水洗 1 次, 甲醇清洗 1 次, 阴干或吹干。

注 5: 经 160℃干热灭菌 2h 的微生物采样容器, 必须在两周内使用, 否则应重新灭菌。经 121℃高压蒸气灭菌 15min 的采样容器, 如不立即使用, 应于 60℃将瓶内冷凝水烘干, 两周内使用。细菌监测项目采样时不能用水样冲洗采样容器, 不能采混合水样, 应单独采样后 2h 内送实验室分析。

2. 样品运输

（1）样品运输过程中应避免日光照射，并置于 4℃冷藏箱中保存，气温偏高或偏低时采取适当措施。

（2）水样装箱前应将水样容器外盖盖紧，对装有水样的玻璃磨口瓶应用聚乙烯薄膜覆盖瓶口并用细绳将瓶塞与瓶颈系紧。

（3）同一采样点的样品瓶尽量装在同一箱内，采样记录或样品交接单应逐件核对，检查所采水样是否已全部装箱。

（4）装箱时应用泡沫塑料或波纹纸板垫底和间隔防震。

（5）运输时应有押运人员，防止样品损坏或受玷污。若样品通过铁路或公路托运，样品瓶上应附识别样品来源及托运到达目的地的装运标签。

（6）检测溶解气体、挥发性和半挥发性有机物组分的样品瓶应平置或倒置（窄口瓶）存放。

（7）宜采用硬质储样箱运输样品，样品瓶之间不留空隙。玻璃样品瓶间、玻璃样品瓶与箱体间应衬以柔软材料，避免碰撞导致破损。有盖的样品箱应标有"切勿倒置"明显标志。

（8）检测挥发性和半挥发性有机污染物的高污染样品与清洁样品不宜同车运输；若不可避免同车运输，则应采取隔离措施。

（9）某些专用样品容器，例如带旋塞阀的玻璃或不锈钢样品容器、夹块压封的铜管等，应采用专门设计的、保证样品容器不产生滑动、震动和相互碰撞的储样箱，保证运输期间旋塞阀不被扭动、铜管不产生划痕等。

（10）在运送样品时，所有装箱并附有现场采样记录表的样品，采样人和送样人都应进行清点和校核，并在样品送检单上签字，注明装运日期和运送方式。

3. 样品交接与贮存

（1）样品送达实验室后，由样品管理员接收。

（2）样品管理员对样品进行符合性检查，包括：样品包装、标识及外观是否完好；对照《地下水采样记录表》检查样品名称、采样地点、样品数量、形态等是否一致；核对保存剂加入情况；样品是否冷藏，冷藏温度是否满足要求；样品是否有损坏或污染。

（3）当样品有异常，或对样品是否适合测试有疑问时，样品管理员应及时向送样人员或采样人员询问，样品管理员应记录有关说明及处理意见，当明确样品有损坏或污染时须重新采样。

（4）样品管理员确定样品符合交接条件后，应进行样品登记，并由双方签字，《样品交接登记表》参见表 4.3-8。

（5）样品管理员负责保持样品贮存间清洁、通风、无腐蚀的环境，并对贮存环境条件加以维持和监控。

（6）样品贮存间应有冷藏、防水、防盗和门禁措施，以保证样品的安全性。

表 4.3-8　样品交接登记表

送样日期	送样时间	监测点（井）名称	样品编号	监测项目	样品数量	样品性状	采样日期	送样人员	监测后样品处理情况

监测站名：_____　　　采样人员：_____　　　接样人员：_____

（7）样品流转过程中，除样品唯一性标识需转移和样品测试状态需标识外，任何人、任何时候都不得随意更改样品唯一性编号。分析原始数据时应记录样品唯一性编号。

（8）在实验室测试过程中，测试人员应及时做好分样、移样的样品标识转移，并根据测试状态及时作好相应的标记。

（9）地下水样品时效性强，监测后的样品留样保存意义不大，但对于测试结果异常样品、应急监测和仲裁监测样品，应按样品保存条件要求保留适当时间。留样样品应有留样标识。

4.4　监测项目分析

4.4.1　地下水监测项目选择

地下水监测项目以《地下水质量标准》（GB/T 14848—2017）中的常规项目为主，不同地区可在此基础上根据当地的实际情况选择非常规项目。为便于水化学分析，还应补充钾、钙、镁、重碳酸根、碳酸根、游离二氧化碳等项目。实际调查过程中的监测项目应根据地下水污染实际情况进行选择，尤其是特征项目以及背景项目的调查。同时，所选监测项目应有国家或行业标准分析方法、行业监测技术规范、行业统一分析方法。

（1）现场必测项目：地下水环境监测时，气温、地下水水位、水温、pH、溶解氧、电导率、氧化还原电位、嗅和味、浑浊度、肉眼可见物等监测项目为每次监测的现场必测项目。

（2）地下水饮用水水源保护区和补给区监测项目：以《地下水质量标准》（GB/T 14848—2017）中的常规项目为主，可根据地下水饮用水源环境状况和具体环境管理需求，增加非常规项目。

（3）区域地下水监测项目：监测指标包括取样现场测试指标、常规监测指标、非常规监测指标以及特殊指标等，见表 4.4-1。非常规指标可根据水文地质条件、人类活动和水资源重要程度选取，特殊指标可根据需要选取。根据区域放射性特征确定特殊指标的监测频次。有放射性背景的地区地下水监测频次应与非常规指标监测频次相同，非放射性背景地区应降低监测频次。

表 4.4-1　地下水水质监测指标

指标类型		指标名称	指标数量
现场测试指标		气温、水温、pH、电导率、氧化还原电位、溶解氧	6
常规指标	感官	浊度、色度、嗅和味、肉眼可见物	40
	无机	钠、钾、钙、镁、铁、铜、锰、铅、锌、镉、铬（Cr⁶⁺）、汞、砷、硒、铝、氯化物、氰化物、氟化物、碘化物、碳酸盐、重碳酸盐、硫酸盐、硝酸盐、亚硝酸盐、偏硅酸、溶解固体总量、总硬度（以 CaCO₃ 计）、高锰酸盐指数、氨氮（以 N 计）、挥发酚（以苯酚计）、pH	
	有机	三氯甲烷、四氯化碳、苯、甲苯、苯并（a）芘	
非常规指标	无机	铍、硼、锑、钡、镍、钴、钼、银、铊、溴化物、阴离子合成洗涤剂	56
	有机	二氯甲烷、1,2-二氯乙烷、1,1,1-三氯乙烷、1,1,2-三氯乙烷、1,2-二氯丙烷、三溴甲烷、氯乙烯、1,1-二氯乙烯、1,2-二氯乙烯、三氯乙烯、四氯乙烯、氯苯、邻二氯苯、对二氯苯、三氯苯（总量）①、乙苯、二甲苯（总量）②、苯乙烯、甲基叔丁基醚、2,4-二硝基甲苯、2,6-二硝基甲苯、萘、蒽、荧蒽、苯并（b）荧蒽、多氯联苯（总量）③、邻苯二甲酸二（2-乙基己基）酯、2,4,6-三氯酚、五氯酚、六六六（总量）④、γ-六六六（林丹）、滴滴涕（总量）⑤、六氯苯、七氯、2,4-滴、克百威、涕灭威、敌敌畏、甲基对硫磷、马拉硫磷、乐果、毒死蜱、百菌清、莠去津、草甘膦	
特殊指标	微生物	总大肠菌群、菌落总数	2
	放射性	总 α 放射性、总 β 放射性	2

注：①三氯苯（总量）为 1,2,3-三氯苯、1,2,4-三氯苯、1,3,5-3 氯苯 3 种异构体加和；②二甲苯（总量）为邻二甲苯、间二甲苯、对二甲苯 3 种异构体加和；③多氯联苯（总量）为 PCB28、PCB52、PCB101、PCB118、PCB138、PCB153、PCB180、PCB194、PCB206 9 种多氯联苯单体加和；④六六六（总量）为 α-六六六、β-六六六、γ-六六六、δ-六六六 4 种异构体加和；⑤滴滴涕（总量）为 o,p'-滴滴涕、p,p'-滴滴伊、p,p'-滴滴滴、p,p'-滴滴涕 4 种异构体加和。

（4）污染源地下水监测项目：以污染源特征项目为主，同时根据污染源特征项目的种类，适当增加或删减有关监测项目。不同行业的特征项目可根据表 2.5-4 确定，但不仅限于表 2.5-4 中所列监测项目。

（5）矿区或地球化学高背景区和饮水型地方病流行区，应增加反映地下水特种化学组分天然背景含量的监测项目。

4.4.2　监测项目分析方法

监测项目分析方法应优先选用国家或行业标准方法，自然资源部在 2021 年发布的《地下水质分析方法》见表 4.4-2。所选用分析方法的测定下限应低于《地下水质量标准》（GB/T 14848—2017）规定的地下水标准限值，尚无国家或行业标准分析方法时，可选用行业统一分析方法或等效分析方法，但须按照《环境监测分析方法标准制订技术导则》（HJ 168—2020）的要求进行方法确认和验证，方法检出限、测定下限、准确度和精密度应满足地下水环境监测要求。

表 4.4-2　85 项系列行业标准编号及名称

序号	行业标准编号	标准名称	代替标准号
1	DZ/T 0064.1—2021	《地下水质分析方法》　第 1 部分：一般要求	DZ/T 0064.1—1993
2	DZ/T 0064.2—2021	《地下水质分析方法》　第 2 部分：水样的采集和保存	DZ/T 0064.2—1993

序号	行业标准编号	标准名称	代替标准号
3	DZ/T 0064.3—2021	《地下水质分析方法》 第3部分：温度的测定 温度计（测温仪）法	DZ/T 0064.3—1993
4	DZ/T 0064.4—2021	《地下水质分析方法》 第4部分：色度的测定 铂-钴标准比色法	DZ/T 0064.4—1993
5	DZ/T 0064.5—2021	《地下水质分析方法》 第5部分：pH 值的测定 玻璃电极法	DZ/T 0064.5—1993
6	DZ/T 0064.6—2021	《地下水质分析方法》 第6部分：电导率的测定 电极法	DZ/T 0064.6—1993
7	DZ/T 0064.7—2021	《地下水质分析方法》 第7部分：Eh 值的测定 电位法	DZ/T 0064.7—1993
8	DZ/T 0064.8—2021	《地下水质分析方法》 第8部分：悬浮物的测定 重量法	DZ/T 0064.8—1993
9	DZ/T 0064.9—2021	《地下水质分析方法》 第9部分：溶解性固体总量的测定 重量法	DZ/T 0064.9—1993
10	DZ/T 0064.10—2021	《地下水质分析方法》 第10部分：砷量的测定 二乙基二硫代氨基甲酸银分光光度法	DZ/T 0064.10—1993
11	DZ/T 0064.11—2021	《地下水质分析方法》 第11部分：砷量的测定 氢化物发生-原子荧光光谱法	DZ/T 0064.11—1993
12	DZ/T 0064.12—2021	《地下水质分析方法》 第12部分：钙和镁量的测定 火焰原子吸收分光光度法	DZ/T 0064.12—1993
13	DZ/T 0064.13—2021	《地下水质分析方法》 第13部分：钙量的测定 乙二胺四乙酸二钠滴定法	DZ/T 0064.13—1993
14	DZ/T 0064.14—2021	《地下水质分析方法》 第14部分：镁量的测定 乙二胺四乙酸二钠滴定法	DZ/T 0064.14—1993
15	DZ/T 0064.15—2021	《地下水质分析方法》 第15部分：总硬度的测定 乙二胺四乙酸二钠滴定法	DZ/T 0064.15—1993
16	DZ/T 0064.17—2021	《地下水质分析方法》 第17部分：总铬和六价铬量的测定 二苯碳酰二肼分光光度法	DZ/T 0064.17—1993
17	DZ/T 0064.18—2021	《地下水质分析方法》 第18部分：总铬和六价铬量的测定 催化极谱法	DZ/T 0064.18—1993
18	DZ/T 0064.20—2021	《地下水质分析方法》 第20部分：铜、铅、锌、镉、镍和钴量的测定 螯合树脂交换富集火焰原子吸收分光光度法	DZ/T 0064.20—1993
19	DZ/T 0064.21—2021	《地下水质分析方法》 第21部分：铜、铅、锌、镉、镍、铬、钼和银量的测定 无火焰原子吸收分光光度法	DZ/T 0064.21—1993
20	DZ/T 0064.22—2021	《地下水质分析方法》 第22部分：铜、铅、锌、镉、锰、铬、镍、钴、钒、锡、铍及钛量的测定 电感耦合等离子体发射光谱法	DZ/T 0064.22—1993
21	DZ/T 0064.23—2021	《地下水质分析方法》 第23部分：铁量的测定 二氮杂菲分光光度法	DZ/T 0064.23—1993
22	DZ/T 0064.24—2021	《地下水质分析方法》 第24部分：铁量的测定 硫氰酸盐分光光度法	DZ/T 0064.24—1993
23	DZ/T 0064.25—2021	《地下水质分析方法》 第25部分：铁量的测定 火焰原子吸收分光光度法	DZ/T 0064.25—1993
24	DZ/T 0064.26—2021	《地下水质分析方法》 第26部分：汞量的测定 冷原子吸收分光光度法	DZ/T 0064.26—1993
25	DZ/T 0064.27—2021	《地下水质分析方法》 第27部分：钾和钠量的测定 火焰发射光谱法	DZ/T 0064.27—1993
26	DZ/T 0064.28—2021	《地下水质分析方法》 第28部分：钾、钠、锂和铵量的测定 离子色谱法	DZ/T 0064.28—1993
27	DZ/T 0064.29—2021	《地下水质分析方法》 第29部分：锂量的测定 火焰发射光谱法	DZ/T 0064.29—1993

续表

序号	行业标准编号	标准名称	代替标准号
28	DZ/T 0064.30—2021	《地下水质分析方法》 第 30 部分：锂量的测定 火焰原子吸收分光光度法	DZ/T 0064.30—1993
29	DZ/T 0064.31—2021	《地下水质分析方法》 第 31 部分：锰量的测定 过硫酸铵分光光度法	DZ/T 0064.31—1993
30	DZ/T 0064.32—2021	《地下水质分析方法》 第 32 部分：锰量的测定 火焰原子吸收分光光度法	DZ/T 0064.32—1993
31	DZ/T 0064.33—2021	《地下水质分析方法》 第 33 部分：钼量的测定 催化极谱法	DZ/T 0064.33—1993
32	DZ/T 0064.36—2021	《地下水质分析方法》 第 36 部分：铷和铯量的测定 火焰发射光谱法	DZ/T 0064.36—1993
33	DZ/T 0064.37—2021	《地下水质分析方法》 第 37 部分：硒量的测定 催化极谱法	DZ/T 0064.37—1993
34	DZ/T 0064.38—2021	《地下水质分析方法》 第 38 部分：硒量的测定 氢化物发生-原子荧光光谱法	DZ/T 0064.38—1993
35	DZ/T 0064.39—2021	《地下水质分析方法》 第 39 部分：锶量的测定 火焰发射光谱法	DZ/T 0064.39—1993
36	DZ/T 0064.42—2021	《地下水质分析方法》 第 42 部分：钙、镁、钾、钠、铝、铁、锶、钡和锰量的测定 电感耦合等离子体发射光谱法	DZ/T 0064.42—1993
37	DZ/T 0064.43—2021	《地下水质分析方法》 第 43 部分：酸度的测定 滴定法	DZ/T 0064.43—1993
38	DZ/T 0064.44—2021	《地下水质分析方法》 第 44 部分：硼量的测定 H 酸-甲亚胺分光光度法	DZ/T 0064.44—1993
39	DZ/T 0064.45—2021	《地下水质分析方法》 第 45 部分：硼量的测定 甘露醇碱滴定法	DZ/T 0064.45—1993
40	DZ/T 0064.46—2021	《地下水质分析方法》 第 46 部分：溴化物的测定 溴酚红分光光度法	DZ/T 0064.46—1993
41	DZ/T 0064.47—2021	《地下水质分析方法》 第 47 部分：游离二氧化碳的测定 滴定法	DZ/T 0064.47—1993
42	DZ/T 0064.48—2021	《地下水质分析方法》 第 48 部分：侵蚀性二氧化碳的测定 滴定法	DZ/T 0064.48—1993
43	DZ/T 0064.49—2021	《地下水质分析方法》 第 49 部分：碳酸根、重碳酸根和氢氧根离子的测定 滴定法	DZ/T 0064.49—1993
44	DZ/T 0064.50—2021	《地下水质分析方法》 第 50 部分：氯化物的测定 银量滴定法	DZ/T 0064.50—1993
45	DZ/T 0064.51—2021	《地下水质分析方法》 第 51 部分：氯化物、氟化物、溴化物、硝酸盐和硫酸盐的测定 离子色谱法	DZ/T 0064.51—1993
46	DZ/T 0064.52—2021	《地下水质分析方法》第 52 部分：氰化物的测定 吡啶-吡唑啉酮分光光度法	DZ/T 0064.52—1993
47	DZ/T 0064.53—2021	《地下水质分析方法》 第 53 部分：氟化物的测定 茜素络合物分光光度法	DZ/T 0064.53—1993
48	DZ/T 0064.54—2021	《地下水质分析方法》 第 54 部分：氟化物的测定 离子选择电极法	DZ/T 0064.54—1993
49	DZ/T 0064.55—2021	《地下水质分析方法》 第 55 部分：碘化物的测定 催化还原分光光度法	DZ/T 0064.55—1993
50	DZ/T 0064.56—2021	《地下水质分析方法》 第 56 部分：碘化物的测定 淀粉分光光度法	DZ/T 0064.56—1993
51	DZ/T 0064.57—2021	《地下水质分析方法》 第 57 部分：氨氮的测定 纳氏试剂分光光度法	DZ/T 0064.57—1993
52	DZ/T 0064.58—2021	《地下水质分析方法》 第 58 部分：硝酸盐的测定 二磺酸酚分光光度法	DZ/T 0064.58—1993
53	DZ/T 0064.59—2021	《地下水质分析方法》 第 59 部分：硝酸盐的测定 紫外分光光度法	DZ/T 0064.59—1993
54	DZ/T 0064.60—2021	《地下水质分析方法》 第 60 部分：亚硝酸盐的测定 分光光度法	DZ/T 0064.60—1993

续表

序号	行业标准编号	标准名称	代替标准号
55	DZ/T 0064.61—2021	《地下水质分析方法》 第 61 部分：磷酸盐的测定 磷铋钼蓝分光光度法	DZ/T 0064.61—1993
56	DZ/T 0064.62—2021	《地下水质分析方法》 第 62 部分：硅酸的测定 硅钼黄分光光度法	DZ/T 0064.62—1993
57	DZ/T 0064.63—2021	《地下水质分析方法》 第 63 部分：硅酸的测定 硅钼蓝分光光度法	DZ/T 0064.63—1993
58	DZ/T 0064.64—2021	《地下水质分析方法》 第 64 部分：硫酸盐的测定 乙二胺四乙酸二钠-钡滴定法	DZ/T 0064.64—1993
59	DZ/T 0064.65—2021	《地下水质分析方法》 第 65 部分：硫酸盐的测定 比浊法	DZ/T 0064.65—1993
60	DZ/T 0064.66—2021	《地下水质分析方法》 第 66 部分：硫化物的测定 碘量法	DZ/T 0064.66—1993
61	DZ/T 0064.67—2021	《地下水质分析方法》 第 67 部分：硫化物的测定 对氨基二甲基苯胺分光光度法	DZ/T 0064.67—1993
62	DZ/T 0064.68—2021	《地下水质分析方法》 第 68 部分：耗氧量的测定 酸性高锰酸钾滴定法	DZ/T 0064.68—1993
63	DZ/T 0064.69—2021	《地下水质分析方法》 69 部分：耗氧量的测定 碱性高锰酸钾滴定法	DZ/T 0064.69—1993
64	DZ/T 0064.70—2021	《地下水质分析方法》 第 70 部分：耗氧量的测定 重铬酸钾滴定法	DZ/T 0064.70—1993
65	DZ/T 0064.71—2021	《地下水质分析方法》 第 71 部分：α-六六六、β-六六六、γ-六六六、δ-六六六、六氯苯，p,p'-滴滴伊，p,p'-滴滴滴，o,p'-滴滴涕和 p,p'-滴滴涕的测定 气相色谱法	DZ/T 0064.71—1993
66	DZ/T 0064.72—2021	《地下水质分析方法》 第 72 部分：敌敌畏、甲拌磷、乐果、甲基对硫磷、马拉硫磷、毒死蜱和对硫磷的测定 气相色谱法	DZ/T 0064.72—1993
67	DZ/T 0064.73—2021	《地下水质分析方法》 第 73 部分：挥发性酚的测定 4-氨基安替吡啉分光光度法	DZ/T 0064.73—1993
68	DZ/T 0064.74—2021	《地下水质分析方法》 第 74 部分：氦气、氢气、氧气、氩气、氮气、甲烷、一氧化碳、二氧化碳和硫化氢的测定 气相色谱法	DZ/T 0064.74—1993
69	DZ/T 0064.75—2021	《地下水质分析方法》 第 75 部分：镭和氡放射性的测定 射气法	DZ/T 0064.75—1993
70	DZ/T 0064.76—2021	《地下水质分析方法》 第 76 部分：总 α 和总 β 放射性的测定 放射化学法	DZ/T 0064.76—1993
71	DZ/T 0064.77—2021	《地下水质分析方法》 第 77 部分：^{18}O 的测定 CO_2-H_2O 平衡-气体同位素质谱法	DZ/T 0064.77—1993
72	DZ/T 0064.78—2021	《地下水质分析方法》 第 78 部分：氘的测定 金属锌还原-气体同位素质谱法	DZ/T 0064.78—1993
73	DZ/T 0064.79—2021	《地下水质分析方法》 第 79 部分：氚的测定 放射化学法	DZ/T 0064.79—1993
74	DZ/T 0064.80—2021	《地下水质分析方法》 第 80 部分：锂、铷、铯等 40 个元素量的测定 电感耦合等离子体质谱法	DZ/T 0064.80—1993
75	DZ/T 0064.81—2021	《地下水质分析方法》 第 81 部分：汞量的测定 原子荧光光谱法	新制定
76	DZ/T 0064.82—2021	《地下水质分析方法》 第 82 部分：钠量的测定 火焰原子吸收分光光度法	新制定
77	DZ/T 0064.83—2021	《地下水质分析方法》 第 83 部分：铜、锌、镉、镍和钴量的测定 火焰原子吸收分光光度法	新制定
78	DZ/T 0064.84—2021	《地下水质分析方法》 第 84 部分：锶量的测定 火焰原子吸收分光光度法	新制定
79	DZ/T 0064.85—2021	《地下水质分析方法》 第 85 部分：挥发性酚的测定 流动注射在线蒸馏法	新制定

序号	行业标准编号	标准名称	代替标准号
80	DZ/T 0064.86—2021	《地下水质分析方法》　第 86 部分：氰化物的测定　流动注射在线蒸馏法	新制定
81	DZ/T 0064.87—2021	《地下水质分析方法》　第 87 部分：^{13}C 的测定　在线磷酸酸解-气体同位素质谱法	新制定
82	DZ/T 0064.88—2021	《地下水质分析方法》　第 88 部分：^{14}C 的测定　合成苯-液体闪烁计数法	新制定
83	DZ/T 0064.89—2021	《地下水质分析方法》　第 89 部分：氘的测定　在线高温热转换-气体同位素质谱法	新制定
84	DZ/T 0064.90—2021	《地下水质分析方法》　第 90 部分：^{18}O 的测定　在线 CO_2-H_2O 平衡-气体同位素质谱法	新制定
85	DZ/T 0064.91—2021	《地下水质分析方法》　第 91 部分：二氯甲烷、氯乙烯、1, 1-二氯乙烷等 24 种挥发性卤代烃类化合物的测定　吹扫捕集/气相色谱-质谱法	新制定

4.4.3　监测数据处理

1. 数据记录

（1）现场记录。现场记录可参照表 4.3-6 要求。

（2）交接记录。交接记录可参照表 4.3-8 要求。

（3）实验室分析原始记录。实验室分析原始记录包括分析试剂配制记录、标准溶液配制及标定记录、校准曲线记录、各监测项目分析测试原始记录、内部质量控制记录等，也可根据需要自行设计各类实验室分析原始记录表。实验室分析原始记录应包含足够的信息，以便查找影响不确定度的因素，并使实验室分析工作在最接近原条件下能够复现。记录信息包括样品名称、编号、性状、采样时间、地点、分析方法，使用仪器名称、型号、编号，测定项目，分析时间，环境条件，标准溶液名称、浓度、配制日期、校准曲线，取样体积，计量单位，仪器信号值，计算公式，测定结果，质控数据，测试分析人员和校对人员签名等。

2. 记录要求

（1）记录应使用墨水笔或签字笔填写，要求字迹端正、清晰。

（2）应在测试分析过程中及时、真实填写原始记录，不得事后补填或抄填。

（3）对于记录表格中无内容可填的空白栏，应用"/"标记。

（4）原始记录不得涂改。当记录中出现错误时，应在错误的数据上画一横线（不得覆盖原有记录的可见程度），如需改正的记录内容较多，可用框线画出，在框边处填写"作废"两字，并将正确值填写在其上方。所有的改动处应有更改人签名或盖章。

（5）对于测试分析过程中的特殊情况和有必要说明的问题，应记录在备注栏内或记录表旁边。

（6）记录测量数据时，根据计量器具的精度和仪器的刻度，只保留一位可疑数字，测试数据的有效位数和误差表达方式应符合有关误差理论的规定。

（7）应采用法定计量单位，非法定计量单位应转换成法定计量单位，并记录换算公式。

（8）测试人员应根据标准方法、规范要求对原始记录作必要的数据处理。在处理数据时，发现异常数据不可轻易剔除，应按数据统计规则进行判断和处理。

3. 异常值的判断和处理

（1）一组监测数据中，个别数据明显偏离其所属样本的其余测定值，即为异常值。对异常值的判断和处理参照《数据得统计处理和解释　正态样本离群值的判断和处理》（GB/T 4883—2008）中相关要求。

（2）地下水监测中不同的时空分布出现的异常值，应从监测点周围当时的具体情况（水文地质因素、气象、附近污染源情况等）进行分析，不能简单地用统计检验方法来决定舍取。

4. 有效数字及近似计算

1）有效数字

（1）由有效数字构成的数值，其倒数第二位以上的数字应是可靠的（确定的），只有末位数字是可疑的（不确定的）。对有效数字的位数不能任意增删。

（2）一个分析结果的有效数字位数，主要取决于原始数据的正确记录和数值的正确计算。在记录测量值时，要同时考虑计量器具的精密度和准确度，以及测量仪器本身的读数误差。对检验合格的计量器具，有效位数可以记录到最小分度值，最多保留一位不确定数字（估计值）。

（3）在一系列操作中，使用多种计量仪器时，有效数字以最少的一种计量仪器的位数表示。

（4）分析结果的有效数字所能达到的位数，不能超过方法检出限的有效位数。

2）数据修约规则

数据修约执行《数值修约规则与极限数值的表示和判定》（GB/T 8170—2008）的相关要求。

3）近似计算规则

（1）加法和减法。近似值加减计算时，其和或差的有效数字位数与各近似值中小数点后位数最少者相同。运算过程中，可以多保留一位小数，计算结果按《数值修约规则与极限数值的表示和判定》（GB/T 8170—2008）处理。

（2）乘法和除法。近似值乘除计算时，所得积与商的有效数字位数与各近似值中有效数字位数最少者相同。运算过程中，可先将各近似值修约至比有效数字位数最少者多一位，最后将计算结果按上述规则处理。

（3）平均值。求四个或四个以上准确度接近的数值的平均值时，其有效位数可增加一位。

5. 监测结果的表示方法

（1）监测结果的计量单位采用中华人民共和国法定计量单位。

（2）监测结果表示应按 4.4.2 中要求来确定。

（3）平行双样测定结果在允许偏差范围之内时，则用其平均值表示测定结果。

（4）当测定结果高于分析方法检出限时，报实际测定结果值；当测定结果低于分析方法检出限时，报所使用方法的检出限值，并在其后加标志"L"。

4.5　分析测试质保与质控

分析测试的质量保证与质量控制是获得准确检测结果的必须环节，应严格按照《地下水环境监测技术规范》（HJ 164—2020）的要求执行。

4.5.1　质量保证

从事地下水监测的组织机构、监测人员、现场监测仪器、实验室分析仪器与设备等按《检验检测机构资质认定能力评价　检验检测机构通用要求》（RB/T 214—2017）和《环境监测质量管理技术导则》（HJ 630—2011）的有关内容执行。采样人员必须通过岗前培训，考核合格后方可上岗，切实掌握地下水采样技术，熟知采样器具的使用和样品固定、保存和运输条件等。

4.5.2　采样质量控制

（1）采样人员应了解采样任务的目的和要求，了解采样点周围环境，熟悉地下水采样技术、样品容器的洗涤和样品保存方法，掌握采样器具及现场检测仪器使用方法，熟悉采样质量保证措施、程序和方法。采样人员应经培训合格后方可上岗。

（2）采样小组宜由 2 名以上采样人员组成。一般无机检测样品采样小组由 2 人组成，有机检测样品采样小组由 3 人组成。

（3）采样小组由器具操作员、样品灌装员和记录员组成，采样小组成员之间既有分工、又有合作。

（4）采样过程中采样人员不应有影响采样质量的行为，如使用化妆品，在采样、样品分装、样品密封时吸烟等。采样车辆应停放在采样点下风向 50m 以外。

（5）采样器具应按检定规程或校（检）验方法校准，并处于有效工作状态。

（6）采样器具材质应符合《地下水环境监测技术规范》（HJ 164—2020）的要求。

（7）采样器具应避免接触任何污染源。

（8）井中采样前应彻底清洗井口和井口管。

（9）样品采取后应在现场根据所测项目的保存要求，及时添加样品保存剂。

（10）样品采取后，应及时将样品容器盖紧、密封，贴好标签，做好现场采样记录。

（11）采用胶带或封口膜等密封样品容器时，应先用吸水纸、毛巾等使容器表面保持干燥，然后用胶带或封口膜等缠紧容器口，粘贴标签时，也应先擦除样品容器表面的水渍，以防储运过程中容器盖松动、标签掉落等。

（12）采样前，采样器具和样品容器应按不少于 3% 的比例进行质量抽检，抽检合格后方可使用；保存剂应进行空白试验，其纯度和等级须达到分析的要求。

（13）每批次水样应选择部分监测项目根据分析方法的质控要求加采不少于 10% 的现场平行样和全程序空白样，样品数量较少时，每批次水样至少加采 1 次现场平行样和全程序空白样，与样品一起送实验室分析。

（14）当现场平行样测定结果差异较大，或全程序空白样测定结果大于方法检出限时，应仔细检查原因，以消除现场平行样差异较大、空白值偏高的因素，必要时重新采样。

（15）采样过程中，每个步骤和程序都应进行自检和互检。

（16）每批样品应选择部分检测项目加采现场平行样和现场空白样，与样品一起送实验室检测。

（17）对检测 NO_3^-、半挥发性有机物组分的样品，每 20 个样品取平行样一组（取双份）、空白样一组、加标样一组；不足 20 个样品时，取平行样一组、空白样一组、加标样一组。

（18）现场空白样应在采样现场以纯水做样品，按检测项目的采取方法和要求，与样品同等条件下装瓶、保存、运输和送交实验室分析，通过现场空白样检验，掌握采样过程中操作步骤和环境条件对样品质量的影响。

（19）现场平行样应在同等条件下重复采取两个或多个完全相同的子样，送实验室分析，现场平行样主要反映采样现场与实验室的环境变化状况。

（20）现场加标样应取一组现场平行样，将实验室配制的一定浓度的被检测参数的标准溶液等量加入到其中一份已知体积的样品中，然后按采样要求处理，同时送实验室分析，获得的检测结果与实验室加标样对比，以掌握检测参数在采样、运输过程中的精确度变化情况。

4.5.3 实验室分析质量控制

1）实验室空白样品

对每批水样进行分析时，应同时测定实验室空白样品，当空白值明显偏高时，应仔细检查原因，以消除空白值偏高的因素，并重新分析。

2）校准曲线控制

（1）用校准曲线定量时，必须检查校准曲线的相关系数、斜率和截距是否正常，必要时进行校准曲线斜率、截距的统计检验和校准曲线的精密度检验。控制指标按照《环境监测分析方法标准制订技术导则》（HJ 168—2020）中的要求确定。

（2）校准曲线不得长期使用，不得相互借用。

（3）原子吸收分光光度法、气相色谱法、离子色谱法、等离子发射光谱法、原子荧光法、气相色谱–质谱法和等离子体质谱法等分析方法校准曲线的制作必须与样品测定同时进行。

　　3）精密度控制

　　精密度可采用分析平行双样相对偏差和一组测量值的标准偏差或相对标准偏差等来控制。监测项目的精密度控制指标按照《环境监测分析方法标准制订技术导则》（HJ 168—2020）中的要求确定。

　　平行双样可以采用密码或明码编入，每批水样分析时均须做 10%的平行双样，样品数较小时，每批样品应至少做一份样品的平行双样。

　　一组测量值的标准偏差和相对标准偏差的计算参照《环境监测分析方法标准制订技术导则》（HJ 168—2020）相关要求。

　　4）准确度控制

　　采用标准物质和样品同步测试的方法作为准确度控制手段，每批样品应带一个已知浓度的标准物质或质控样品。如果实验室自行配制质控样，要注意与国家标准物质比对，并且不得使用与绘制校准曲线相同的标准溶液配制，必须另行配制。

　　对于受污染的或样品性质复杂的地下水，也可采用测定加标回收率的方式作为准确度控制手段。相对误差和加标回收率的计算参照《环境监测分析方法标准制订技术导则》（HJ 168—2020）中的相关要求。

4.5.4　原始记录和监测报告的审核

　　地下水监测原始记录和监测报告执行三级审核制，第一级为采样或分析人员之间的相互校对，第二级为科室（或组）负责人的校核，第三级为技术负责人（或授权签字人）的审核签发。

4.5.5　实验室间质量控制

　　采用实验室能力验证、方法比对测试或质量控制考核等方式进行实验室间比对，证明各实验室监测数据的可比性。

4.6　采样安全防护与应急处置

　　（1）针对不同采样环境，采样前应就健康、安全和环境保护进行风险分析和危害识别，制定具体的风险控制措施。野外采样应两人以上，禁止单人进行野外采样作业。

　　（2）采样人员应按规定配备、使用劳动防护用品和应急救生用品（用具）。

　　（3）打开挥发性、半挥发性有机物容器盖，或封闭的地下水井（含监测井）井盖时，应采取措施。

　　（4）防止有毒、有害气体逸出对人体造成伤害。

　　（5）采样所用药剂应妥善管理，防止药剂泄漏危害身体健康或污染环境。

　　（6）采用药剂清洗样品容器时，洗涤后废水不得随意排放，应统一回收处理。

　　（7）采样井洗井排水（对耕地有污染的）不得随意排放，应集中处理达标后排放。

第5章 地下水环境质量评估

地下水质量（groundwater quality）是地下水的物理、化学和生物性质的总称。地下水兼具饮用水源和生态等功能，为保护和合理开发地下水资源，需对地下水质量作出科学可靠的评价。为反映人类活动和地下水本底环境对地下水水质的影响，提出地下水环境质量标准。我国 1993 年颁布的《地下水质量标准》（GB/T 14848—1993）以地下水形成背景为基础，适应当时的评价需要。2017 年颁布的《地下水质量标准》（GB/T 14848—2017）于 2018 年 5 月 1 日开始正式实施，它综合考虑了天然因素和人类污染对地下水水质的影响，所确定的分类限值充分考虑了人体健康基准和风险。

《地下水质量标准》（GB/T 14848—2017）规定了地下水质量分类、指标及限值，地下水质量调查与监测，地下水质量评价等内容，适用于地下水质量调查、监测、评价与管理。该标准将地下水质量指标划分为常规指标和非常规指标，并根据物理化学性质做了进一步细分，水质指标由 39 项增加至 93 项，其中有机污染指标增加了 47 项，无机化合物增加了硼、锑、银、铊；感官性状和一般理化指标增加了铝、硫化物和钠等。建立完善的地下水相关标准规范，对于加强地下水环境保护、保障地下水环境安全具有重要意义。

地下水调查评估是污染防治的依据，当前我国要重点围绕"一企一库（化学品生产企业、尾矿库）""两场两区（危险废物处置场、垃圾填埋场、化工产业为主导的工业集聚区、矿山开采区）"全面开展地下水环境状况调查评估，查清各类污染源基本信息、污染因子、范围、程度、趋势等，评估地下水环境风险，为风险防控、修复治理打好基础。

5.1 我国地下水环境质量标准体系

5.1.1 地下水环境质量标准框架

地下水环境质量标准包括两个部分，一是地下水质量标准，用于地下水质量评价；二是地下水污染评价标准，用于地下水污染评价。前者依据《地下水质量标准》（GB/T 14848—2017），后者我国目前尚没有规范、统一的方法。

地下水环境质量标准框架见图 5.1-1。

5.1.2 地下水质量分类及指标

《地下水质量标准》（GB/T 14848—2017）依据我国地下水水质现状、人体健康基准值及地下水质量保护目标，参照生活饮用水、工业、农业用水水质最高要求，规定了地下水的质量分类、指标及限值，具体如下。

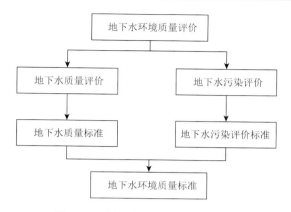

图 5.1-1 地下水环境质量标准框架

1. 地下水质量分类

Ⅰ类：地下水化学组分含量低，适用于各种用途。

Ⅱ类：地下水化学组分含量较低，适用于各种用途。

Ⅲ类：地下水化学组分含量中等，以《生活饮用水卫生标准》（GB 5749—2022）为依据，主要适用于集中式生活饮用水水源及工农业用水。

Ⅳ类：地下水化学组分含量较高，以农业和工业用水质量要求以及一定水平的人体健康风险为依据，适用于农业和部分工业用水，适当处理后可作生活饮用水。

Ⅴ类：地下水化学组分含量高，不宜作为生活饮用水水源，其他用水可根据使用目的选用。

2. 地下水质量指标及限值

地下水质量指标分为常规指标和非常规指标，其分类及限值分别见表 5.1-1 和表 5.1-2。

表 5.1-1 地下水常规检测指标及限值

序号	指标	Ⅰ类	Ⅱ类	Ⅲ类	Ⅳ类	Ⅴ类
		感官性状及一般化学指标				
1	色（铂钴色度单位）	≤5	≤5	≤15	≤25	>25
2	嗅和味	无	无	无	无	有
3	浑浊度/NTU[①]	≤3	≤3	≤3	≤10	>10
4	肉眼可见物	无	无	无	无	有
5	pH		$6.5 \leqslant pH \leqslant 8.5$		$5.5 \leqslant pH < 6.5$ $8.5 < pH \leqslant 9.0$	$pH < 5.5$ 或 $pH > 9.0$
6	总硬度（以 $CaCO_3$ 计）/(mg/L)	≤150	≤300	≤450	≤650	>650
7	溶解固体总量/(mg/L)	≤300	≤500	≤1000	≤2000	>2000
8	硫酸盐/(mg/L)	≤50	≤150	≤250	≤350	>350
9	氯化物/(mg/L)	≤50	≤150	≤250	≤350	>350

续表

序号	指标	I 类	II 类	III 类	IV 类	V 类
10	铁/(mg/L)	≤0.1	≤0.2	≤0.3	≤2.0	>2.0
11	锰/(mg/L)	≤0.05	≤0.05	≤0.10	≤1.50	>1.50
12	铜/(mg/L)	≤0.01	≤0.05	≤1.00	≤1.50	>1.50
13	锌/(mg/L)	≤0.05	≤0.5	≤1.00	≤5.00	>5.00
14	铝/(mg/L)	≤0.01	≤0.05	≤0.20	≤0.50	>0.50
15	挥发性酚类(以苯酚计)/(mg/L)	≤0.001	≤0.001	≤0.002	≤0.01	>0.01
16	阴离子表面活性剂/(mg/L)	不得检出	≤0.1	≤0.3	≤0.3	>0.3
17	耗氧量(COD_{Mn}法，以 O_2 计)/(mg/L)	≤1.0	≤2.0	≤3.0	≤10.0	>10.0
18	氨氮(以 N 计)/(mg/L)	≤0.02	≤0.10	≤0.50	≤1.50	>1.50
19	硫化物/(mg/L)	≤0.005	≤0.01	≤0.02	≤0.10	>0.10
20	钠/(mg/L)	≤100	≤150	≤200	≤400	>400
	微生物指标					
21	总大肠菌群/(MPN[2]/100mL 或 CFU[3]/100mL)	≤3.0	≤3.0	≤3.0	≤100	>100
22	菌落总数/(CFU/mL)	≤100	≤100	≤100	≤1000	>1000
	毒理学指标					
23	亚硝酸盐(以 N 计)/(mg/L)	≤0.01	≤0.10	≤1.00	≤4.80	>4.80
24	硝酸盐(以 N 计)/(mg/L)	≤2.0	≤5.0	≤20.0	≤30.0	>30.0
25	氰化物/(mg/L)	≤0.001	≤0.01	≤0.05	≤0.1	>0.1
26	氟化物/(mg/L)	≤1.0	≤1.0	≤1.0	≤2.0	>2.0
27	碘化物/(mg/L)	≤0.04	≤0.04	≤0.08	≤0.50	>0.50
28	汞/(mg/L)	≤0.0001	≤0.0001	≤0.001	≤0.002	>0.002
29	砷/(mg/L)	≤0.001	≤0.001	≤0.01	≤0.05	>0.05
30	硒/(mg/L)	≤0.01	≤0.01	≤0.01	≤0.1	>0.1
31	镉/(mg/L)	≤0.0001	≤0.001	≤0.005	≤0.01	>0.01
32	铬(六价)/(mg/L)	≤0.005	≤0.01	≤0.05	≤0.10	>0.10
33	铅/(mg/L)	≤0.005	≤0.005	≤0.01	≤0.10	>0.10
34	三氯甲烷/(μg/L)	≤0.5	≤6	≤60	≤300	>300
35	四氯化碳/(μg/L)	≤0.5	≤0.5	≤2.0	≤50.0	>50.0
36	苯/(μg/L)	≤0.5	≤1.0	≤10.0	≤120	>120
37	甲苯/(μg/L)	≤0.5	≤140	≤700	≤1400	>1400
	放射性指标[4]					
38	总 α 放射性/(Bq/L)	≤0.1	≤0.1	≤0.5	>0.5	>0.5
39	总 β 放射性/(Bq/L)	≤0.1	≤1.0	≤1.0	>1.0	>1.0

注：①NTU 为散射浊度单位；②MPN 表示最可能数；③CFU 为菌落形成单位；④放射性指标超过指导值，应进行核素分析和评价。

表 5.1-2 地下水质量非常规指标及限值

序号	指标	I 类	II 类	III 类	IV 类	V 类
			毒理学指标			
1	铍/(mg/L)	≤0.0001	≤0.0001	≤0.002	≤0.06	>0.06
2	硼/(mg/L)	≤0.02	≤0.10	≤0.50	≤2.00	>2.00
3	锑/(mg/L)	≤0.0001	≤0.0005	≤0.005	≤0.01	>0.01
4	钡/(mg/L)	≤0.01	≤0.10	≤0.70	≤4.00	>4.00
5	镍/(mg/L)	≤0.002	≤0.002	≤0.02	≤0.10	>0.10
6	钴/(mg/L)	≤0.005	≤0.005	≤0.05	≤0.10	>0.10
7	钼/(mg/L)	≤0.001	≤0.01	≤0.07	≤0.15	>0.15
8	银/(mg/L)	≤0.001	≤0.01	≤0.05	≤0.10	>0.10
9	铊/(mg/L)	≤0.0001	≤0.0001	≤0.0001	≤0.001	>0.001
10	二氯甲烷/(μg/L)	≤1	≤2	≤20	≤500	>500
11	1,2-二氯乙烷/(μg/L)	≤0.5	≤3.0	≤30.0	≤40.0	>40.0
12	1,1,1-三氯乙烷/(μg/L)	≤0.5	≤400	≤2000	≤4000	>4000
13	1,1,2-三氯乙烷/(μg/L)	≤0.5	≤0.5	≤5.0	≤60.0	>60.0
14	1,2-二氯丙烷/(μg/L)	≤0.5	≤0.5	≤5.0	≤60.0	>60.0
15	三溴甲烷/(μg/L)	≤0.5	≤10.0	≤100	≤800	>800
16	氯乙烯/(μg/L)	≤0.5	≤0.5	≤5.0	≤90.0	>90.0
17	1,1-二氯乙烯/(μg/L)	≤0.5	≤3.0	≤30.0	≤60.0	0.09<
18	1,2-二氯乙烯/(μg/L)	≤0.5	≤5.0	≤50.0	≤60.0	0.09<
19	三氯乙烯/(μg/L)	≤0.5	≤7.0	≤70.0	≤210	>210
20	四氯乙烯/((μg/L)	≤0.5	≤4.0	≤40.0	≤300	>300
21	氯苯/(μg/L)	≤0.5	≤60.0	≤300	≤600	>600
22	邻二氯苯/(μg/L)	≤0.5	≤200	≤1000	≤2000	>2000
23	对二氯苯/(μg/L)	≤0.5	≤30.0	≤300	≤600	>600
24	三氯苯(总量)/(μg/L)[①]	≤0.5	≤4.0	≤20.0	≤180	>180
25	乙苯/(μg/L)	≤0.5	≤30.0	≤300	≤600	>600
26	二甲苯(总量)/(μg/L)[②]	≤0.5	≤100	≤500	≤1000	>1000
27	苯乙烯/(μg/L)	≤0.5	≤2.0	≤20.0	≤40.0	>40.0
28	2,4-二硝基甲苯/(μg/L)	≤0.1	≤0.5	≤5.0	≤60.0	0.09<
29	2,6-二硝基甲苯/(μg/L)	≤0.1	≤0.5	≤5.0	≤30.0	>30.0
30	萘/(μg/L)	≤1	≤10	≤100	≤600	>600
31	蒽/(μg/L)	≤1	≤360	≤1800	≤3600	>3600

续表

序号	指标	Ⅰ类	Ⅱ类	Ⅲ类	Ⅳ类	Ⅴ类
32	荧蒽/((μg/L)	≤1	≤50	≤240	≤480	>480
33	苯并(b)荧蒽/(μg/L)	≤0.1	≤0.4	≤4.0	≤8.0	>8.0
34	苯并(a)芘/(μg/L)	≤0.002	≤0.002	≤0.01	≤0.50	>0.50
35	多氯联苯(总量)/(μg/L)③	≤0.05	≤0.05	≤0.50	≤10.0	>10.0
36	邻苯二甲酸二(2-乙基己基)酯/(μg/L)	≤3	≤3	≤8.0	≤300	>300
37	2, 4, 6-三氯酚/(μg/L)	≤0.05	≤20.0	≤200	≤300	>300
38	五氯酚/(μg/L)	≤0.05	≤0.90	≤9.0	≤18.0	>18.0
39	六六六(总量)/(μg/L)④	≤0.01	≤0.50	≤5.00	≤300	>300
40	γ-六六六(林丹)/(μg/L)	≤0.01	≤0.20	≤2.00	≤150	>150
41	滴滴涕(总量)/(μg/L)⑤	≤0.01	≤0.10	≤1.00	≤2.00	>2.00
42	六氯苯/(μg/L)	≤0.01	≤0.10	≤1.00	≤2.00	>2.00
43	七氯/(μg/L)	≤0.01	≤0.04	≤0.40	≤0.80	>0.80
44	2, 4-滴/(μg/L)	≤0.1	≤6.0	≤30.0	≤150	>150
45	克百威/(μg/L)	≤0.05	≤1.40	≤7.00	≤14.0	>14.0
46	涕灭威/(μg/L)	≤0.05	≤0.60	≤3.00	≤30.0	>30.0
47	敌敌畏/(μg/L)	≤0.05	≤0.10	≤1.00	≤2.00	>2.00
48	甲基对硫磷/(μg/L)	≤0.05	≤4.00	≤20.0	≤40.0	>40.0
49	马拉硫磷/(μg/L)	≤0.05	≤25.0	≤250	≤500	>500
50	乐果/(μg/L)	≤0.05	≤16.0	≤80.0	≤160	>160
51	毒死蜱/(μg/L)	≤0.05	≤6.00	≤30.0	≤60.0	>60.0
52	百菌清/(μg/L)	≤0.05	≤1.00	≤10.0	≤150	>150
53	莠去津/(μg/L)	≤0.05	≤0.40	≤2.00	≤600	>600
54	草甘膦/(μg/L)	≤0.1	≤140	≤700	≤1400	>1400

注：①三氯苯（总量）为1, 2, 3-三氯苯、1, 2, 4-三氯苯、1, 3, 5-三氯苯 3 种异构体加和；②二甲苯（总量）为邻二甲苯、间二甲苯、对二甲苯 3 种异构体加和；③多氯联苯（总量）为 PCB28、PCB52、PCB101、PCB118、PCB138、PCB153、PCB180、PCB194、PCB206 9 种多氯联苯单体加和；④六六六（总量）为 α-六六六、β-六六六、λ-六六六、δ-六六六 4 种异构体加和；⑤滴滴涕（总量）为 o, p'-滴滴涕、p, p'-滴滴伊、p, p'-滴滴滴、p, p'-滴滴涕 4 种异构体加和。

5.2　地下水环境质量调查方法

地下水基础环境状况调查应在充分收集利用已有资料的基础上，以地面调查为主，根据任务需要，结合调查精度、工作目的等，配合不同的勘探、监测分析。

1）遥感技术

在区域调查中，宜选用专题绘图仪（thematic mapper，TM）和环境卫星遥感数据，用于区分地貌类型、地质构造、水体、地下水溢出带、土地利用变化等。在场地调查中，宜选用高分辨率卫星和航空遥感数据，用于识别点、线、面污染源，如城市垃圾和工业固体废物的堆放及规模，城市建设发展变化和工业布局等的调查。

2）地面调查

地面调查要查明导致地下水污染的发生源（包括人为污染源和自然污染源，人为污染源又包括点源、线源和面源）的类型、污染物的特征和主要组成、污染物的排放方式、排放强度和空间分布、污染物接纳场所的特征（包括废水排放去向、接纳废水和固体废弃物的场所及特征）、水的利用情况及废水处理状况等；了解与受污染地下水有水力联系的地表水污染情况，包括主要污染物及其分布、污染程度和污染范围等。

地面调查优先采用已有污染源普查资料、土壤污染状况调查资料，辅助开展实地取样检测。

3）地球物理勘探

地球物理勘探方法在重点区调查和专题研究中用于调查人类活动频繁区域的地质、水文地质条件和地下水污染空间分布特征。在一定条件下，可利用地球物理勘探技术，探明地下管道，初步识别土壤或地下水污染物的分布情况，为监测点布设方案的设计提供依据。

4）水文地质钻探

水文地质钻探钻孔设置要求目的明确，尽量一孔多用，如水样和/或岩（土）样采取、试验等，项目结束后应留作监测孔。对新打钻孔要保存相应的土样，如发现污染物质则应对土样及时进行补充分析。

5）分析测试

承担地下水基础环境调查评价样品测试工作的实验室应具有国家或省级质量技术监督部门的计量认证资质。

6）地下水污染动态监测

在地下水基础环境状况调查过程中，应及时分析地下水污染调查结果，全面掌握地下水环境状况，提出地下水水源、污染来源和区域环境监测网优化方案，开展地下水连续动态环境监测，建立环保、国土和水利的地下水动态长效联合监测机制。地下水环境监测网点部署方案应在充分分析、掌握区域水文地质条件基础上，结合污染源类型、地下水污染现状、污染物特征、污染途径、污染影响等布设。

5.3 地下水调查评估技术路线

针对地下水型饮用水源、污染源的特征和潜在污染物特性，采用程序化和系统化的方式，规范地开展地下水环境状况调查评价，为地下水环境管理提供依据。同时综合考虑调查方法、时间和经费等因素，结合当前科技发展和专业技术水平，使调查评价过程切实可行，满足确定污染程度与范围，开展风险评估、风险管控和治理修复等工作需求。地下水环境质量评估技术路线见图 5.3-1。

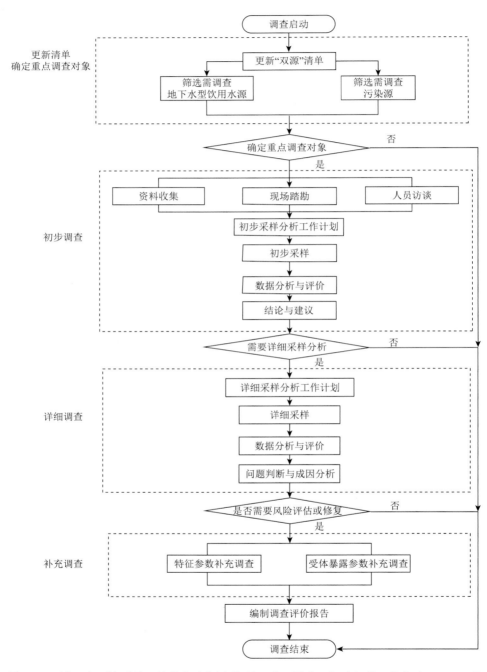

图 5.3-1　地下水环境质量评估技术路线图 [《地下水环境状况调查评价工作指南》（2019）]

5.6.2　现场踏勘

通过对调查对象的现场踏勘，确认资料信息是否准确，现场识别关注区域和周边环境信息，确定初步采样的布设点位等。

1. 确定踏勘范围

针对地下水型饮用水水源地保护区及补给区、重点工业企业、重点工业园区、重点危险废物处置场、储油库和重点加油站、规模化养殖场、高尔夫球场、垃圾填埋场和矿山开采区开展踏勘。地下水型饮用水水源地调查范围主要以保护区及水源地补给区为界，查明调查范围内可能存在的污染源；其他污染源重点调查对象调查范围主要考虑调查对象周边水文地质单元边界、地表分水岭、地表河流等，并结合现场实际情况综合确定。

2. 确定踏勘内容

现场踏勘内容见表 5.6-2，主要包括：①对现场的水文地质条件、水源和污染源（区）信息、井（泉）点信息、土地利用情况、人口结构、环境管理状况进行考察，确定是否与资料中一致；②调查对象周边环境敏感目标的情况，包括数量、类型、分布、影响、变更情况、保护措施及其效果；③调查对象地下水环境监测设备的状况，重点关注置放条件、深度以及地下水水位；④观察现场地形及周边环境，以确定是否可进行地质测量以及使用不同地球物理技术的条件适宜性；⑤调查水源地保护区及周边污染源情况，确定工业污染源、加油站、垃圾填埋场或临时堆放场、矿山开采区、危险废物处置场等可能产生有毒有害物质的设施或活动，包括污染源基本情况（类型、规模、时间）、管理情况（是否有环境管理机构、环境监测频次等）、污染物排放情况（废水、固体废物与占用土地情况）、污染物处理情况（处理设施规模与工艺、运行时间）等。

表 5.6-2　现场踏勘工作内容

序号	踏勘项目	具体内容
1	现场的水文地质条件	
2	现场的水源和污染源（区）信息	
3	现场的井（泉）点信息	确定是否与资料中一致
4	现场的土地利用情况	
5	现场的人口结构	
6	现场的环境管理状况	
7	调查对象周边环境敏感目标（需特殊保护地区、生态敏感与脆弱区和社会关注区等）的情况	确定其数量、类型、分布、影响、变更情况、保护措施及其效果
8	调查对象地下水环境监测设备的状况	重点关注置放条件、深度以及地下水水位

续表

序号	踏勘项目	具体内容
9	现场地形及周边环境	确定是否可进行地质测量以及使用不同地球物理技术的条件适宜性
10	水源地保护区及周边污染源情况	确定如工业污染源、加油站、垃圾填埋场或临时堆放场、矿山开采区、危险废物处置场等可能产生有毒有害物质的设施或活动，包括污染源基本情况（类型、规模、时间）、管理情况（是否有环境管理机构、环境监测频次等）、污染物排放情况（废水、固体废物与占用土地情况）、污染物处理处置情况（处理设施规模与工艺、运行时间）等。

3. 设计踏勘路线

通过前期对资料的收集整理，挑选需要现场调查的对象，设计合理的踏勘路线，避免漏项、重复。

4. 识别关注区域

识别关注区域时应关注几种情况，包括污染物生产、储存及运输等重点设施、设备的完整情况，物料装卸等区域的维护状况，原料和产品堆放组织管理状况，车间、墙壁或地面存在污染的痕迹及变色情况，存在生长受抑制的植物，存在特殊的气味等，同时可采用现场快速筛查设备（X 射线荧光光谱分析仪、PID 气体探测器等）配合开展污染识别。

5.6.3　人员访谈

（1）访谈内容：应包括资料收集和现场踏勘所涉及的疑问确定，以及信息补充和已有资料的考证。

（2）访谈对象：受访者为场地现状或历史的知情人，应包括场地管理机构、地方政府和生态环境保护行政主管部门的人员，场地过去和现在各阶段的使用者，以及场地所在地或熟悉场地的第三方，如相邻场地的工作人员和附近的居民等。

（3）访谈方法：可采取当面交流、电话交流、填写电子或书面调查表等方式。

（4）内容整理：应对访谈内容进行整理，对照已有资料，对其中可疑处和不完善处进行核实和补充，作为调查报告的附件。可参照调查对象的基础信息表开展资料收集、综合分析、现场踏勘、人员访谈等工作。

5.6.4　初步调查工作计划

通过资料收集、现场踏勘，查明调查对象内存在的可能污染源，如工业污染源、加油站、垃圾填埋场、矿山开采区等可能产生有毒有害物质的设施或活动，以及由于资料缺失等无法排除无污染时，将其作为潜在污染调查对象开展初步采样分析工作。

制订初步采样分析工作计划，内容包括核查已有信息、判断污染物的可能分布、制类指标＞第一类指标。指标超标时的环境风险越高，评价时应越重视。

水质指标分类法根据不同指标对地下水水质的不同影响而对它们进行分类，确定各个指标的权重，并建立新的地下水水质评价模型，这对进一步完善地下水质量评价具有一定的意义。

2. 基于分类量权的地下水水质评价模型

设有 m 项评价指标的 n 个待评价的环境样本所组成的评价指标数列为

$$X_j = \left\{ X_j(i) \mid i = 1, 2, \cdots, m; \, j = 1, 2, \cdots, n \right\} \tag{5.9-22}$$

$$X_h = \left\{ X_h(i) \mid i = 1, 2, \cdots, m; \, h = 1, 2, \cdots, t \right\} \tag{5.9-23}$$

1）数据预处理

《地下水质量标准》（GB/T 14848—2017）将地下水按照用途划分为 5 个等级，每一项评价指标有 4 个分级界限值。近年来在评价中常常将超标极为严重的五类水体称为"劣 V 类"水体，为反映实际情况，本模型将每个指标增设第五个分级界限值，将五类水体分成一般 V 类水体和劣 V 类水体。由于各指标测量数据在数量级别和量纲上差别很大，采用线性等效变换来处理各个数据，将各个测量值转化成 0～100 的指数，五个分级界限值对应的指数如表 5.9-1 所示。

表 5.9-1　地下水质量分级界限指数

分级界限值	I 类	II 类	III 类	IV 类	V 类
对应指数	20	40	60	80	100

设实测指标值 $X_j(i)$ 处于第 $h-1$ 级和第 h 级之间，将各个实测指标值 $X_j(i)$ 按照式（5.9-24）转化成单项评价指数，即

$$Y_j(i) = \frac{X_j(i) - X_{h-1}(i)}{X_h(i) - X_{h-1}(i)} \times 20 + I_{h-1}(i) \tag{5.9-24}$$

式中，$Y_j(i)$ 为指标 i 实测值 $X_j(i)$ 等效转化的单项指数值；$I_{h-1}(i)$ 为指标 i 第 $h-1$ 级标准单项指数值（$I_0 = 0$，$I_1 = 20$，$I_2 = 40$，$I_3 = 60$，$I_4 = 80$，$I_5 = 100$）；$X_h(i)$、$X_{h-1}(i)$ 为指标 i 第 $h-1$、h 级标准浓度值；$X_j(i)$ 为样本 j 的指标 i 实测浓度值。

通常 $Y_j(i)$ 的值为 0～100。单项指标 $Y_j(i)$ 和对应的级别如表 5.9-2 所示，单项评价指数越大，水体污染越严重。

表 5.9-2　地下水质量分级的指标界限区间

水质级别	I 类	II 类	III 类	IV 类	V 类	劣 V 类
$Y_j(i)$值区间	$Y_j(i) \leqslant 20$	$20 < Y_j(i) \leqslant 40$	$40 < Y_j(i) \leqslant 60$	$60 < Y_j(i) \leqslant 80$	$80 < Y_j(i) \leqslant 100$	$Y_j(i) > 100$
Q 值区间	$Q \leqslant 20$	$20 < Q \leqslant 40$	$40 < Q \leqslant 60$	$60 < Q \leqslant 80$	$80 < Q \leqslant 100$	$Q > 100$

2）建立评价模型

根据本书水质指标的分类，第一类指标的权重采用美国的双指数低通互信息（double exponential low pass mutual information，DELPMI）法确定，在第一类指标之间进行加权叠加确定第一类评价指数 Q_1。第二类指标各指标之间联系较大，采用最大值和算术平均值相结合的数学加权叠加确定第二类评价指数 Q_2。各个指标的最大值赋权 0.75，平均值赋权 0.25。最大值可以突出最大污染指标的主要作用，平均值可以消除测量数据中的失真数据。第三类指标采用单项评价指数最大的指标指数作为该类的评价指数 Q_3。将三类评价指数 Q_1、Q_2、Q_3 中最大的指数作为水质的综合评价指数 Q，并把三类的评价指数 Q_1、Q_2、Q_3 和水质的综合评价指数 Q 作为评价水质的 4 个参数。

综合评价指数 Q 和相应的水质级别见表 5.9-2。为了衡量水体在所属级别环境容量下污染物的负载程度，用式（5.9-25）确定水体的级别负载度 I。当第 j 个环境样本经以上步骤被评为 h 级时，它的级别负载度 I 为

$$I = \frac{1}{n}\sum_{i=1}^{n}Y_j(i)\,/\,I_{h-1}(i) \quad (i=1,2,\cdots,n) \tag{5.9-25}$$

式中，$Y_j(i)$ 表示 j 样本各指标中超过 $h-1$ 级准值 I_{h-1} 的指标；n 表示 j 样本各指标中超过 $h-1$ 级准值 $I_{(h-1)}$ 的指标数目。

I 取值范围为 $1 \leq I < 2$。通常，h 级的水体仅有部分指标超过 $h-1$ 级准值，这些超标的指标对水质分级起主要作用，级别负载度表征了主要超标指标对水质的污染程度。

模型的评价结果由 5 个参数组成：Q_1、Q_2、Q_3、Q 和 I，参数 Q_1、Q_2、Q_3 表征了水体中各类污染指标的分布情况。参数 Q 是水质的综合评价指数，表征了水质的综合评价情况。Q 值的计算采用类间综合法，反映水质的综合情况。根据《地下水质量标准》（GB/T 14848—2017）和模型的原理，Ⅰ类水体的 $Q \leq 20$，代表了水体组分在天然背景含量下的综合指数；Ⅱ类水体 $20 < Q \leq 40$，代表水体组分在天然背景含量下的综合指数，因此，Q 值可以确定水质偏离自然状态的程度，定量估算人类活动对地下水的影响程度。参数 I 表征相应级别环境容量的地下水负载污染物的程度，也表征水体用于该级别功能时的安全程度。I 越接近 2，表明水体该级别环境容量的地下水负载污染物的程度越大，污染带来的环境压力也越大，使用该水体时安全性越差。

5.9.6　熵权属性识别评价法

熵权属性识别评价法由我国著名学者程乾生教授提出，在解决有序分割问题上具有显著的优越性。各指标的权重采用熵值法计算，该方法是在客观条件下，由评价指标值构成的判断矩阵来确定指标权重的一种方法，消除了各因素权重的主观性，评价结果比较符合实际。

1. 属性识别模型

1）建立指标分类标准矩阵

在研究对象空间 $\mathbf{X}$ 取 n 个样本 $x_1, x_2, \cdots, x_n$，对每个样本测量的 m 个指标为 $I_1, I_2, \cdots,$

I_m，第 i 个样本 x_i 的第 j 个指标 I_j 的测量值为 x_{ij}，因此，第 i 个样本 x_i 可表示为一个向量 $\boldsymbol{x}_i = (x_{i1}, x_{i2}, \cdots, x_{im})$，$(i = 1, 2, \cdots, n)$。设 $\mathbf{F}$ 为 $\mathbf{X}$ 上某类属性空间，（$\mathbf{C}_1, \mathbf{C}_2, \cdots, \mathbf{C}_K$）为属性空间 $\mathbf{F}$ 的有序分割类，且满足 $\mathbf{C}_1 > \mathbf{C}_2 > \cdots > \mathbf{C}_K$。因每个指标的分类标准已知，故写成分类标准矩阵为

$$(\mathbf{C}_1, \quad \mathbf{C}_2, \quad \cdots, \mathbf{C}_K) =$$

$$\begin{array}{c} I_1 \\ I_2 \\ \vdots \\ I_m \end{array} \begin{bmatrix} a_{11} & a_{12} & \cdots & a_{1K} \\ a_{21} & a_{22} & \cdots & a_{2K} \\ \vdots & \vdots & & \vdots \\ a_{m1} & a_{m2} & \cdots & a_{mK} \end{bmatrix} \qquad （5.9\text{-}26）$$

式中，a_{jk} 满足 $a_{j1} < a_{j2} < \cdots < a_{jk}$ 或 $a_{j1} > a_{j2} > \cdots > a_{jk}$。

2）样本属性测度的计算步骤

计算第 i 个样本第 j 个指标值具有属性 $\mathbf{C}_1$ 的属性测度 $\mu_{ijl} = \mu(x_{ij} \in \mathbf{C}_1)(l = 1, 2, \cdots, K)$。不妨假设 $a_{j1} < a_{j2} < a_{j3} < \cdots < a_{jK}$，则当 $x_{ij} \leqslant a_{i1}$ 时，取 $\mu_{ij1} = 1$，$\mu_{ij2} = \cdots = \mu_{ijk} = 0$；当 $x_{ij} \geqslant a_{iK}$ 时，取 $\mu_{ijK} = 1$，$\mu_{ij1} = \cdots = \mu_{ijK-1} = 0$；当 $a_{i1} \leqslant x_{ij} \leqslant a_{i1+1}$ 时，取

$$\mu_{ijl} = \left| \frac{x_{ij} - a_{jl+1}}{a_{jl} - a_{jl+1}} \right|, \quad \mu_{ijl+1} = \left| \frac{x_{ij} - a_{jl}}{a_{jl} - a_{jl+1}} \right| (\mu_{ijl} = 0, \quad k < 1 \text{ 或 } k > l + 1)$$

计算第 i 个样本 x_i 的属性测度 $\mu_{il} = \mu(x_i \in \mathbf{C}_1)$。共有 m 个指标，每个指标的重要程度可能不同，因此需考虑各指标的权重（$\omega_1, \omega_2, \cdots, \omega_m$）（$\omega_j \geqslant 0$，$\sum\limits_{j=1}^{m} \omega_j = 1$）。由指标权重计算出第 i 个样本 x_i 具有属性 $\mathbf{C}_2$ 的属性测度为

$$\mu_{il=} \sum_{j=1}^{m} \omega_j \mu_{ijl} \quad (i = 1, 2, \cdots, n; \ j = 1, 2, \cdots, K) \qquad （5.9\text{-}27）$$

3）置信度识别准则

当 $\mathbf{C}_1 > \mathbf{C}_2 > \cdots > \mathbf{C}_K$ 时，$k_0 = \min\left\{ k : \sum\limits_{l=1}^{k} \mu_{il}(C_l) \geqslant \lambda, l = 1, 2, \cdots, K \right\}$，认为 x 属于 $\mathbf{C}_{k0}$ 类。该准则从"强"的角度考虑，即认为越"强"越好，且"强"的类应占相当大的比例。λ 为置信度，通常取值范围为 $0.5 < \lambda < 1.0$，一般取 $0.6 \sim 0.7$。

4）评分准则

可用分数表示属性集 $\mathbf{C}_i$ 之间的强弱关系，即强属性集的分数比弱属性集的大。设属性集 $\mathbf{C}_1$ 的分数为 n_1，当 $\mathbf{C}_1 > \mathbf{C}_2 > \cdots > \mathbf{C}_K$ 时，$n_1 > n_2 > \cdots > n_K$，通常取 $n_i = K + 1 - i$[表示有序分割类（$\mathbf{C}_1, \mathbf{C}_2, \cdots, \mathbf{C}_K$）中类别的重要性是等间隔下降的]。可用式（5.9-28）表示 x 的分数 q_x

$$q_x = \sum_{i=1}^{K} n_l \mu_{il}(C_l) \qquad （5.9\text{-}28）$$

若 $q_{x1} > q_{x2}$，则认为 x_1 比 x_2 强，记为 $x_1 > x_2$。

2. 熵权法确定权重值

设有 n 个待评价的样本，每个样本用 m 个评价指标来描述，则所有样本的指标特征值矩阵 $X = (x_{ij})m \times n(i = 1, 2, \cdots, m; j = 1, 2, \cdots, n)$。对特征值矩阵进行归一化处理，效益型为

$$r_{ij} = \left[X_{ij} - \inf(X_{ij}) \right] \Big/ \left[\sup(X_{ij}) - \inf(X_{ij}) \right]$$　　　　（5.9-29）

成本型为

$$r_{ij} = \left[\sup(X_{ij}) - X_{ij} \right] \Big/ \left[\sup(X_{ij}) - \inf(X_{ij}) \right]$$　　　　（5.9-30）

式中，$\sup(X_{ij})$，$\inf(X_{ij})$ 分别为同一指标下不同方案的指标值 X_{ij} 中的最大值和最小值。

对 n 个待评价样本的 m 个评价指标，按传统的熵概念可定义指标的熵为

$$H_i = -\frac{1}{\ln n} \sum_{j=1}^{n} f_{ij} \ln f_{ij} \quad (i = 1, 2, \cdots, m; j = 1, 2, \cdots, n)$$　　　　（5.9-31）

$$f_{ij} = r_{ij} \Big/ \sum_{j=1}^{n} r_{ij} \quad (i = 1, 2, \cdots, m; j = 1, 2, \cdots, n)$$　　　　（5.9-32）

当 $r_{ij} = 0$ 时 $\ln f_{ij}$ 无意义。为了不悖于熵的含义，使 $\ln f_{ij}$ 有意义，将 f_{ij} 修正为

$$f_{ij} = \left(1 + r_{ij}\right) \Big/ \sum_{j=1}^{n} \left(1 + r_{ij}\right) \quad (i = 1, 2, \cdots, m; j = 1, 2, \cdots, n)$$　　　　（5.9-33）

因此，第 i 个评价指标的熵权 X_i 为

$$X_i = \left(1 - H_i\right) \Big/ \sum_{i=1}^{m} \left(1 - H_i\right) \quad (i = 1, 2, \cdots, m)$$　　　　（5.9-34）

5.10　成果报告编制

1. 清单整理和分析

对收集的"双源"清单进行分析、总结和评价，内容主要包括双源总体情况、重点污染源基础信息、监测井信息、水质监测状况和主要污染指标等信息。

2. 编制初步调查评价报告

1）报告内容和格式

对初步调查过程和结果进行分析、总结和评价，内容主要包括初步调查的概述、调查对象描述、资料分析、现场踏勘、初步采样监测点布设、样品采集、实验室分析、质量控制、检测结果分析、调查结论与建议。

2）结论和建议

明确调查对象及周边地下水污染区域，分析调查对象信息，包括地下水类型、水文地质条件、现场和实验室检测数据，初步确定地下水污染物种类、浓度和空间分布等，分析调查过程中遇到的限制和欠缺信息对调查工作和结果的影响。在此基础上，提出对详细调查的建议。

初步调查成果报告大纲可参见如下。

初步调查评价报告编制大纲

1 前言
2 概述
  2.1 调查目的和原则
  2.2 调查范围
  2.3 调查依据
  2.4 调查方法
3 调查区概况
  3.1 区域环境概况
  3.2 水源补给区内污染源或周边敏感点
  3.3 调查区的现状和历史
  3.4 相邻区域现状和历史
  3.5 调查区土地利用规划
4 资料分析
  4.1 政府和权威机构资料收集和分析
  4.2 调查对象及周边资料收集和分析
  4.3 其他资料收集和分析
5 现场踏勘和人员访谈
  5.1 有毒有害物质的储存、使用和处置情况分析
  5.2 各类槽罐内的物质和泄漏评价
  5.3 固体废物和危险废物的处理评价
  5.4 管线、沟渠泄漏评价
  5.5 与污染物迁移有关的环境因素分析
  5.6 其他
6 工作计划
  6.1 资料分析
  6.2 初步采样计划
  6.3 分析检测方案
  6.4 详细日程安排

　　　6.5　健康与安全保障措施
　7　现场初步采样和实验室分析
　　　7.1　现场探测方法和程序
　　　7.2　采样方法和程序
　　　7.3　实验室分析
　　　7.4　质量保证和质量控制
　8　结果和评价
　9　结论与建议
　10　附件（地理位置图、平面布置图、初步采样布点图、地下水污染分布图、实验室报告、现场记录照片等）

　　3.　编制详细调查/补充调查评价报告

　　1）报告内容和格式
　　对详细调查/补充调查过程和结果进行分析、总结和评价，主要内容包括工作计划、现场采样和实验室分析、调查质控、数据评估和结果分析、结论和建议、附件。详细调查/补充调查评价报告编制大纲如下。

详细调查/补充调查评价报告编制大纲

　1　前言
　2　概述
　　　2.1　调查目的和原则
　　　2.2　调查范围
　　　2.3　调查依据
　　　2.4　调查方法
　3　调查区概况
　　　3.1　区域环境状况
　　　3.2　水源补给区内污染源或周边敏感点
　　　3.3　调查区现状和历史
　　　3.4　初步环境调查总结
　4　工作计划
　　　4.1　补充资料分析
　　　4.2　详细/补充采样计划
　　　4.3　分析检测方案
　　　4.4　详细日程安排
　　　4.5　健康与安全保障措施

5 现场详细/补充采样和实验室分析

　5.1 采样方法和程序

　5.2 实验室分析

　5.3 质量保证和质量控制

6 结果和评价

　6.1 地质和水文地质条件

　6.2 分析检测结果

　6.3 地下水污染特征分析和评价

　6.4 地下水污染问题和成因分析

7 结论与建议

8 附件

　8.1 附表

　8.2 附图（采样点分布图、水文地质平面/剖面图、地下水等值线图、地下水污染羽二维/三维空间分布图等）

　8.3 其他

2）结论和建议

根据详细布点采样，进一步明确调查区水文地质条件，根据地下水和土壤监测结果进行统计分析，明确地下水污染物种类、浓度和空间分布，还应说明实际调查与计划工作内容的偏差及限制条件对结论的影响。若开展了补充调查，需要列出健康风险评估、风险管控和治理修复所需的地质和水文地质特征参数、暴露受体特征等。

5.11　案　例　分　析

1. 研究区概况

研究区位于海河流域子牙河水系滹沱河冲洪积扇，主要包括某市及其下属 6 区 17 个县。研究区面积约 6000km^2，地势平坦，地面标高由山前的 100m 降至扇缘的 50m 左右，地面坡降 0.25%～0.1%。研究区属暖温带半湿润半干旱大陆性季风气候区，1956～2002 年多年平均气温为 13.3℃，平均降水量为 531.4mm。降水量具有年内和年际变化不均匀的特点，6～8 月降水量占全年降水量的 70%～80%。包气带多由层状非均质黄色、黄褐色亚砂土、粉细砂、中粗砂及亚黏土组成，其下伏含水层为上更新统-全新统砂卵石层。研究区天然条件下地下水主要接受大气降水入渗补给，主要排泄方式为人工开采。

研究区是全国著名的工业中心及产粮基地。自 20 世纪 80 年代以来，工矿企业不断增多，并且大都建立在透水性好、水量充足的河流两岸，河床多为砂性土，大量工业及生活废水通过无防渗的沟渠排入河流，使得污染物连续渗漏，以直接或间接方式进入地下含水层，造成地下水特别是浅层地下水的污染。此外，随着农业生产的发展、人口的增长和人民生活水平的提高，对水资源的需求量越来越大，地下水的持续过量开采已经在局部地区形成了水位降落漏斗，地下水位的不断下降引发了一系列的环境地质问题，其中代表性的是水质变差、地面沉降等。

2. 评价数据来源

按照《区域地下水污染调查评价规范》（GZ/T 0288—2015）中相关要求，在太行山前滹沱河冲洪积扇平原区共采集地下水样品 508 个，样品测试单位为国土资源部地下水矿泉水及环境监测中心，平行样品测试单位为澳实分析检测（上海）有限公司，所有样品的采集和测试均进行了严格的质量控制。

3. 评价指标

评价指标共 50 项，详见表 5.11-1。

表 5.11-1　评价指标体系

分类	指标名称	
	有机指标（28 项）	无机指标（22 项）
常规指标（18 项）	三氯甲烷、四氯化碳	锰、铜、锌、氯离子、硫酸根离子、总硬度、溶解固体总量、耗氧量、砷、镉、铬、铅、汞、硒、氟离子、硝酸根离子
非常规指标（32 项）	1, 1, 1-三氯乙烷、三氯乙烯、四氯乙烯、二氯甲烷、1, 2-二氯乙烷、1, 1, 2-三氯乙烷、1, 2-二氯丙烷、溴二氯甲烷、一氯二溴甲烷、溴仿、氯乙烯、1, 1-二氯乙烯、1, 2-二氯乙烯、氯苯、邻二氯苯、对二氯苯、苯、甲苯、乙苯、二甲苯、苯乙烯、六六六（总量）、γ-六六六（林丹）、滴滴涕（总量）、六氯苯、苯并（a）芘	铵离子、钠、亚硝酸根、钡、钼、镍

4. 评价流程

（1）将滹沱河冲洪积扇 508 个采样点作为聚类样本（即 $i = 1, 2, \cdots, 508$），把 50 项评价指标作为聚类指标（即 $j = 1, 2, \cdots, 50$），按《地下水质量标准》（GB/T 14848—2017）可以分为 5 个灰类（即 $k = 1, 2, \cdots, 5$）。

（2）给出聚类白化数 X_{ij}。聚类白化数 X_{ij} 为各样品的测试结果，本书将各个采样点各项检测指标的实测值作为聚类白化数 X_{ij}。根据选取的分级标准，构造出白化函数。

Ⅰ 类水（即 $k = 1$）的白化函数为

$$Y_{ijk} = \begin{cases} 1, & (X_{ij} \leqslant C_{j1}) \\ \dfrac{C_{i2} - X_{ii}}{C_{j2} - C_{j1}}, & (C_{j1} < X_{ij} \leqslant C_{j2}) \\ 0, & (X_{ij} > C_{j2}) \end{cases} \tag{5.11-1}$$

Ⅱ 至 Ⅳ 类水（即 $k = 2, 3, 4$）的白化函数为

合规划期水资源配置对地下水开发利用、生态与环境保护要求，以水文地质单元的界线为基础划分地下水功能区，再以地级行政区的边界进行切割，作为地下水功能区的基本单元。

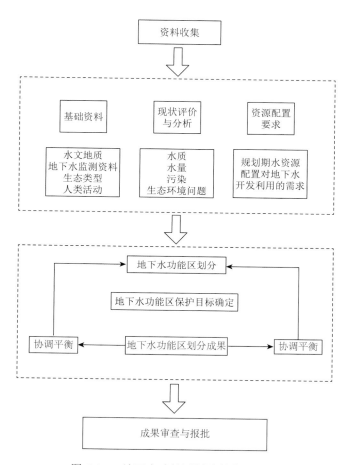

图 6.1-1　地下水功能区划分技术路线图

（4）根据水资源配置和生态环境保护的要求，确定各地下水功能区的具体开发利用和保护目标。

（5）填写地下水功能区划分成果表，绘制地下水功能区分布图。

（6）地下水功能区划分成果与流域和区域水资源配置以及相关规划成果协调平衡。

（7）编写地下水功能区划分的文字报告，进行成果审查与报批。

2. 划分体系

依据水利部发布的《大纲》，为便于流域机构和各级水行政主管部门对地下水资源进行分级管理和监督，根据区域地下水自然资源属性、生态与环境属性、经济社会属性和规划期水资源配置对地下水开发利用的需求以及生态与环境保护的目标要求，地下水功能区一般按二级进行划分。

地下水一级功能区划分为开发区、保护区和保留区 3 类，主要协调经济社会发展用水和生态环境保护的关系，体现国家对地下水资源合理开发利用和保护的总体部署。开发区是指地下水补给、赋存和开采条件良好，地下水水质满足开发利用的要求，当前及规划期内地下水以开发利用为主且在多年平均采补平衡条件下不会引发生态环境恶化现象的区域。保护区是指区域生态环境系统对地下水水位、水质变化和开采地下水较为敏感，地下水开采期间应始终保持地下水水位不低于其生态控制水位的区域。保留区是指当前及规划期内水量、水质和开采条件较差，开发利用难度较大或虽有一定的开发利用潜力但规划期内暂时不安排一定规模的开采，作为未来储备水源的区域。

在地下水一级功能区的框架内，根据地下水资源的主导功能，划分为 8 种地下水二级功能区（图 6.1-2）。地下水二级功能区主要协调地区之间、用水部门之间和不同地下水功能之间的关系。

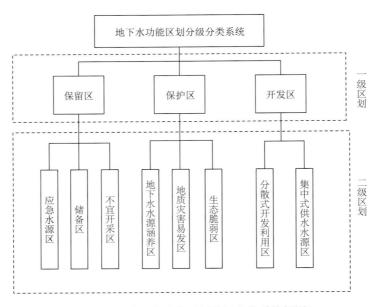

图 6.1-2　地下水功能区划分级分类系统框图

6.1.4　自然资源部门的地下水功能区划

21 世纪初，地下水功能评价与区划是一项全新的工作内容，当时除了水利部门在开展此项工作以外，自然资源部（原国土资源部）的研究人员也在开展地下水功能区划分工作。中国地质调查局依托地质调查项目"中国北方地下水资源及其环境调查评价"中的"地下水功能评价专题研究"建立了"地下水功能评价与区划方法"（groundwater function systems，GWFS），并在 2006 年 6 月印发了《地下水功能评价与区划技术要求》（GWI-D5，2006 年版）。

在《地下水功能评价与区划技术要求》中，从服务"中国北方地下水资源及其环境调查评价"项目的角度出发，规定了地下水功能评价工作的基本理念、基本原则、主要工作内容及评价标准、所需资料、评价指标体系的构建、评价方法与步骤，以及地下水功能区划的基本原则和要求，并在地下水功能评价的基础上进行地下水功能区划分。《地下水功能评价与区划技术要求》主要适用于我国西北地区、华北地区和东北地区的平原区第四系地下水系统，为我国科学地管理和保护地下水资源打下了良好的基础。

1. 术语及相关概念

1）地下水功能（groundwater function）

地下水功能是指地下水的质和量及其在空间和时间上的变化对人类社会和环境所产生的作用或效应，主要包括地下水的资源供给功能（简称"资源功能"）、生态环境维持功能（简称"生态功能"）和地质环境稳定功能（简称"地质环境功能"）。

2）地下水的资源功能（groundwater resource-function，GRF）

地下水的资源功能是指具备一定的补给、储存和更新条件的地下水资源供给保障作用或效应，具有相对独立、稳定的补给源和地下水资源供给保障能力。

3）地下水的生态功能（groundwater eco-environmental function，GEF）

地下水的生态功能是指地下水系统对陆表植被或湖泊、湿地或土地质量良性维持的作用或效应，如果地下水系统发生变化，则生态环境出现相应的改变。

4）地下水的地质环境功能（groundwater geo-environmental function，GGF）

地下水的地质环境功能是指地下水系统对其所赋存的地质环境具有支撑或保护的作用或效应，如果地下水系统发生变化，则地质环境出现相应的改变。

2. 地下水功能评价的意义

（1）地下水功能评价是充分发挥地下水的资源功能、生态功能和地质环境功能的整体最佳效益，实现地下水可持续利用和有效保护生态及地质环境的重要基础。

（2）地下水功能评价是地下水资源评价工作的延伸和拓展，是科学规划、合理利用和环境保护的前提。

（3）地下水功能评价是完善或调整监测网络和科学管理体系的科学依据之一。

3. 地下水功能评价体系

1）评价对象

地下水功能评价的对象应该是一个完整的流域尺度地下水循环系统，包括驱动因子群、状态因子群和响应因子群，它们组成地下水功能的"驱动力-状态-响应"体系（DSR体系）。驱动因子是指地下水系统变化的影响因子，例如降水量、地表水径流、开采地下水和土地利用等。状态因子是指描述地下水系统状态的因子，例如地下水水位、量和水质等性状。响应因子是指由于地下水系统状态变化而引起水资源能力和环境等方面变化的因子。

2）功能评价分类

地下水功能评价分为地下水的目标功能评价和主导功能评价。地下水的目标功能评价是指选择地下水系统中某一功能作为研究目标（对象），系统地表征它在流域尺度地下水循环系统中各区带的状况和分布特征，集中反映地下水某一功能的区位特征。地下水的主导功能评价是指将所有地下水功能都作为研究目标（对象），综合反映流域尺度地下水循环系统各区带主导功能和脆弱功能的区位特征。

3）功能评价体系构建

地下水功能评价体系是由系统目标层 A、功能准则层 B、属性指标层 C 和要素指标层 D 组成的地下水功能评价体系（图 6.1-3）。在实际应用中，A 层、B 层和 C 层保持不变，D 层可根据工作区研究程度和资料实际情况适度增减。D 层指标偏多，会增加评价工作量；D 层指标偏少，会影响评价结果的可靠性。

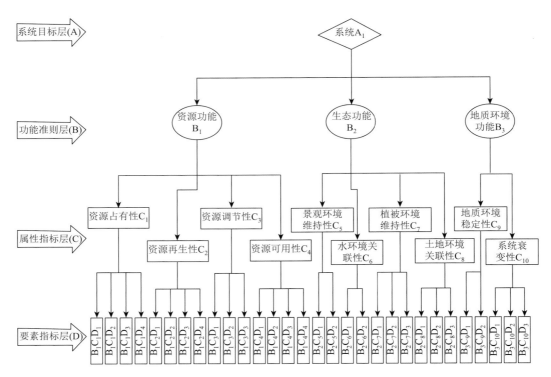

图 6.1-3　地下水功能评价体系示意图

（1）资源占有性。

资源占有性（B_1C_1）是指评价分区的各种地下水资源量在相应系统中占有的状况，具体包括：①区外补给资源占有率（$B_1C_1D_1$），是指被评价分区或单元人为从区域外调入补给资源的模数与研究区平均补给资源模数之比；②区内补给资源占有率（$B_1C_1D_2$），是指被评价分区或单元从区域内获取补给资源的模数与研究区平均补给资源模数之比；③储存资源占有率（$B_1C_1D_3$），是指被评价分区或单元地下水储存资源模数与研究区平均储存资源模数之比；④可利用资源占有率（$B_1C_1D_4$），是指被评价分区或单元地下水可利用资源模数与研究区平均可利用资源模数之比。

验公式计算单井各级保护区半径的方法。该方法适用于中小型孔隙水潜水型或孔隙水承压型水源地。保护区半径计算的经验公式如下：

$$R=\alpha \times K \times I \times T/n \tag{6.2-1}$$

式中，R 为保护区半径，m；α 为安全系数，一般取 150%，为了安全起见，在理论计算的基础上加上一定量，以防未来用水量的增加以及干旱期影响造成半径的扩大；K 为含水层渗透系数，m/d；I 为水力坡度（为漏斗范围内的水力平均坡度），量纲一；T 为污染物水平迁移时间，d；n 为有效孔隙度，量纲一，采用水井所在区域具有代表性的 n 值。

根据《环境影响评价技术导则　地下水环境》（HJ 610—2016），不同介质的渗透系数和松散岩石给水度经验值分别如表 6.2-3 和表 6.2-4 所示。

表 6.2-3　渗透系数经验值表

岩性名称	主要颗粒粒径/mm	渗透系数/(m/d)	渗透系数/(cm/s)
轻压黏土	—	0.05~0.1	5.79×10^{-5}~1.16×10^{-4}
亚黏土	—	0.1~0.25	1.16×10^{-4}~2.89×10^{-4}
黄土	—	0.25~0.5	2.89×10^{-4}~5.79×10^{-4}
粉土质砂	—	0.5~1.0	5.79×10^{-4}~1.16×10^{-3}
粉砂	0.05~0.10	0.1~1.5	1.16×10^{-3}~1.74×10^{-3}
细砂	0.10~0.25	5.0~10	5.79×10^{-3}~1.16×10^{-2}
中砂	0.25~0.50	10.0~25	1.16×10^{-2}~2.89×10^{-2}
粗砂	0.5~1.0	25~50	2.89×10^{-2}~5.78×10^{-2}
砂砾	1.0~2.0	50~100	5.78×10^{-2}~1.16×10^{-1}
圆砾	—	75~150	8.68×10^{-2}~1.74×10^{-1}
卵石	—	100~200	1.16×10^{-1}~2.31×10^{-1}
块石	—	200~500	2.31×10^{-1}~5.79×10^{-1}
漂石	—	500~1000	5.79×10^{-1}~1.16

表 6.2-4　松散岩石给水度参考值表

岩石名称	给水度变化区间	平均给水度
砾砂	0.20~0.35	0.25
粗砂	0.20~0.35	0.27
中砂	0.15~0.32	0.26
细砂	0.10~0.28	0.21
粉砂	0.05~0.19	0.18
亚黏土	0.03~0.12	0.07
黏土	0.00~0.05	0.02

3. 井群水源保护区划分法

根据单井保护区范围计算结果，群井内单井之间的间距大于一级保护区半径的 2 倍时，可以分别对每口井进行一级保护区划分；井群内的井间距小于等于一级保护区半径的 2 倍时，则以外围井的外接多边形为边界，将向外径向距离为一级保护区半径的多边形区域作为一级保护区；群井内单井之间的间距大于二级保护区半径的 2 倍时，可以分别对每口井进行二级保护区划分；群井内的井间距小于等于二级保护区半径的 2 倍时，则以外围井的外接多边形为边界，将向外径向距离为二级保护区半径的多边形区域作为二级保护区（图 6.2-2）。

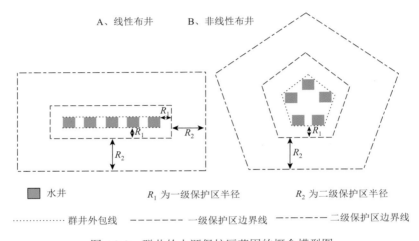

图 6.2-2 群井的水源保护区范围的概念模型图

4. 数值模型计算法

数值模型计算法是指利用数值模型，确定污染物相应时间的捕获区，划分单井或群井水源各级保护区范围的方法。通常此方法适用于划分水文地质条件比较复杂的地下水型饮用水水源保护区。该方法需要模拟含水层介质的参数，如孔隙度、渗透系数、饱和岩层厚度、流速等，若参数不足，则需对含水层进行各种试验。

1）控制方程

$$R\theta\frac{\partial C}{\partial t} = \frac{\partial}{\partial x_i}\left(\theta D_{ij}\frac{\partial C}{\partial x_j}\right) - \frac{\partial}{\partial x_i}(\theta v_i C) - q_s C_s - q_s' C - \lambda_1 \theta C - \lambda_2 \rho_b \overline{C} \qquad (6.2\text{-}2)$$

$$R = 1 + \frac{\rho_b}{\theta}\frac{\partial \overline{C}}{\partial C} \qquad (6.2\text{-}3)$$

式（6.2-2）和式（6.2-3）中，R 为迟滞系数，量纲一；ρ_b 为介质密度，g/m³；θ 为介质孔隙度，量纲一；C 为组分的浓度，g/m³；$\overline{C}$ 为介质骨架吸附的溶质浓度，g/m³；t 为时间，T；x, y, z 为空间位置坐标，m；D_{ij} 为水动力弥散系数，m²/s；v_i 为地下水深流速度张量，m/s；

q_s 为源和汇，1/m；C_s 为源或汇水流中组分的浓度，g/m^3；λ_1 为溶解相一级反应速率，1/s；λ_2 为吸附相一级反应速率，1/s。

2）初始条件

$$C(x,y,z) = C_0(x,y,z), \quad (x,y,z) \in \Omega, \ t = 0 \tag{6.2-4}$$

式中，$C_0(x,y,z)$ 为已知浓度分布；Ω 为模型模拟区域，x、y、z 为空间位置坐标。

3）边界条件

（1）第一类边界——狄利克雷（Dirichlet）边界。

$$C(x,y,z,t) = C_0(x,y,z,t), \ (x,y,z) \in \Gamma_1, \ t \geq 0 \tag{6.2-5}$$

式中，Γ_1 为定浓度边界；$C(x,y,z,t)$ 为定浓度边界上的浓度分布。

（2）第二类边界——诺依曼（Neumann）边界。

$$\theta D_{ij} \frac{\partial C}{\partial x_j} = f_i(x,y,z,t), \quad (x,y,z) \in \Gamma_2, \ t \geq 0 \tag{6.2-6}$$

式中，Γ_2 为通量边界；$f_i(x,y,z,t)$ 为边界 Γ_2 上已知的弥散通量函数。

（3）第三类边界——柯西（Cauchy）边界。

$$\theta D_{ij} \frac{\partial C}{\partial x_j} - q_i C = g_i(x,y,z,t), \quad (x,y,z) \in \Gamma_3, \ t \geq 0 \tag{6.2-7}$$

式中，Γ_3 为混合边界；$g_i(x,y,z,t)$ 为边界 Γ_3 上已知的对流弥散总通量函数。

6.2.4　保护区划分与定界

1. 确定地下水规模

地下水型饮用水水源保护区的划分要按照地下水水源的规模分级进行。在地下水水源规模分级中，按含水层介质类型的不同，地下水分为孔隙水、基岩裂隙水和岩溶水三类；按地下水埋藏条件的不同，分为潜水和承压水两类；按开采规模的大小，地下水水源地又可分为中小型水源地（日开采量小于 5 万 m^3）和大型水源地（日开采量大于或等于 5 万 m^3）。本节主要介绍几种常见的地下水型饮用水水源保护区的划分方法。

2. 孔隙水饮用水水源保护区的划分

孔隙水是根据地下水含水介质类型所划分的三大类地下水中的一种，根据孔隙水的埋藏条件，分为潜水型孔隙水和承压水型孔隙水，下面将针对两种孔隙水饮用水水源保护区的划分做介绍。

（1）孔隙水潜水型水源保护区，其划分详见表 6.2-5。

表 6.2-5　孔隙水潜水型水源保护区的划分

水源地规模	保护区划分			备注
	一级保护区	二级保护区	准保护区	
中小型水源保护区	以开采井为中心，按式（6.2-1）计算的结果为半径的圆形区域。公式中，一级保护区 T 取 100d	以开采井为中心，按式（6.2-1）计算的结果为半径的圆形区域。公式中，二级保护区 T 取 1000d	孔隙水潜水型水源的准保护区为补给区和径流区	资料不足情况下，以开采井为中心，按中小型潜水型水源保护区范围的经验值（表 6.2-2）中所列的经验值 R 为半径的圆形区域
大型水源保护区	以取水井为中心，溶质质点迁移 100d 的距离为半径所圈定的范围	一级保护区以外，溶质质点迁移 1000d 的距离为半径所圈定的范围	将水源的补给区划为准保护区	建议采用数值模型，以模拟计算得到的污染物的捕获区范围为保护范围。一、二级水源保护区范围不得小于类比经验法确定的范围

（2）孔隙水承压水型水源保护区，其划分详见表 6.2-6。

表 6.2-6　孔隙水承压水型水源保护区的划分

水源地规模	保护区划分			备注
	一级保护区	二级保护区	准保护区	
中小型水源保护区	将上部潜水的一级保护区作为承压水型水源地的一级保护区，划分方法同孔隙水潜水中小型水源保护区	一般不设二级保护区	将水源的补给区划为准保护区	—
大型水源保护区	将上部潜水的一级保护区作为承压水的一级保护区，划分方法同孔隙水潜水大型水源保护区	一般不设二级保护区	将水源的补给区划为准保护区	—

3. 裂隙水饮用水水源保护区的划分

裂隙水按成因类型不同分为风化裂隙水、成岩裂隙水和构造裂隙水，且裂隙水需要考虑裂隙介质的各向异性，所以不同类型裂隙水其饮用水水源保护区划分方式也不同。

（1）风化裂隙、成岩裂隙潜水型水源保护区，其划分详见表 6.2-7。

表 6.2-7　风化裂隙、成岩裂隙潜水型水源保护区的划分

水源地规模	保护区划分			备注
	一级保护区	二级保护区	准保护区	
中小型水源保护区	以开采井为中心，按式（6.2-1）计算的距离为半径的圆形区域。一级保护区 T 取 100d	以开采井为中心，按式（6.2-1）计算的距离为半径的圆形区域。二级保护区 T 取 1000d	将水源的补给区和径流区划为准保护区	—
大型水源保护区	以地下水开采井为中心，溶质质点迁移 100d 的距离为半径所圈定的范围	一级保护区以外，溶质质点迁移 1000d 的距离为半径所圈定的范围	将水源的补给区和径流区划为准保护区	利用数值模型以污染物相应时间的捕获区范围作为保护区。一、二级水源保护区范围不得小于类比经验法确定的范围

（2）风化裂隙承压水型水源保护区。风化裂隙承压水型水源保护区的划分一般不区分水源保护区规模。对于一级保护区，将上部潜水的一级保护区作为风化裂隙承压型水源地的一级保护区，划分方法根据上部潜水的含水层介质类型，参考对应介质类型的中小型水源地一级保护区的划分方法；一般不设立二级保护区；对于准保护区，将水源的补给区划为准保护区。

（3）成岩裂隙承压水型水源保护区。成岩裂隙承压水型水源保护区的划分一般不区分水源保护区规模。一级保护区的划分同风化裂隙承压水型一致，一般不设立二级保护区，并将水源的补给区划为准保护区。

（4）构造裂隙潜水型水源保护区，其划分详见表 6.2-8。

表 6.2-8　构造裂隙潜水型水源保护区的划分

水源地规模	保护区划分			备注
	一级保护区	二级保护区	准保护区	
中小型水源保护区	应充分考虑裂隙介质的各向异性。以水源地为中心，利用式（6.2-1）计算保护区的长度和宽度，n 分别取主径流方向和垂直于主径流方向上的有效裂隙度，T 取 100d	计算方法同一级保护区，T 取 1000d	将水源的补给区和径流区划为准保护区	—
大型水源保护区	以地下水取水井为中心，溶质质点迁移 100d 的距离为半径所圈定的范围	一级保护区以外，溶质质点迁移 1000d 的距离为半径所圈定的范围	将水源的补给区和径流区划为准保护区	利用数值模型，以污染物相应时间的捕获区作为保护区。一、二级水源保护区范围不得小于类比经验法确定的范围

（5）构造裂隙承压水型水源保护区，其划分一般不区分水源保护区规模。一级保护区的划分同风化裂隙承压水型一致，一般不设立二级保护区，并将水源的补给区划为准保护区。

4. 岩溶水饮用水水源保护区的划分

岩溶水饮用水水源保护区的划分同样应考虑岩溶水的成因特点，岩溶水分为岩溶裂隙网络型、峰林平原强径流带型、溶丘山地网络型、峰丛洼地管道型和断陷盆地构造型 5 种类型。岩溶水饮用水水源保护区划分须考虑溶蚀裂隙中的管道流与落水洞的集水作用。

（1）岩溶裂隙网络型水源保护区，其划分一般不区分水源保护区规模。一、二级保护区的划分同风化裂隙水一致，必要时将水源的补给区和径流区划为准保护区。

（2）峰林平原强径流带型水源保护区，其划分一般不区分水源保护区规模。一、二级保护区的划分同构造裂隙水一致，必要时将水源的补给区和径流区划为准保护区。

（3）溶丘山地网络型、峰丛洼地管道型、断陷盆地构造型水源保护区，其划分一般不区分水源保护区规模。一级保护区的划分参照地表河流型水源地一级保护区的划分方法，即以岩溶管道为轴线，水源地上游不小于 1000m，下游不小于 100m，两侧宽度按式（6.2-1）计算（若有支流，则支流也要进行计算）。同时，此类型岩溶水的一级保护区范围内的落水洞也宜划分为一级保护区，划分方法是以落水洞为圆心，半径100m 所圈定的区域，通过落水洞的地表河流按河流型水源一级保护区划分方法划分。溶丘山地网络型、峰丛洼地管道型、断陷盆地构造型水源保护区一般不设二级保护区，但一级保护区内有落水洞的水源，应划分落水洞周边汇水区域为二级保护区。对于准保护区的划分，必要时可将水源补给区划为准保护区。

6.3　地下水型饮用水水源补给区划定

6.3.1　前期准备

1. 资料收集

地下水型饮用水水源补给区划定前应充分收集水源基本情况、所在行政区域气象水文、地形地貌、水源所属地下水含水系统的地质和水文地质概况，以及地下水开发利用现状等资料，如水源保护区划分技术报告、水文地质勘探报告、区域水文地质勘查报告、区域地下水资源评价报告及地下水环境调查与评价报告等。

2. 水源及水文地质信息识别

（1）水源基本情况：水源开采规模、开采层的地下水埋藏条件（潜水、承压水）、介质类型（孔隙水、裂隙水、岩溶水）、水源井分布情况、水质状况、水位埋深、设计开采量、实际开采量、是否产生区域性地下水降落漏斗等。

（2）气象水文特征：区域气候条件，包括降水量、蒸发量等直接影响地下水补给量的因素；地表水文条件，包括河流、湖泊、水库分布与水资源状况，以及其与地下水的水力联系。

（3）水文地质条件：区域水文地质条件概况；水源所属水文地质单元含水层岩性、分布、结构、厚度、埋藏条件、渗透性、富水程度等；隔水层（弱透水层）的岩性、厚度、渗透性等，包气带岩性、结构、厚度、垂向渗透系数等；地下水类型，补、径、排条件及边界等，地下水水位、水质、水温、地下水化学类型等；泉的成因、类型、出露位置、形成条件及泉水流量、水质、水温等。

（4）水源所属水文地质单元的水资源开发利用情况。

3. 现场踏勘

通过现场踏勘，验证收集资料信息的准确性和时效性。

4. 水文地质补充调查

当收集资料无法满足第 2 点所述相关要求时，应参照《供水水文地质勘察规范》（GB

3.4　质量控制
4　水源补给区划定
　　4.1　水源及水文地质信息识别
　　4.2　关键水文地质参数获取
　　4.3　划分方法选择
　　4.4　水源补给区划分
　　4.5　水源补给区确定
5　附表
　　（1）主要参数一览表
　　（2）补给区拐点坐标表
6　附图
　　（1）土地利用现状分布图
　　（2）水文地质平面图和剖面图
　　（3）地下水等水位线图
　　（4）补给区划定成果图
　　（5）其他

第7章 地下水环境脆弱性评估

地下水环境脆弱性（也称"地下水脆弱性"）反映地下水系统遭受污染的潜在可能性。地下水脆弱性指由于自然条件变化或人类活动影响，地下水遭受破坏的趋向和可能性，它反映地下水对自然和（或）人类活动影响的应对能力。地下水脆弱性研究成果可以为土地利用规划、地下水水资源保护规划、地下水水质监测等提供参考，也可以提高公众对地下水污染的风险意识，树立以防为主的思想。

7.1 地下水脆弱性概念及影响因素

7.1.1 地下水脆弱性概念

地下水脆弱性由法国的马尔加（Margat）在1968年首次提出，其观念源于"假设地下水含水层所处的天然地质环境对于人类活动或地下水环境自身的影响可以提供一定程度的保护作用"。大体上，地下水脆弱性概念的发展过程能够分成两个阶段。

第一阶段是在1987年之前。大家对地下水脆弱性的研究集中在地下水环境的自然属性方面，例如地下水埋深、表层沉积物的水文特征等。这个阶段比较集中研究的方向为：①污染源从地表渗透与扩散到地下水面的可能性；②影响污染物进入含水层的地表与地下条件的复杂性。

第二阶段开始于1987年的"土壤与地下水脆弱性"国际会议，在这次会议上，地下水脆弱性的定义方式有了新的突破，专家们认识到影响地下水脆弱性的因素包括内因和外因两大类，人类活动和污染源等外部因素对地下水脆弱性的影响开始被专家们提起。会议上，福斯特（Foster）认为，地下水污染是由含水层系统自身的脆弱性与人类活动产生的污染负荷共同造成的。美国国家科学研究委员会将地下水脆弱性分为了两大类：一类是本质脆弱性，不考虑人类活动和污染源的影响，只考虑天然环境下水文地质内部因素的脆弱性；另一类是特殊脆弱性，人类活动或某一特定污染源对地下水系统的脆弱性。美国国家科学研究委员会在1993年将地下水脆弱性定义为:污染物到达最上层含水层（潜水含水层）之上某特定位置的倾向性与可能性。

7.1.2 地下水脆弱性分类

由前文可知，地下水脆弱性一般分为本质脆弱性和特殊脆弱性。本质脆弱性是指在天然状态下含水层对污染所表现的内部固有的敏感属性，它与污染源或污染物的性质和类型无关，取决于含水层所处的地质与水文地质条件，是静态的、不可变的且人为不可控制的。特殊脆弱性是指含水层对特定的污染物或人类活动所表现的敏感属性，它与污染源和人类活动有关，是动态的、可变的且人为可控制的。

本质脆弱性评价参数：土壤成分、结构、厚度、有机质含量，包气带厚度、岩性、含水层岩性、补给量（净补给量）、地形（坡度），下伏地层（透水性、结构构造等）与地表水及海水联系等。

特殊脆弱性评价参数：土地利用类型、人工补给量、人口密度、污染物在包气带中运移时间等。

7.1.3 地下水脆弱性影响因素

影响地下水脆弱性的因素很多，概括起来可分为自然因素和人为因素两类。自然因素指含水层的地形、地貌地质及水文地质条件，以及与污染物运移有关的自然因子；人为因素主要指可能引起地下水环境污染的各种行为因子（表 7.1-1）。

表 7.1-1 地下水脆弱性影响因素

	指标	主要成分	次要成分
本质脆弱性 主要因素	土壤介质	成分、结构、厚度、有机质含量、透水性	阳离子交换容量、解吸与吸附能力、硫酸盐含量、体积密度、容水量等
	包气带介质	厚度、岩性、水运移时间	风化程度、透水性
	含水层	岩性、有效孔隙度、导水系数、流向、地下水年龄与驻留时间	容水量、不透水性
	补给量	净补给量、年降水量	蒸发、蒸腾、空气湿度
本质脆弱性 次要因素	地形	地面坡度变化	植物覆盖程度
	下伏地层	透水性、结构与构造、补给/排泄潜力	
	与地表水及海水之间的联系	入/出河流、岸边补给潜力、滨海地区咸淡水界面	
特殊脆弱性		土地使用状态、人口密度、污染物在包气带中运移时间、土壤及包气带稀释净化能力	污染物在含水层中驻留时间、人工补给量、灌溉量、排水量、污染物运移性质

7.2 地下水脆弱性评估指标体系

7.2.1 指标体系构建原则

建立指标体系是评价工作的基础。评价指标是度量地下水脆弱性的参数，也是评价的根本条件和基础，决定了评价结果的精确性和客观性。在地下水脆弱性评价过程中，建立一个包含所有因素的评价模型是不现实的，一方面是因素的参数很难取得，另一方面是有的因素之间关系复杂，存在相互关联和拮抗作用，容易造成评价模型失效。因此，应根据研究区的实际情况具体分析，筛选所有主控因素，找出影响研究区地下水脆弱性的主要指标，舍去次要指标和相互关联的指标，组成评价指标体系。指标体系的构建应遵循以下几项原则。

（1）重要性原则。重要性是指在选取评价指标时，应首先选择对地下水脆弱性影响较大、较普遍的指标。如在本质脆弱性中，土壤、包气带、含水层和气候（补给）因素对地下水影响最为直接，尤为重要，因此几乎所有的指标体系都包含土壤介质、地下水埋深、净补给量等指标。另外，在评价特殊区域地下水脆弱性时，应着重选取代表地区特点的影响因素，如在评价岩溶地区的地下水脆弱性时，应选择岩溶发育程度作为评价指标；在评价线状污染带地下水脆弱性时，应重点考虑将河流补给作为影响因素；在评价干旱地区地下水脆弱性时，由于降水量稀少，故将影响地表径流的因素作为地下水的主要影响因子。

（2）相对独立性原则。独立性是指评价指标之间的关联程度。评价地下水脆弱性的指标往往错综复杂，这些指标间通常相互交联，所以在选择评价指标时应尽量选择关联程度低的指标。通过科学的剔除，选择具有代表性同时又相对独立性较强的指标参与评价，提高评价的准确性和科学性。为保证指标体系中各评价指标的相对独立性，可对评价指标体系进行相关性分析。

（3）差异性原则。差异性是指在评价某个指标的作用时，要选取评价区域内不同地区具有差异性的指标。目前国际和国内尚无统一的地下水脆弱性评价规范，地下水脆弱性是一个相对的概念。因此，若某指标在评价区域内不具有差异性，那么地下水脆弱性评价将无任何意义。如在评价平原区地下水脆弱性时，通常会舍弃地形坡度（地形因素）这一指标，因为平原区内地势平坦，起伏很小，基本不具有差异性，可以忽略。需要注意的是，尽管有些因子不具有差异性或差异性很小，但这些因子很重要，不能舍弃。如在岩溶地区，虽然可能会出现岩溶发育程度较为均匀的情况，但其作为重要因子，不能忽略其影响。

（4）简洁性原则。影响地下水脆弱性的各种潜在因素很多，因此要建立一个包含所有因素的庞大指标体系在实际应用中是很难实现的。一方面，这些因素所包含的指标有一些很难取得；另一方面，指标过多，它们之间的关系错综复杂，且它们之间还存在着协同和拮抗等作用。这就要求在进行地下水脆弱性评价时，根据不同地区的情况具体问题具体分析，尽量找出影响地下水脆弱性的主要因素，并且选取的指标不宜过多，否则会弱化主要指标的作用。

（5）可操作性原则。可操作性是指在实际操作中由于缺少资料或实际指标数据难以获得，需要使用一些代替指标进行评价，如使用土壤有机质含量来表征土壤对地下水脆弱性的影响。在考量含水层因素时，由于很多地区含水层的导水系数难以获得，在一些情况下可以使用单井涌水量来代替。同时，该原则也是选择特殊脆弱性指标的指导思想，如在评价大区域地下水脆弱性时，使用人口密度来代替地下水使用率。河流侧向补给量数据难以获得，可以考虑将沿河岸的垂直距离作为衡量地下水线状污染带的重要因素。

7.2.2 指标权重确定方法

1. 专家赋分法

美国环境保护局提出的 DRASTIC 模型给出的因子权重见表 7.2-1。

表 7.2-1 DRASTIC 及农药 DRASTIC 模型因子权重表

参数	正常权重	农药权重
地下水埋深	5	5
净补给量	4	4
含水层介质	3	3
土壤介质	2	5
地形坡度	1	3
包气带介质	5	4
含水层渗透系数	3	2

2. 主成分-因子分析法

多元统计分析中的主成分分析法和因子分析方法在环境统计方面有不少成功的应用案例。将这两种方法结合起来的主成分-因子分析法可以应用于多变量的因子赋权研究。主成分-因子分析法的主要思想是：在所研究的全部原始变量中，将有关信息集中起来，通过探讨相关矩阵的内部依赖结构，将多变量综合成少数彼此互不相关的主成分，以再现原始变量之间的关系，并通过因子荷载矩阵的轴正交或斜交旋转，进一步探索产生这些相关联系的内在原因。

雷静和张思聪（2003）在唐山市平原区地下水脆弱性评价中选取地下水埋深、降雨灌溉入渗补给量、土壤有机质含量、含水层累计砂层厚、地下水开采量和含水层渗透系数 6 个评价指标进行地下水脆弱性评价，用该方法得到 6 个指标的权重分别为 4、5、4、5、7、3。

孙丰英和徐卫东（2006）在潇滏平原地下水脆弱性评价中选取地下水埋深、降雨灌溉入渗补给量、含水层渗透系数、土壤有机质含量、含水层累计砂层厚和地下水开采量 6 个评价指标进行地下水脆弱性评价，用主成分-因子分析法得到的权重分别为 4、5、3、4、5、7。

姚文锋等（2009）在海河流域平原区地下水脆弱性评价中选取地面表层土壤类型、含水层岩性、含水层富水程度、浅层地下水埋深、降雨入渗补给模数、地下水开采系数、土壤有机质含量 7 个评价指标进行地下水脆弱性评价，用主成分-因子分析法得到的权重分别为 2、3、3、5、4、4、2。

3. 层次分析法

20 世纪 70 年代，美国托马斯·萨蒂（Thomas L. Saaty）教授创建了一种按照思考方式及心理运动规律将决策过程中遇到的问题分级量化的方法，以解决多个目标或多个项目评价难题，即层次分析法（analytic hierarchy process，AHP）。该方法具有简单、系统及实用的特点，于1982年被引入中国，并在科研评价、城市规划、经济管理、能源系统分析等领域迅速得到了广泛的应用。层次分析法首先确定所需要评价的总体目标，然后将目标分解为多个会对总目标产生影响的单因素，并按照各因素的相互关系及隶属关系分层次进行组合，构建一个以最高层为目标、中间层为因素、最底层为评价指标体系的多层次结构的分析模型。层次分析法将地下水脆弱性问题分解为三个层次：最上层是目标层，该层次中有且仅有一个元素，就是地下水的脆弱性；中间为因素层，该层次包含评价地下水脆弱性所涉及的因素；最下层为指标层，该层次是因素层中每个因素的指标，这些指标可以显著体现因素对地下水脆弱性的影响。根据各指标的相对重要性，确定各指标的权重值，由最底层开始逐层叠加得到上一层数据，最终得到地下水脆弱性评价分级。权重确定方法具体如下。

（1）将选定的指标根据影响大小进行排序，并根据其重要性赋予权重值，组成判断矩阵，判断矩阵中的数值可根据如下规则选取：用 A_{mn} 表示 A_m 对 A_n 的相对重要性，$A_{mn}>0$ 且 $A_{mn}=1/A_{mm}$，当 $m=n$ 时，$A_{mn}=A_{nm}=1$，其具体取值见表 7.2-2。

表 7.2-2 评判矩阵数值取值表

权数	含义
1	因素 m 与因素 n 具有同样重要性
3	因素 m 相对于因素 n 稍微重要
5	因素 m 相对于因素 n 明显重要
7	因素 m 相对于因素 n 强烈重要
9	因素 m 相对于因素 n 极端重要
2，4，6，8	上述两因素判断的中值
倒数	因素 n 与因素 m 的倒数 $A_{nm}=1/A_{mn}$

（2）根据所得判断矩阵，通过计算矩阵最大特征值及特征向量，得到各指标的权重值，权重值一方面反映各指标的相对重要性，另一方面可以将指标重要性量化，从而用来计算综合指数。

（3）检验一致性。利用式（7.2-1）判断矩阵一致性。

$$CI = (\lambda_{max}-n)/(n-1) \tag{7.2-1}$$

随机一致性比率计算公式见式（7.2-2）：

$$CR = CI/RI \tag{7.2-2}$$

若 CR<10%，说明判断矩阵的一致性很好。

（4）进行归一化处理，使指标权重和等于20，以便进行评价结果的对比。

4. 灰色关联分析法

灰色关联分析法（grey relational analysis，GRA），是一种可在不完全的信息中对要分析个评价指标的基础之上，结合普定后寨地下河系统水文地质特征，选择岩石层（R）、表层岩溶（E）或补给量（R）、岩溶化程度（K）或含水层（A）、土壤覆盖层（S）和地形变化（T）作为评价指标建立的（表 7.4-7）。

表 7.4-7　REKST 模型评价体系

岩石层（R）	表层岩溶（E）或补给量（R）	岩溶化程度（K）或含水层（A）	土壤覆盖层（S）	地形变化（T）
岩性、溶蚀强度、岩溶化强度、孔隙率、裂隙率、入渗系数	点状补给源、净补给量、平均降水量	岩性、流量衰减系数、极端流量比值、水力坡度	厚度、黏土矿物含量、质地、有机物含量、土地覆盖和使用	地形坡度

岩石层（R）：替代 EPIK 模型中的 I 层，通过不同的岩石类型来体现地下水与降雨及地表水之间的联系，即通过岩石类型来反映降雨参与地下水循环的程度。

表层岩溶（E）或补给量（R）：这层信息可直接来自地貌类型分区图，另外可通过航片解译来获取有关地表岩溶信息，如岩溶洼地、落水洞、地下河天窗等。

岩溶化程度（K）或含水层（A）：反映含水介质的特性，可通过分析流量曲线（排泄系数）或极端流量比值（Q_{max}/Q_{min}）来获取。

土壤覆盖层（S）：地下水的污染程度既取决于污染源的特性，也取决于含水层介质特性。污染源主要由人类活动和经济活动引起；含水层的特性主要由其水力特征决定，土壤类型和厚度不同，其自然降解污染组分的能力也不同，这种能力主要由其孔隙特征决定。因此，可通过土壤（土地）类型的分布情况和污染源属性来评价含水层降解潜力。

地形变化（T）：包括地形坡度变化和土地的覆盖和使用类型。这里的地形是指地表的坡度或坡度的变化。通常坡度越大，含水层脆弱性越弱。污染物是被冲走还是留在一定的地表区域内足够的时间以渗入地下在某种程度上是由地形控制的。具有较大坡度的地区，其污染物渗入地下水的机会较大，因此该区域地下水具有较大的易污性。

REKST 模型综合评价指数 RI 值的计算公式如下：

$$RI = iR + jE + kK + lS + mT \quad\quad (7.4-2)$$

式中，i，j，k，l，m 分别为各权重指标。RI 值越大，表示岩溶水系统脆弱性越低，反之越高。

2. 覆盖型岩溶区脆弱性评估模型

在覆盖型岩溶区，溶岩地层（岩溶含水岩组）主要为松散堆积物所覆盖，仅局部有峰簇或孤峰等石山出露，具有裸露型岩溶区特点，且表层岩溶带发育；在松散覆盖层较厚地区，浅层地下水系统具有松散含水层特征，且与深部岩溶水系统间具有明显的水力联系。因此，COP 和 EPIK 两种模型都不能直接应用于覆盖型岩溶区地下水水系统脆弱性评估。

李录娟和邹胜章（2014）针对覆盖型岩溶发育及水文地质条件的特殊性，在 EPIK、COP 和 DRASTIC 模型的基础上，建立了 PLEIK 评价模型，该模型突出了保护性盖层厚度（P）、土地利用类型和利用程度（L）两个评价因子，并赋予各因子比 EPIK 模型更丰富的内涵，同时采用多种替代方法来确定各因子量值，充分体现了指标体系的易获取性和可量化原则。该模型主要包括保护性盖层厚度（P）、土地利用类型与利用程度（L）、表层岩溶带发育强度（E）、补给类型（I）和岩溶网络发育程度（K）共五个指标。

　　PLEIK 模型既可适用于覆盖型岩溶区，也适用于裸露型岩溶区，因为裸露型岩溶区也存在土地利用问题，尤其是在我国南方岩溶石山区，人们通过培养新的抗旱经济作物进行了大面积推广种植，这种人类活动的影响是极其剧烈的，对岩溶水系统的防污性能也会产生一定的影响，而 EPIK 模型未考虑到土地利用方式对岩溶水系统防污性能的影响。

　　戴长华等（2015）以湘西大龙洞地下河为例，对比分析 REKST 模型和 PLEIK 模型对裸露型岩溶区地下水脆弱性评价体系的适用性，对比评价结果认为，PLEIK 模型建立了定量或半定量的指标赋值体系和定量的防污性能等级划分体系，评价结果不但具有横向对比性，纵向对比性也较好，总体而言，PLEIK 模型实用性更强。但他认为，PLEIK 模型中的 L 指标未考虑同一土地利用类型在不同区域上的区别，如旱地在洼地与溶丘所产生的影响程度不同，建议将不同岩溶形态纳入 L 指标分级体系内。

3. 埋藏型岩溶区脆弱性评估模型

　　一般而言，埋藏型岩溶水系统与上覆各含水层间水力联系较弱，尤其在深埋藏型岩溶区（无地表露头），岩溶水压力水头常高于浅层地下水，具有明显承压性。埋藏型岩溶水系统可能的污染来源是人工开采承压水导致水头下降，从而诱发潜水含水层中的污染物越流进入承压含水层。因此，承压含水层自身属性、弱透水层性质及水头差是影响承压含水层防污性能的主要因素。

　　据此，可采用专门为岩溶承压含水层系统脆弱性评估设计的 PTHQET 模型（孟宪萌等，2013）进行评价，弱透水层性质及水头差是影响承压含水层防污性能的主要因素。PTHQET 模型的影响因子包括弱透水层垂向渗透系数（P）、弱透水层厚度（T_1）、潜水与承压水水头差（H）、潜水含水层水质现状（Q）、承压含水层开采强度（E）和承压含水层导水系数（T_2）。

　　PTHQET 模型综合脆弱性评价指数为 u'，计算公式为

$$u' = u_1' + u_2' = \sum_{j=1}^{t}(\omega_j \times r_j) + \sum_{j=t+1}^{n}(\omega_j \times r_j) \tag{7.4-3}$$

式中，u_1' 为固有脆弱性评价指数；u_2' 为扰动防污性能评价指数；t 为固有脆弱性评价指数个数；n 为评价指标总数；ω_j 为各指标权重；r_j 为各指标归一化值。

　　归一化后的承压含水层综合防污性能评价指数为

$$u = (u' - u'_{min}) / (u'_{max} - u'_{min}) \tag{7.4-4}$$

式中，u'_{min} 为承压含水层综合脆弱性评价指数的最小值；u'_{max} 为承压含水层综合脆弱性评价指数的最大值。

　　对于在补给区有地表露头的浅埋藏型岩溶水系统，如山西盆地型的岩溶泉域，其脆弱性主要由露头区防污性能决定。因此，建议采用北方裸露型岩溶水系统防污性能评价方法——COP 模型进行评价。COP 模型评价指标包括径流特征（C）、覆盖层（O）和降

（4）补给类型（I）。

对于裸露型岩溶区，落水洞等点状入渗补给发育，根据洞穴发育密度，分别按 I_1、I_2、I_3 来考虑落水洞等点状入渗补给地质点（不具备点状入渗功能的洞穴不计算在内）。发育密度≥4 个/km^2 时，按 I_1 考虑；2 个/km^2≤发育密度<4 个/km^2 时，按 I_2 考虑；发育密度<2 个/km^2 时，按 I_3 考虑。需要注意的是，岩溶洼地是由漏斗进一步溶蚀扩大而成的。它的底部常发育落水洞和漏斗，还有一些小溪。

对于覆盖型岩溶区，补给类型可根据平均地形坡度分别按 I_3、I_4 来考虑。地形坡度小于 10°的耕作区和坡度小于 25°的草地区按 I_3 来考虑；其余均按 I_4 来考虑。非岩溶区按 I_4 来考虑。

结合补给类型，为体现风险评估意义，降雨强度可采用当地多年日最大降雨强度平均值。

（5）岩溶网络发育情况（K）。

以 1∶20 万水文地质图中的地下水径流模数和调查过程中实测流量计算出的地下水径流模数作为基准进行评价。需要说明的是，对于大型地表水体（江、河、水库等），如果不存在地表水渗漏问题，在成果图上，直接按防污性能最好等级给定；对于有渗漏的地段（尤其是岩溶水库，如河池六甲电站水库、新田水浸窝水库等），应根据渗漏程度，分别给定不同的防污性能等级。

2）脆弱性评估

为定量评价地下水脆弱性，需要对 PLEIK 模型的属性进行数值计算，主要包括两个部分：权重赋值与指标等级划分，计算方法如下：

$$DI = P_W P_R + L_W L_R + E_W E_R + I_W I_R + K_W K_R \qquad (7.5\text{-}3)$$

式中，DI 为脆弱性等级，DI 值越低，脆弱性越低；下标 W 和 R 分别表示指标的权重值和等级分值。

各指标权重赋值可采用层次分析法确定，方法如下：

（1）用地下水脆弱性评价模型中各指标组成指标集：

$$\mathbf{D} = (P, L, E, I, K) = (保护性盖层, 土地利用类型, 表层岩溶带发育强度, 补给类型,$$
$$岩溶网络发育情况)$$

（2）根据覆盖性岩溶区的水文地质条件，确定 5 个因子的相对重要性排序为：保护性盖层>土地利用类型>表层岩溶带发育强度>补给类型>岩溶网络发育情况。两两比较确定优先矩阵，对优先矩阵进行一致矩阵转化并利用方根法进行归一化处理，得到最终的权重矩阵，再利用式（7.5-4）计算权重：

$$\mathbf{W} = (P_W, L_W, E_W, I_W, K_W) \qquad (7.5\text{-}4)$$

$\mathbf{w} = (w_1, w_2, \cdots, w_5)$ 权向量为

$$\mathbf{W} = (0.29, 0.24, 0.20, 0.16, 0.11) \qquad (7.5\text{-}5)$$

（3）根据上述各指标的评分和权重值，经计算可知岩溶地下水脆弱性综合指数取值范围为 1～10。PLEIK 模型的地下水脆弱性级别与综合指数对应关系如表 7.5-17 所示。

表 7.5-17   岩溶地下水脆弱性评估标准

DI 值	[1, 2]	(2, 4]	(4, 6]	(6, 8]	(8, 10]
脆弱性分级	低	较低	中等	较高	高

3）地下水脆弱性评价及分区

地下水脆弱性评价是对地下水脆弱性指数进行分级，通过计算，最终得到地下水脆弱性综合指数值 DI，根据取值范围分为低、较低、中等、较高、高 5 个等级，分值越低，地下水脆弱性越低，系统的防污性能越强。在 GIS 环境下得出地下水脆弱性评估分区图。若评价范围内存在采空塌陷区和岩溶塌陷区，则其脆弱性评估结果应直接定为高。

第8章　地下水污染源荷载评估

　　地下水污染源荷载指污染源对地下水的影响程度，地下水污染源荷载等级通过污染物污染地下水的可能性和严重性两个方面确定，污染源荷载等级越高，地下水越容易受到污染。污染的可能性指污染源产生的污染物到达地下水并且污染地下水的概率，取决于污染物排放方式、排放量、排放规模、防护措施、污染物存在形式、迁移性、衰减特征等；污染的严重性指污染物对人体健康的危害程度，与污染源的类型以及特征污染物的性质、毒性有关。地下水污染源荷载评估可以量化人类活动产生的地表污染物对地下水的潜在损害。

　　地下水污染源荷载指标相对复杂，可从污染源分类角度出发，确定不同污染源类型的权重并计算其污染源荷载，将地下水污染源荷载级别分为低、较低、中等、较高、高五个等级，最终形成地下水污染源荷载分级图。

　　地下水污染源荷载评估是地下水污染防治中一项重要内容，能有效识别地下水污染，提供污染危害等级数据并分级，对地下水污染风险的识别、地下水资源保护、地下水污染防控区划具有重要意义。对调查区地下水污染源开展资料收集并进行统计分析后，筛选重点污染源调查对象，结合污染源地下水监测数据，开展调查区地下水污染源荷载评估，有助于政府及公众正确认识其危害，探索科学的污染源管理防控措施，为政府采取有效的污染源防控管理措施提供决策依据。

8.1　地下水污染源荷载评估研究现状

　　目前，国内对地下水污染源荷载的研究大多局限于固有的污染源荷载研究。例如，杨庆等（2012）根据污染物产生量、污染物释放可能性、污染源种类三个因子确定地下水污染源荷载等级，将北京市的地下水污染源分成了轻微、较小、中等和大4级；姜瑞等（2017）从污染源角度出发，综合考虑污染物的毒性、污染的可能性和污染物从污染源释放到地下水体的量这三方面对黑龙江省的地下水污染源荷载进行评估分级；孙东等（2019）以四川天府新区为例，在收集污染源统计资料并开展地下水污染源调查的基础上，筛选单个污染源的污染物的毒性、污染的可能性、污染物从污染源可能释放到地下水体的量3个定量指标，利用评分指数法获得单个污染源荷载风险等级值，将天府新区地下水污染源荷载分为5级。

　　近年来，随着GIS技术的运用，新的地下水污染源荷载评价方法不断产生，如Andreo等（2006）选取危害类型、污染物毒性、迁移性和可溶性等指标建立了地下水污染源荷载评价模型。陆燕等（2012）综合考虑了污染物的毒性、迁移性和降解性，构建了基于污染物的特征表征和污染物排放量的评价模型，对北京市进行了地下水污染源识别与分级评价。赵鹏等（2017）提出定量指数法对污染源荷载进行量化，通过解析地表污染源构成，从特征污染物及其对应排放量角度出发，结合污染物的自身属性来表征污染源荷载风险。首先，用毒性、迁移性、降解性来表征污染物的自身属性，再结合层次分析法确定的 3 种属性的权重值，运用叠置指数法得到特征污染物的属性值。然后，与特征污染物的实测排放量相乘并叠加得到该特征污染物的荷载。李翔等（2020a）从污染源的类型考虑，基于污染源-路径作用关系，将污染源分为点源、线源和面源污染，构建以污染源种类、污染物排放量、污染源释放可能性、缓冲区半径和污染复合强度为主的评估模型，以乡镇为单位对沧州市平原区进行了地下水污染源荷载危害性评价。

　　地下水污染源荷载评估体现了人类活动的影响程度。现有的评价方法多以单个行政区为评价单位，均化了不同点源之间复合污染强度的影响，已有指标不足以代表不同环境数量的点源污染对区域内地下水环境的污染强度。同时，不同空间尺度的研究区域有不同的特点，导致建立的地下水风险源识别方法也不尽相同，从而引起污染源荷载量化结果的差异，而且，已有的评价体系基本都将"污染源"因子的权重确定为最高，因此，污染源荷载是影响污染风险评价的最主要因素。

　　污染源荷载评价需要综合考虑研究区的范围大小、环境因素的复杂度、资料覆盖度等要素，不同空间尺度区域基础环境信息特点存在差别，所用的评价方法也就不同，这必然导致不同尺度下评价结果的差异性。方法的尺度效应涉及基础数据精度、模型的概化程度等方面，运用不同精度要求的污染源荷载量化方法进行同一尺度下的污染源荷载评价，评价结果也必然体现出不同方法的尺度效应及差异性。

8.2　常见地下水污染源荷载评估方法

8.2.1　评分指数法

　　《地下水污染防治区划分工作指南》（2019）中，对于地下水污染源荷载的量化是建立在污染物释放和危害性识别的基础上的，称为评分指数法，如图 8.2-1 所示。首先，对污染源调查和资料进行分析整理，对污染源进行分类，针对各类污染源分别用污染物类型、污染年份、防护措施的评分来表征污染源释放的可能性 L，用污染年份、污染面积、排放量的评分来表征可能释放污染物的量 Q，用致癌性的评分来表征污染物的毒性 T。然后，将 3 个因子值通过乘积叠加得到每一类污染源污染荷载风险值。最后，结合各类型污染源的权重值 W，通过指数叠加得到综合污染荷载指数 I。该方法的所有评价因子均通过评分得到，主要考虑污染源中人类活动的影响。

　　1. 地下水污染源

　　地下水污染源主要包括工业污染源、矿山开采区、危险废物处置场、垃圾填埋场、加油站、农业污染源、高尔夫球场和地表污水等。地下水污染源的范围等资料来源为污染源普查、土壤污染状况调查和详查、环境影响评估报告等，详见表 8.2-1。

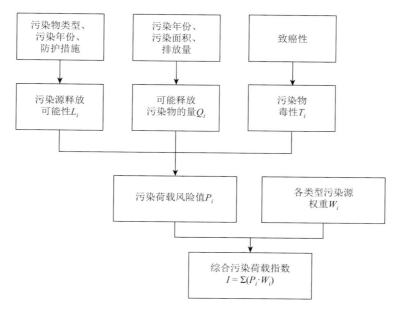

图 8.2-1　评分指数法体系框架

表 8.2-1　污染源范围和资料来源

编号	污染源类型	范围	资料来源
1	工业污染源	工业园区或工业集聚区、化学品生产企业、废弃污染地块	污染源普查、土壤污染状况调查和详查
2	矿山开采区	大中型矿山、尾矿库	矿山调查、污染源普查、土壤污染状况调查和详查
3	危险废物处置场		污染源普查、环境影响评价报告、土壤污染状况调查和详查
4	垃圾填埋场		污染源普查、环境影响评价报告、土壤污染状况调查和详查
5	加油站		加油站名单、环境影响评价报告
6	农业污染源	农业种植（耕地）、规模化养殖场	全部
7	高尔夫球场	全部	环境影响评价报告
8	地表污水	劣 V 类的河流、湖库	全部

2. 单个污染源荷载风险评估指标体系

单个地下水污染源荷载风险计算公式如下：

$$P_i = T_i \times L_i \times Q_i \qquad (8.2\text{-}1)$$

式中，P_i 为污染源 i 的污染源荷载风险指数；T_i 为污染源 i 的污染物毒性；L_i 为污染源 i 的污染源释放可能性；Q_i 为可能释放污染物的量。

1）污染物毒性

污染物毒性的评价需考虑污染物的物理化学性质、降解、迁移性等因素，与受体的致癌或非致癌风险直接相关。在污染物指标明确的情况下，毒性评分优先采用表 8.2-2 进行计算，存在多种污染物时，一般取毒性最高的污染物作为计算指标；无法确定污染物指标时，可采用表 8.2-3 进行计算。污染源的缓冲区半径是指在污染源占地面积的基础上，污染物可能迁移扩散的半径范围，主要与污染物类型有关，其推荐值见表 8.2-3。

表 8.2-2　地下水中部分污染物及其毒性评分表

污染物名称	类型	毒性	
		T_i 评分	参考文献
1, 1, 2, 2-四氯乙烷	CD	2.8	IRIS
2, 4, 5-涕丙酸	C	2.1	IRIS
2, 4, 6-三氯酚	CD	1.8	IRIS
砷	C	3.7	HEAST
苯	CL	2	IRIS
邻苯二甲酸二（2-乙基己基）酯	CD	1.5	IRIS
四氯化碳	CD	2.5	IRIS
氯仿	C	1.2	IRIS
二氯乙烷	CD	2.4	IRIS
二氯甲烷	CD	1.3	IRIS
六氯苯	CD	3.7	IRIS
六氯丁二烯	CD	2.3	IRIS
林丹	C	3.6	HEAST
三氯乙烯	CD	1.5	HEAST
三氟硝铵	C	1.3	IRIS
氯乙烯	CL	3.8	HEAST
亚硝酸盐	C	1	—
铬	C	2.7	IRIS
镉	C	1.7	HEAST
铅	C	1.3	MCL
1, 2-二氯乙烯	ND	0.2	IRIS
2, 4-二氯苯氧基乙酸	N	0.5	IRIS
甲草胺	N	0.5	IRIS
滴灭威	N	1.3	IRIS
锑	N	1.9	IRIS
阿特拉津	N	0.8	IRIS
苯达松	N	1.1	IRIS
铍	N	0.8	IRIS
甲苯酚	N	0.2	IRIS
氰草津	N	1.2	IRIS
氰化物	N	2	IRIS
异狄氏剂	N	2.5	IRIS
六氯环戊二烯	ND	0.6	IRIS
铁	N	0.5	MCL

续表

污染物名称	类型	毒性	
		T_i 评分	参考文献
汞	ND	2	HEAST
甲氧氯	N	2.3	IRIS
镍	N	1	IRIS
硝基苯	ND	1.8	IRIS
硒	N	1	HEAST
银	N	1	IRIS
四氯乙烯	ND	0.5	IRIS

注：①C 为致癌物质，N 为非致癌物质，D 为比水重的非水相有机物，L 为比水轻的非水相有机物。②IRIS：Integrated Risk Information System，美国环保署研究和发展办公室综合风险信息系统。IRIS 是美国国家环境保护局关于化学品对健康影响的数据的权威解释。③HEAST：Health Effects Assessment Summary Tables，美国环保署研究和发展办公室/应急和补救响应办公室，环境影响评价总表，1989 年 4 月。④MCL：最大污染水平，数据来源于《美国饮用水水质标准》。

表 8.2-3　污染源毒性指标评分表

污染源类型		毒性类别	T_i 评分	缓冲区半径推荐值/km
工业污染源		石油加工、炼焦及核燃料加工业	2.5	1.5
		有色金属冶炼及压延加工业	3	1
		黑色金属冶炼及压延加工业	2	1
		化学原料及化学制品制造业	2.5	2
		纺织业	1	2
		皮革、毛皮、羽毛（绒）及其制品业	1	2
		金属制品业	1.5	1
		其他行业	0.2	1
矿山开采区		煤炭开采和洗选业、石油和天然气开采业	1.5	1.5
		黑色金属矿采选业	2	1
		有色金属矿采选业	3	1
		非金属矿采选业	1	1
危险废物处置场		工业危废、危险化学品为主	2	1
垃圾填埋场		生活垃圾为主	1.5	2
加油站		石油烃类、多环芳烃类	2.5	1.5
农业污染源	农业种植	化肥、农药、重金属为主	1.5	1.5
	规模化养殖场	抗生素药物为主	1	1
高尔夫球场		农药	1.5	1.5
地表污水		工业、生活、农业废水排放等	1	1

注：矿山开采区和工业污染源分类参考《国民经济行业分类》（GB/T 4754—2017）。

2）污染源释放可能性

污染源释放可能性与其防护措施有密切关系。一般情况下，有防护措施且存在年限较短的情况下，污染源释放可能性较低；若存在时间久、防护措施维护不当，则污染源释放可能性会增加；若未采取任何防护措施，污染源释放可能性认定为 1，评分标准详见表 8.2-4。

表 8.2-4　污染源释放可能性分级标准

污染源类型		释放可能性	L_i 评分
工业污染源		建厂时间 2011 年之后	0.2
		建厂时间 1998～2011 年	0.6
		建厂时间 1998 年之前或无防护措施	1
矿山开采区		毕产，矿井已回填	0.1
		毕产，矿井未回填	0.5
		在产	0.7
		尾矿库或转运站有防渗	0.5
		尾矿库或转运站无防渗	1
垃圾填埋场		≤5 年，无害化等级 I 级	0.1
		>5 年，无害化等级 I 级	0.2
		≤5 年，无害化等级 II 级	0.2
		>5 年，无害化等级 II 级	0.4
		≤5 年，无害化等级III级	0.4
		>5 年，无害化等级III级	0.5
		简易防护，无害化等级IV级	0.6
		无防护，无害化等级IV级	1
危险废物处置场		正规	0.1
		无防护措施	1
加油站		≤5 年，双层罐或有防渗池	0.1
		(5, 15]年，双层罐或有防渗池	0.2
		>15 年，双层罐或有防渗池	0.5
		≤5 年，单层罐且无防渗池	0.2
		(5, 15]年，单层罐且无防渗池	0.6
		>15 年，单层罐且无防渗池	1
农业污染源	农业种植	水田	0.3
		旱地	0.7
	规模化养殖场	有防护措施	0.3
		无防护措施	1
高尔夫球场		≤18 洞	0.1
		(18, 36]洞	0.2
		>36 洞	0.5
地表污水		/	1

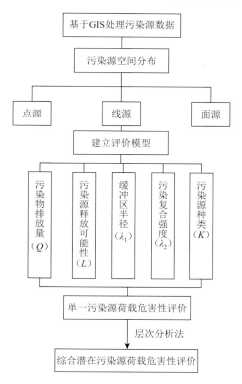

图 8.2-3　地下水潜在污染源荷载危害性评价体系框架

2）污染物排放量（Q）

污染物排放量（Q）仅代表人类活动产生污染物的量，未考虑进入地下污染物的量。工业源污染物排放量须考虑不同行业类型，对应评分根据废水排放量确定，取值参照已有文献数据及经验标准。农业源畜禽养殖场的污染物排放量由养殖场每年 COD_{Cr} 排放量确定，依据《畜禽养殖业污染物排放标准》（GB 18596—2001），将养殖场最大牲畜存栏量所产生 COD_{Cr} 排放量所对应的评分定为高值 10，将养殖场最低 COD_{Cr} 排放量对应的评分定为低值 1，将研究区平均 COD_{Cr} 排放量对应的评分定为中间值，在此基础上将评分分为 6 个等级，畜禽类 COD_{Cr} 排放量换算标准详见表 8.2-6。农业源化肥使用的污染物排放量分级评分，将化肥使用量的国际安全上限 $2.25 \times 10^{-2} kg/m^2$ 对应的评分定为中间值，将研究区最小化肥使用量评分定为低值 1，最大使用量评分定为高值 10，在此基础上将评分分为 6 个等级。加油站污染物排放量（Q）评分为 1。垃圾场污染物排放量（Q）由垃圾填埋量确定，将最小填埋量对应的评分评定为低值 1，将最大填埋量对应的评分定为高值 10，并均分为 6 个等级。地表排污河污染物排放量（Q）由河流径流量确定，取值参照已有文献数据及经验标准。生活污水排放量（Q）按照区/县人口密度划分，将地下水污染源荷载评估区最小人口密度评分定为 1，最大人口密度评分定为 10，并均分为 6 个等级。

3）污染源释放可能性（L）

通常将处于暴露状态及没有防护措施情况的污染源释放可能性定为最大值 1，取值范围为 0~1，具体分级评分由污染物类型、年份及防护措施确定，并参照已有文献数据及经验标准进行取值。建设年限越近，防护措施越完善，没有遇到过污染事故的污染源，其污染源释放可能性（L）的取值越小。

4）缓冲区半径（λ_1）

缓冲区半径（λ_1）指污染物可能迁移扩散的范围，与污染物类型有关，主要针对线源污染或污染源数量较少及分布较为分散的点源污染，参照已有文献数据及经验标准进行取值。

5）污染复合强度（λ_2）

污染复合强度（λ_2）表示不同区域内不同数量及空间密度的点源污染对于环境的污染强度，主要针对点源污染。当污染源数量较大时，缓冲区半径（λ_1）这一指标不足以代表多个点源污染叠加而成的复合污染源强度，因此对污染复合强度（λ_2）进行评分，将研究区每 100 km² 内点源污染数量最小值所对应的评分定为低值 1，最大值所对应的评分定为高值 2，并均分为 6 个等级。

3. 计算与表征方法

1）权重的确定

不同种类的污染源具有不同的属性和重要程度，合理地确定不同污染源在综合评估中的权重尤为重要。层次分析法是将与决策有关的元素分解成目标、准则、方案等层次，在此基础上进行定性和定量分析的决策方法，是一种定性与定量相结合的方法，与其他评价方法相比，具有较强的逻辑性、实用性、系统性和准确性，具体过程为建立层次模型、构建判断矩阵、层次单排序及一致性检验。综合污染源荷载的权重将对工业源、农业源、生活源、垃圾场、加油站和地表排污河进行两两比较，构建判断矩阵，判断矩阵评分见表 8.2-10。

表 8.2-10　层次分析法判断矩阵评分

标值	含义
1	表示两种因素同等重要
3	一个因素相对于另一个因素稍微重要
5	一个因素相对于另一个因素比较重要
7	一个因素相对于另一个因素特别重要
9	一个因素相对于另一个因素极其重要
2，4，6，8	表示两种因素重要程度为上述判断中值
上述标值倒数	表示两种因素重要程度与上述判断相反

通过式（8.2-6）和式（8.2-7）判断矩阵的一致性：

$$CR = CI / RI \tag{8.2-6}$$

$$CI = (\lambda_{\max} - n) / (n - 1) \tag{8.2-7}$$

式中，CR 为随机一致性比率，当 CR＜0.10 时，认为判断矩阵的一致性是可以接受的，否则应该对判断矩阵做适当修正；CI 为度量判断矩阵偏离的一致性指标；$\lambda_{\max}$ 为判断矩阵的最大特征根；n 为判断矩阵的阶数；RI 为修正因子，不同阶数的矩阵有不同取值（表 8.2-11）。

表 8.2-11　层次分析法中修正因子（RI）取值

阶数	RI	阶数	RI	阶数	RI
1	0	6	1.24	11	1.52
2	0	7	1.32	12	1.54
3	0.58	8	1.41	13	1.56
4	0.90	9	1.45	14	1.58
5	1.12	10	1.49	15	1.59

2）污染源荷载危害性表征

综合潜在污染源荷载评估需综合考虑六类污染源荷载危害性，根据六大类污染源权重对单个潜在污染源荷载危害性评分进行叠加，得到综合危害性评价结果，并通过 ArcGIS 软件中的自然间断点分级法将评价结果分为 I～V 级。

$$C_j = \sum_{j=1}^{6}(P_j \times W_j) \tag{8.2-8}$$

式中，C_j 为综合污染源荷载危害性评分；P_j 为单个潜在污染源荷载危害性指数；W_j 为单个潜在污染源权重；j 为工业源、垃圾场、加油站、农业源、生活源和地表排污河六类污染源。

8.2.4　模糊层次分析法

模糊层次分析法选取对地下水污染风险影响较大的 5 个污染源性质参数进行地下水荷载评估，分别为存在形式、衰减特征、污染物的量、迁移性及毒性等。污染源参数的分值范围为 1～10，对地下水威胁最大的评分为 10，威胁最小的评分为 1。

目标污染物的存在形式分为密封、部分密封及暴露。污染物各个方位均有隔离措施时称为密封；污染物下方有隔离措施但其他方位未与外界隔离时称为部分密封；污染物下方未有隔离措施的称为暴露。污染物密封状态直接影响其与地下水系统的交互关系，密封性越差，对地下水的威胁性越大，其值越大。目标污染物的衰减特征根据半衰期评分，通常在水中半衰期大于 2 个月、在土壤或沉积物中半衰期大于 6 个月的有机污染物称为持久性有机污染物。参考此标准，将半衰期分为 6 个等级，半衰期越长，污染物的危险性越大，数值越高。目标污染物的量依据检测及计算结果，划分为低、较低、中等、较高、高 5 个等级。目标污染物的迁移性依据油水分配系数评分。油水分配系数是有机污染物在有机碳（100%的碳）和水之间的分配系数，它是污染物本身的性能参数。对不同的有机污染物在同一种土壤或含水层介质的迁移而言，油水分配系数决定了其在地下水中的迁移能力，数值越大，含水层介质的阻滞能力越强，有机物的迁移能力越弱。依据目标污染物的急性毒性指标、慢性毒性指标及国际癌症研究中心最新公布的对人致癌危险评价表，将污染物的毒性划分为 5 个等级。

采用模糊层次分析法对污染源指标的权重进行计算。设目标污染物的存在形式、衰减特征、污染负荷、迁移特征及毒性分别为 f_1、f_2、f_3、f_4、f_5，确立优先关系矩阵。

$$F = \begin{bmatrix} 0.5 & 1 & 0 & 1 & 0 \\ 0 & 0.5 & 0 & 0.5 & 0 \\ 1 & 1 & 0.5 & 1 & 0.5 \\ 0 & 0.5 & 0 & 0.5 & 0 \\ 1 & 1 & 0.5 & 1 & 0.5 \end{bmatrix} \qquad (8.2\text{-}9)$$

其后，计算模糊一致矩阵：

$$R = \begin{bmatrix} 0.5 & 0.8 & 0.2 & 0.8 & 0.2 \\ 0.2 & 0.5 & -0.1 & 0.5 & -0.1 \\ 0.8 & 1.1 & 0.5 & 1.1 & 0.5 \\ 0.2 & 0.2 & -0.1 & 0.5 & -0 \\ 0.8 & 1.1 & 0.5 & 1.1 & 0.5 \end{bmatrix} \qquad (8.2\text{-}10)$$

最后，计算出污染源参数的评分及权重值见表 8.2-12 和表 8.2-13。

表 8.2-12　　地下水污染源参数的评分

存在形式	半衰期/d	污染物的量	油水分配系数	毒性
密封（1）	15（1）	低（1）	<50（10）	弱（1）
	15～60（3）		<100（8）	
部分密封（5）	60～180（7）	较低（3）	100～500（7）	较弱（3）
	180～360（8）	中等（5）	500～1000（5）	中等（5）
			1000～5000（3）	
暴露（10）	360～720（9）	较高（8）	5000～10000（2）	较强（8）
	>720（10）	高（10）	>10000（1）	强（10）

注：括号里数值表示所占权重的分数，分数越高，说明这项参数的影响就越大。

表 8.2-13　　地下水污染源参数的权重

污染性质指标	存在形式	衰减特征	污染负荷	迁移特征	毒性
权重	0.2	0.05	0.35	0.05	0.35

8.3　评估方法差异性与适用性

8.3.1　尺度效应

区域的规模尺度是一个十分关键的问题，不同空间尺度的研究区有不同的特点，导致建立的地下水污染风险评价体系也就不同。大尺度区域环境因素复杂，调查的基础资料覆盖度较差，精度较低，宜选用低精度的评价方法；中、小尺度范围较小，基础信息的调查覆盖全面，数据完善，精度较高，宜选用高精度的评价方法。

8.3.2　解析精度

污染源荷载量化结果差异性的根本在于对污染源解析程度不同。评分指数法从解析污染源类型出发，考虑了各类污染源释放污染物的能力及其危害性，源解析程度较低，宜用在大尺度区域。定量指数法在解析污染源类型的基础上进一步解析污染物，从特征污染物的角度出发，考虑了污染物的属性和排放量，源解析程度较高，宜用在中、小尺度区域。多源污染分析法在原有基础上增加污染复合强度指标，可对多点源的复合污染进行危害性评分，这不仅解决了传统评价方法中因行政区面积及边界限制影响评价结果的问题，也为地下水污染源强精准识别与风险评估提供技术支撑。

8.3.3　繁简程度

评分指数法和定量指数法的量化方法体系都为二层结构，但是两种方法的繁简程度有较大差异，主要体现在特征污染物排放量（Q）的计算方面，产生差异的主要原因在于对污染源基础信息的要求不同。评分指数法中特征污染物的量根据污水排放量或化肥用量等指标分级评分，用较少的基础资料从定性角度表征特征污染物的量，过程简便，但精度较低，适用于大尺度区域；定量指数法中污染源特征污染物的量需要根据污染源的污水排放量、污染源分布面积、实测污染物浓度等资料来计算，用更丰富的基础资料定量地表征特征污染物的量，计算过程较复杂，但精度高，适用于中、小尺度区域。因此，不同方法对基础资料要求不同，量化过程的繁简程度不同，精度不同，从而方法的适用性也就不同。

8.4　地下水污染源荷载评估编图方法

地下水污染源荷载评估图是污染源荷载评估结果的一种直观表现，能够较为直观地反映各类地下水污染源的分布特点以及污染源的荷载风险等级，具有一定实际应用价值，为地下水污染风险评价与地下水污染防控区划研究奠定了基础。

地下水污染源荷载评估图的制图主要通过 ArcGIS 软件中的 Spatial Analyst 模块下的 Raster Calculator 功能中进行叠加得到综合污染荷载指数，用 Natural Breaks 方法实现等级划分，一般分为 5 级，各个计算因子的值通过分级评分得到。这种方法的特点是以自然固有的数据为基础，识别最大化分级之间差异的断点，划分边界有较大的数据跳跃，等级从低到高，污染危害性越来越高。

第9章　地下水污染健康风险评价

9.1　国内外健康风险评价研究现状

9.1.1　国外研究现状

风险评价起源于 20 世纪 30 年代，最初以定性研究为主。经四十多年的发展，到 20 世纪 70 年代风险评价体系基本形成，相关研究成果产出达到高峰期，该时期以美国国家科学院与美国国家环境保护局的成果最具代表性。1983 年，美国国家科学院提出健康风险评价"四步法"：危害鉴定、剂量-反应评估、暴露评估和风险表征，如今已成为许多国家和组织环境风险评价所采用的指导性文件。1989 年，美国国家环境保护局提出相类似的"四步法"：数据收集和评估、毒性评估、暴露评估和风险表征。这对健康风险评估具有里程碑意义，已被许多国家的健康风险评估导则所采用。美国已有 40 多年的场地风险管理经验，其中，美国材料与试验协会（American Society for Testing Material，ASTM）颁布的 RBCAE-2081 风险评估技术导则已在美国 40 多个州成功实施；美国环境保护署（United States Environmental Protection Agency，USEPA）颁布了一系列技术性文件、导则和指南，系统介绍了环境与健康风险评估的方法和技术，如《暴露风险评估指南》、《暴露因子手册》和《超级基金场地健康风险评估手册》等。美国有毒物和疾病登记署（Agency for Toxic Substances and Disease Registry，ATSDR）也提出了健康风险评估方法体系。荷兰、英国等欧洲国家的风险评估体系也相继建立。英国 1992 年开始研究污染场地暴露评估方法学，直到 2009 年才完善了暴露评估方法学、污染物理化参数及风险评估导则，并在此基础上开发了污染场地暴露评估（contaminated land exposure assessment，CLEA）模型，到目前为止，英国只公布了 11 种污染物的土壤指导值（soil guideline values，SGV）。由于土壤指导值过于保守，英国环境、食品及农村事务部（Department for Environment，Food and Rural Affairs，DEFRA）于 2013 年委托英国污染场地实用组织（Contaminated Land Applications in Real Environments）制定了第四等级土壤筛选值（category 4 screening levels，C4SL）。欧洲环境署（European Environment Agency，EEA）于 1999 年颁布了环境风险评估的技术性文件，系统介绍了健康风险评估的方法与内容。总体来说，欧美国家已经系统建立了健康与环境风险评估的理论框架与方法，并广泛应用于实际环境污染风险管理工作中。此外，美国、荷兰、英国等分别开发了定量风险评估软件模型工具，包括基于风险纠正措施（risk-based corrective action，RBCA）模型、RISCHUMAN 模型及 CLEA 模型，这些模型在国际上已经得到了广泛认可和应用。

续表

序号	指标名称（单位）	标准
37	丙烯醛（mg/L）	0.1
38	三氯乙醛（mg/L）	0.01
39	苯（mg/L）	0.01
40	甲苯（mg/L）	0.7
41	乙苯（mg/L）	0.3
42	二甲苯（mg/L）	0.5
43	异丙苯（mg/L）	0.25
44	氯苯（mg/L）	0.3
45	1, 2-二氯苯（mg/L）	1
46	1, 4-二氯苯（mg/L）	0.3
47	三氯苯（mg/L）	0.02
48	四氯苯（mg/L）	0.02
49	六氯苯（mg/L）	0.05
50	二硝基苯（mg/L）	0.017
51	2, 4-二硝基苯（mg/L）	0.5
52	2, 4, 7-三硝基苯（mg/L）	0.0003
53	硝基氯苯（mg/L）	0.5
54	2, 4-二硝基氯苯（mg/L）	0.05
55	2, 4-二氯苯酚（mg/L）	0.5
56	2, 4, 6-三氯苯酚（mg/L）	0.093
57	五氯酚（mg/L）	0.2
58	苯胺（mg/L）	0.009
59	联苯胺（mg/L）	0.1
60	丙烯酰胺（mg/L）	0.0002
61	丙烯腈（mg/L）	0.0005
62	邻苯二甲酸二丁酯（mg/L）	0.1
63	邻苯二甲酸二（2-乙基己基）酯（mg/L）	0.003
64	水合肼（mg/L）	0.008
65	四乙基铅（mg/L）	0.01
66	吡啶（mg/L）	0.0001
67	松节油（mg/L）	0.2
68	苦味酸（mg/L）	0.2
69	丁基黄原酸（mg/L）	0.5
70	活性氯（mg/L）	0.005
71	林丹（mg/L）	0.002
72	环氧七氯（mg/L）	0.0002
73	对硫磷（mg/L）	0.003
74	甲基对硫磷（mg/L）	0.002
75	马拉硫磷（mg/L）	0.05

序号	指标名称（单位）	标准
76	乐果（mg/L）	0.08
77	敌敌畏（mg/L）	0.05
78	敌百虫（mg/L）	0.05
79	内吸磷（mg/L）	0.03
80	百菌清（mg/L）	0.01
81	甲萘威（mg/L）	0.05
82	溴氰菊酯（mg/L）	0.02
83	阿特拉津（mg/L）	0.003
84	苯并（a）芘（μg/L）	0.00001
85	甲基汞（μg/L）	0.000001
86	多氯联苯（μg/L）	0.00002
87	硼（mg/L）	0.5
88	锑（mg/L）	0.005
89	钒（mg/L）	0.05
90	钛（mg/L）	0.1
91	铊（mg/L）	0.0001
92	银（mg/L）	0.05
93	1, 1, 1-三氯乙烷（μg/L）	2
94	1, 1, 2-三氯乙烷（μg/L）	0.005
95	1, 2-二氯丙烷（μg/L）	0.003
96	二氯一溴甲烷（μg/L）	0.06
97	一氯二溴甲烷（μg/L）	0.1
98	p, p'-滴滴伊（μg/L）	0.0002
99	p, p'-滴滴滴（μg/L）	0.00028
100	p, p'-滴滴涕（μg/L）	0.0002
101	艾氏剂（μg/L）	0.00003
102	狄氏剂（μg/L）	0.00008
103	异狄氏剂（μg/L）	0.002
104	氯丹（μg/L）	0.002
105	2, 4, 6-三氯酚（μg/L）	0.2
106	2, 4-二氯酚（μg/L）	0.011
107	苯酚（μg/L）	2.2
108	对硝基酚（μg/L）	0.05
109	萘（μg/L）	0.01
110	苊（μg/L）	0.037
111	二氢苊（μg/L）	0.037
112	芴（μg/L）	0.024
113	菲（μg/L）	0.018
114	蒽（μg/L）	0.18

续表

序号	中文名	CAS 编号	H'	D_a/(cm²/s)	D_w/(cm²/s)	K_{oc}/(cm³/g)	S/(mg/L)
37	1, 2-反式-二氯乙烯	156-60-5	3.83×10^{-1}	8.76×10^{-2}	1.12×10^{-5}	3.96×10	4.52×10^3
38	二氯甲烷	1975-9-2	1.33×10^{-1}	9.99×10^{-2}	1.25×10^{-5}	2.17×10	1.30×10^4
39	1, 2-二氯丙烷	78-87-5	1.15×10^{-1}	7.33×10^{-2}	9.73×10^{-6}	6.07×10	2.80×10^3
40	硝基苯	98-95-3	9.81×10^{-4}	6.81×10^{-2}	9.45×10^{-6}	2.26×10^2	2.09×10^3
41	苯乙烯	100-42-5	1.12×10^{-1}	$7.11 \times 10{-2}$	8.78×10^{-6}	4.46×10^2	3.10×10^2
42	1, 1, 1, 2-四氯乙烷	630-20-6	1.02×10^{-1}	4.82×10^{-2}	9.10×10^{-6}	8.60×10	1.07×10^3
43	1, 1, 2, 2-四氯乙烷	79-34-5	1.50×10^{-2}	4.89×10^{-2}	9.29×10^{-6}	9.49×10	2.83×10^3
44	四氯乙烯	127-18-4	7.24×10^{-1}	5.05×10^{-2}	9.46×10^{-6}	9.49×10	2.06×10^2
45	三氯乙烯	1979-1-6	4.03×10^{-1}	6.87×10^{-2}	1.02×10^{-5}	6.07×10	1.28×10^3
46	氯乙烯	1975-1-4	1.14	1.07×10^{-1}	1.20×10^{-5}	2.17×10	8.80×10^3
47	1, 1, 2-三氯丙烷	598-77-6	1.30×10^{-2}	5.72×10^{-2}	9.17×10^{-6}	9.49×10	1.90×10^3
48	1, 2, 3-三氯丙烷	96-18-4	1.40×10^{-2}	5.75×10^{-2}	9.24×10^{-6}	1.16×10^2	1.75×10^3
49	1, 1, 1-三氯乙烷	71-55-6	7.03×10^{-1}	6.48×10^{-2}	9.60×10^{-6}	4.39×10	1.29×10^3
50	1, 1, 2-三氯乙烷	79-00-5	3.37×10^{-2}	6.69×10^{-2}	1.00×10^{-5}	6.07×10	4.59×10^3
51	苊	83-32-9	7.52×10^{-3}	5.06×10^{-2}	8.33×10^{-6}	5.03×10^3	3.90
52	蒽	120-12-7	2.27×10^{-3}	3.90×10^{-2}	7.85×10^{-6}	1.64×10^4	4.34×10^{-2}
53	苯并（a）蒽	56-55-3	4.91×10^{-4}	2.61×10^{-2}	6.75×10^{-6}	1.77×10^5	9.40×10^{-3}
54	苯并（a）芘	50-32-8	1.87×10^{-5}	4.76×10^{-2}	5.56×10^{-6}	5.87×10^5	1.62×10^{-3}
55	苯并（b）荧蒽	205-99-2	2.69×10^{-5}	4.76×10^{-2}	5.56×10^{-6}	5.99×10^5	1.50×10^{-3}
56	苯并（k）荧蒽	207-08-9	2.39×10^{-5}	4.76×10^{-2}	5.56×10^{-6}	5.87×10^5	8.00×10^{-4}
57	䓛	218-01-9	2.14×10^{-4}	2.61×10^{-2}	6.75×10^{-6}	1.81×10^5	2.00×10^{-3}
58	二苯并（a, h）蒽	53-70-3	5.76×10^{-6}	4.46×10^{-2}	5.21×10^{-6}	1.91×10^6	2.49×10^{-3}
59	荧蒽	206-44-0	3.62×10^{-4}	2.76×10^{-2}	7.18×10^{-6}	5.55×10^4	2.60×10^{-1}
60	芴	86-73-7	3.93×10^{-3}	4.40×10^{-2}	7.89×10^{-6}	9.16×10^3	1.69
61	茚并（1, 2, 3-cd）芘	193-39-5	1.42×10^{-5}	4.48×10^{-2}	5.23×10^{-6}	1.95×10^6	1.90×10^{-4}
62	萘	91-20-3	1.80×10^{-2}	6.05×10^{-2}	8.38×10^{-6}	1.54×10^3	3.10×10
63	芘	129-00-0	4.87×10^{-4}	2.78×10^{-2}	7.25×10^{-6}	5.43×10^4	1.35×10^{-1}
64	艾氏剂	309-00-2	1.80×10^{-3}	3.72×10^{-2}	4.35×10^{-6}	8.20×10^4	1.70×10^{-2}
65	狄氏剂	60-57-1	4.09×10^{-4}	2.33×10^{-2}	6.01×10^{-6}	2.01×10^4	1.95×10^{-1}
66	异狄氏剂	72-20-8	2.60×10^{-4}	3.62×10^{-2}	4.22×10^{-6}	2.01×10^4	2.50×10^{-1}
67	氯丹	12789-03-6	1.99×10^{-3}	2.15×10^{-2}	5.45×10^{-6}	6.75×10^4	5.60×10^{-2}
68	滴滴滴	72-54-8	2.70×10^{-4}	4.06×10^{-2}	4.74×10^{-6}	1.18×10^5	9.00×10^{-2}
69	滴滴伊	72-55-9	1.70×10^{-3}	2.30×10^{-2}	5.86×10^{-6}	1.18×10^5	4.00×10^{-2}
70	滴滴涕	50-29-3	3.40×10^{-4}	3.79×10^{-2}	4.43×10^{-6}	1.69×10^5	5.50×10^{-3}
71	七氯	76-44-8	1.20×10^{-2}	2.23×10^{-2}	5.70×10^{-6}	4.13×10^4	1.80×10^{-1}
72	α-六六六	319-84-6	2.74×10^{-4}	4.33×10^{-2}	5.06×10^{-6}	2.81×10^3	2.00

序号	中文名	CAS 编号	H'	$D_a/(cm^2/s)$	$D_w/(cm^2/s)$	$K_{oc}/(cm^3/g)$	$S/(mg/L)$
73	β-六六六	319-85-7	1.80×10^{-5}	2.77×10^{-2}	7.40×10^{-6}	2.81×10^{3}	2.40×10^{-1}
74	γ-六六六	58-89-9	2.10×10^{-4}	4.33×10^{-2}	5.06×10^{-6}	2.81×10^{3}	7.30
75	六氯苯	118-74-1	6.95×10^{-2}	2.90×10^{-2}	7.85×10^{-6}	6.20×10^{3}	6.20×10^{-3}
76	灭蚁灵	2385-85-5	3.32×10^{-2}	2.19×10^{-2}	5.63×10^{-6}	3.57×10^{5}	8.50×10^{-2}
77	毒杀芬	8001-35-2	2.45×10^{-4}	3.42×10^{-2}	4.00×10^{-6}	7.72×10^{4}	5.50×10^{-1}
78	多氯联苯189	39635-31-9	2.07×10^{-3}	4.24×10^{-2}	5.69×10^{-6}	3.50×10^{5}	7.53×10^{-4}
79	多氯联苯167	52663-72-6	2.80×10^{-3}	4.44×10^{-2}	5.86×10^{-6}	2.09×10^{5}	2.23×10^{-3}
80	多氯联苯157	69782-90-7	6.62×10^{-3}	4.44×10^{-2}	5.86×10^{-6}	2.14×10^{5}	1.65×10^{-3}
81	多氯联苯156	38380-08-4	5.85×10^{-3}	4.44×10^{-2}	5.86×10^{-6}	2.14×10^{5}	5.33×10^{-3}
82	多氯联苯169	32774-16-6	6.62×10^{-3}	4.44×10^{-2}	5.86×10^{-6}	2.09×10^{5}	5.10×10^{-4}
83	多氯联苯123	65510-44-3	7.77×10^{-3}	4.67×10^{-2}	6.06×10^{-6}	1.31×10^{5}	1.60×10^{-2}
84	多氯联苯118	31508-00-6	1.18×10^{-2}	4.67×10^{-2}	6.06×10^{-6}	1.28×10^{5}	1.34×10^{-2}
85	多氯联苯105	32598-14-4	1.16×10^{-2}	4.67×10^{-2}	6.06×10^{-6}	1.31×10^{5}	3.40×10^{-3}
86	多氯联苯114	74472-37-0	3.78×10^{-3}	4.67×10^{-2}	6.06×10^{-6}	1.31×10^{5}	1.60×10^{-2}
87	多氯联苯126	57465-28-8	7.77×10^{-3}	4.67×10^{-2}	6.06×10^{-6}	1.28×10^{5}	7.33×10^{-3}
88	多氯联苯（高风险）	1336-36-3	1.70×10^{-2}	2.43×10^{-2}	6.27×10^{-6}	7.81×10^{4}	7.00×10^{-1}
89	多氯联苯（低风险）	1336-36-3	1.70×10^{-2}	2.43×10^{-2}	6.27×10^{-6}	7.81×10^{4}	7.00×10^{-1}
90	多氯联苯（最低风险）	1336-36-3	1.70×10^{-2}	2.43×10^{-2}	6.27×10^{-6}	7.81×10^{4}	7.00×10^{-1}
91	多氯联苯77	32598-13-3	3.84×10^{-4}	4.94×10^{-2}	5.04×10^{-6}	7.81×10^{4}	5.69×10^{-4}
92	多氯联苯81	70362-50-4	9.12×10^{-3}	4.94×10^{-2}	6.27×10^{-6}	7.81×10^{4}	3.22×10^{-2}
93	二噁英（以 TCDD2378 计）	1746-01-6	2.04×10^{-3}	4.70×10^{-2}	6.76×10^{-6}	2.49×10^{5}	2.00×10^{-4}
94	多溴联苯	59536-65-1					
95	苯胺	62-53-3	8.26×10^{-5}	8.30×10^{-2}	1.01×10^{-5}	7.02×10	3.60×10^{4}
96	溴仿	75-25-2	2.19×10^{-2}	3.57×10^{-2}	1.04×10^{-5}	3.18×10	3.10×10^{3}
97	2-氯酚	95-57-8	4.58×10^{-4}	6.61×10^{-2}	9.48×10^{-6}	3.88×10^{2}	1.13×10^{4}
98	4-甲酚	106-44-5	4.09×10^{-5}	7.24×10^{-2}	9.24×10^{-6}	3.00×10^{2}	2.15×10^{4}
99	3,3-二氯联苯胺	91-94-1	1.16×10^{-9}	4.75×10^{-2}	5.55×10^{-6}	3.19×10^{3}	3.11
100	2,4-二氯酚	120-83-2	1.75×10^{-4}	4.86×10^{-2}	8.68×10^{-6}	1.47×10^{2}	5.55×10^{3}
101	2,4-二硝基酚	51-28-5	3.52×10^{-6}	4.07×10^{-2}	9.08×10^{-6}	4.61×10^{2}	2.79×10^{3}
102	2,4-二硝基甲苯	121-14-2	2.21×10^{-6}	3.75×10^{-2}	7.90×10^{-6}	5.76×10^{2}	2.00×10^{2}
103	六氯环戊二烯	77-47-4	1.11	2.72×10^{-2}	7.22×10^{-6}	1.40×10^{3}	1.80
104	五氯酚	87-86-5	1.00×10^{-6}	2.95×10^{-2}	8.01×10^{-6}	5.92×10^{2}	1.40×10
105	苯酚	108-95-2	1.36×10^{-5}	8.34×10^{-2}	1.03×10^{-5}	1.87×10^{2}	8.28×10^{4}
106	2,4,5-三氯酚	95-95-4	6.62×10^{-5}	3.14×10^{-2}	8.09×10^{-6}	1.60×10^{3}	1.20×10^{3}
107	2,4,6-三氯酚	1988-6-2	1.06×10^{-4}	3.14×10^{-2}	8.09×10^{-6}	3.81×10^{2}	8.00×10^{2}

续表

序号	中文名	CAS 编号	H'	D_a/(cm²/s)	D_w/(cm²/s)	K_{oc}/(cm³/g)	S/(mg/L)
108	阿特拉津	1912-24-9	9.65×10^{-8}	2.65×10^{-2}	6.84×10^{-6}	2.25×10^{2}	3.47×10
109	敌敌畏	62-73-7	2.30×10^{-5}	2.79×10^{-2}	7.33×10^{-6}	5.40×10	8.00×10^{3}
110	乐果	60-51-5	9.93×10^{-9}	2.61×10^{-2}	6.74×10^{-6}	1.28×10	2.33×10^{4}
111	硫丹	115-29-7	2.66×10^{-3}	2.25×10^{-2}	5.76×10^{-6}	6.76×10^{3}	3.25×10^{-1}
112	草甘膦	1071-83-6	8.59×10^{-11}	6.21×10^{-2}	7.26×10^{-6}	2.10×10^{3}	1.05×10^{4}
113	邻苯二甲酸二(2-乙基己)酯	117-81-7	1.10×10^{-5}	1.73×10^{-2}	4.18×10^{-6}	1.20×10^{5}	2.70×10^{-1}
114	邻苯二甲酸丁苄酯	85-68-7	5.15×10^{-5}	2.08×10^{-2}	5.17×10^{-6}	7.16×10^{3}	2.69
115	邻苯二甲酸二乙酯	84-66-2	2.49×10^{-5}	2.61×10^{-2}	6.72×10^{-6}	1.05×10^{2}	1.08×10^{3}
116	邻苯二甲酸二丁酯	84-74-2	7.40×10^{-5}	2.14×10^{-2}	5.33×10^{-6}	1.16×10^{3}	1.12×10
117	邻苯二甲酸二正辛酯	117-84-0	1.05×10^{-4}	3.56×10^{-2}	4.15×10^{-6}	1.41×10^{5}	2.00×10^{-2}

注：表中亨利常数等理化性质参数为常温条件下的参数值。

9.2.4　暴露评估

暴露是指一种化学物质与人体某部分器官或组织的接触过程。判断暴露级别或浓度的方法是直接检测或估计某种化学物质在有机体交换界面（肺部、内脏、皮肤等）的浓度。暴露评估是对暴露级别、频率、周期和途径进行定性或定量测定或估计的过程。暴露评估可以考虑历史、当前和未来的暴露，对每个阶段采取不同的评估手段。对现阶段的暴露情景可以通过直接测量或模拟手段进行暴露评估；对未来的暴露情景可以在未来条件下进行模拟预测；对历史的暴露情景可根据已检测的浓度，模拟过去的浓度或检测有机体组织内的化学物质浓度进行判断。一般情况下，对当前或未来暴露的评估较为普遍。

暴露评估主要在于分析暴露情景及暴露途径。暴露情景是指在特定土地利用方式下，场地中污染物经由不同暴露路径迁移、接触受体人群的情景。理论上，暴露评估描述了污染源、暴露途径和受体以及评估过程中的不确定性。无论化学污染物具有何种危害性，如果污染物不存在接触到受体的暴露途径，便不会引起健康风险。风险时刻与暴露联系在一起，因此，当考虑风险时首先必须评估有害化学物质的暴露场景和暴露途径。暴露评估的基本组成部分包括确定暴露场景特征、暴露途径识别、暴露定量计算三个部分。

1）确定暴露场景特征

确定暴露场景特征首先要掌握场地相关的物理信息，主要包括：①气候（如温度、降水量）；②气象（如风速、风向）；③地质构造（如地层结构与分布、基岩的位置）；④农用地类型（如未开垦土地、林地、草地）；⑤土壤特征（如土壤类型、有机质含量、酸碱度）；⑥水文地质特征（如含水层埋深、地下水流向、含水层类型）；⑦地表水特征（如地表水类型、水流速度、盐分）。以上信息主要根据前期调研、场地调查或初步评估分析来获取。基础数据信息可以通过查询全国或局部地区地质调查数据、地质剖面图、卫星数据库等获取，也可以咨询相关专业人员。

　　暴露评估的另外一个重要任务是确定潜在暴露人群的特征，主要包括确定暴露人群的日常活动场所、活动模式及潜在敏感群体。敏感人群的活动场所可能位于污染场地之上或者在污染场地附近，在这些地点人群接触污染物受到的潜在危害程度最大。对于污染场地之上的暴露人群比较容易识别，但对于场地附近的暴露人群则可能通过饮用地下水、食用河流中的鱼类、食用污染场地上种植的农作物等途径接触污染物，也可能由于污染物随地下水迁移到场地周围而使附近人群受到健康危害。

　　暴露人群根据不同用地类型其特征也不同，用地类型主要可以分为两大类：居住用地和工商业用地。暴露人群特征信息主要包括暴露频率（如工商业用地的人群一般工作8h，而居住用地上的人群最大暴露时间为24h）和活动模式（如工商业用地上，室内工作人员在室内暴露的时间更长，而建筑工人则主要暴露于室外情景）。风险评估针对的暴露人群是由该场地用地类型来决定的，如果是针对当前场地状况进行评估，则要考虑当前的暴露人群；如果是针对场地未来二次开发后的状况进行评估，则需要考虑未来用地类型下的暴露人群，未来用地类型则根据未来用地规划决定。如果一块场地中存在不同的用地类型，则应该根据不同的用地类型分别考虑暴露人群的特征。暴露人群中有一些较为敏感的受体，如婴幼儿、孕妇、老人以及患病人群，他们长期暴露于污染的环境下，产生健康风险的概率将更高，因此，如果在评估的场地中有这些特殊敏感人群，应予以额外关注。我国在《地下水污染健康风险评估工作指南》中，暴露情景针对的受体包括：敏感用地方式下，儿童与成人均可能会长时间暴露于污染物，致癌效应下根据儿童期和成人期的暴露来评估污染物的致癌风险，非致癌效应下根据儿童期暴露进行评估；非敏感用地方式下，主要的暴露受体为成人，通常根据成人期的暴露进行风险评估。我国土地利用类型多元化，相关暴露特征还有待进一步研究。

　　2）暴露途径识别

　　暴露途径识别通常包括四个因素：①污染源及化学物质释放机理；②滞留或传播介质或参与污染物转化的介质；③潜在暴露受体与污染介质接触点（暴露点）；④暴露途径（如经口摄入）。在某些情况下，首先被污染的介质也可以成为其他环境介质的污染源（如泄漏导致污染的土壤，可以成为地下水或地表水污染的源头）。在其他情况下，污染源本身（如贮水池、污染土壤）作为直接暴露点，不会向其他介质释放污染，此种情况中，暴露途径主要包括污染源、暴露点和暴露路径。

　　（1）污染源及受纳介质识别。

　　地下水作为受纳介质的一种，它的释放机理一般是淋溶作用，释放源往往是地表废物、填埋废物或者污染的土壤。暴露途径识别过程中，必须结合场地监测数据和场地信息，分析污染物在不同时间（过去、现在、未来）内可能产生的风险，例如，假设场地中土壤污染源位于一个老旧的蓄水池附近，那么蓄水池（污染源）未来可能发生破裂或泄漏（释放机理），将污染物释放到地下（受纳介质）。除了原污染源，在暴露途径识别过程中，必须要注意任何可能成为暴露点的污染源，如开放式储油罐、蓄水池、地表废弃物堆放点或污水池、污染土壤等。

　　（2）污染物的迁移和归趋评估。

　　评估污染物的迁移和归趋行为能够较好地预测污染物在未来的暴露情形，有助于评估者建立污染源与当前污染介质之间的关系。暴露评估在本阶段对污染物的迁移和归趋分析是一个定性过程，主要用于判断污染物迁移之后的潜在受纳污染物的环境介质。评估者应重点关注污染物在污染源和环境中的变化、当前污染物存在于何种介质中、未来污染物将存在于何种介质中以及发生何种变化。

污染物被释放到环境中后，可能发生一系列迁移转化，主要包括：①迁移，如随水流向下游迁移、悬浮于沉积物中或者扩散进入大气环境；②物理转化，如挥发或沉降；③化学转化，如光解、水解、氧化、还原等；④生物转化，如生物降解；⑤在一种或多种介质（包括受纳介质）中累积。

为了确定特定场地中关注污染物的迁移和归趋，首先要获取相应污染物的物理化学性质信息和环境介质特征，利用计算机模拟和文献查阅等手段判断污染物的迁移转化规律。表 9.2-6 列出了污染物迁移归趋行为中涉及的典型参数及其用途。

表 9.2-6　污染物特定迁移归趋参数

参数名称	符号	描述
有机碳-水分配系数	K_{oc}	用于表征外源污染物在有机碳-水之间分配平衡的值。K_{oc} 值越高，污染物越容易被固定于土壤或沉积物中，而非存在于水相中
土壤（沉积物）-水分配系数	K_d	用于表征外源污染物在土壤（沉积物）-水之间分配平衡的值，未经过有机碳含量校正。当 K_d 经过土壤（沉积物）中有机碳含量（f）校正时，则 $K_d = K_{oc} \times f_{oc}$。$K_d$ 值高，污染物越容易被固定于土壤或沉积物中，而非存在于水相中
辛醇-水分配系数	K_{ow}	用于表征外源污染物在辛醇-水之间分配平衡的值。K_{ow} 值越高，污染物越容易分配到辛醇中而非水中。辛醇作为脂质（脂肪）的替代物，K_{ow} 可以用于评估污染物在水生生物中的生物累积浓度
溶解度	S	为污染物在特定温度下能够溶解于水的最大浓度，当溶液浓度超过溶解度时，表明可能出现化学溶剂的增溶作用，或出现非水相液体
亨利常数	H'	用于表征外源污染物在空气和水之间分配平衡的值。H' 值越大，表明污染物越容易挥发到空气中
蒸气压	P_v	指污染物的气相与其固相或液相分配平衡时产生的压力，用于计算纯物质在其表面的挥发速率
扩散系数	D	描述污染物分子在液相或气相中运动导致的浓度差，用于计算污染物迁移后的扩散成分。污染物的扩散性越强，越可能按照浓度梯度减小的方向运动
生物浓度因子	BCF	描述外源污染物在生物介质（如鱼的组织或植物的组织）与其他介质（如水）中的分配平衡。BCF 值越高，污染物在生物组织中的累积量越多
特定介质半衰期	λ	用于表征外源污染物在特定介质中的持久性，其实际半衰期可能由于场地特定条件的差异而变化较大。半衰期越长，表明污染物在介质中的持久性越长

此外，场地特征参数将影响污染物的迁移转化规律。例如，土壤含水量、有机质含量、阳离子交换能力等能够显著影响较多污染物的迁移能力。如果地下水埋深较浅，将会增加污染物通过土壤淋溶作用污染地下水的风险。风险评估过程中，应尽量使用有效的化学参数和场地特征信息评估污染物在多介质间的迁移或在单一介质中的累积（滞留）行为，利用监测数据判断当前的污染介质或根据其迁移归趋识别当前或未来的潜在污染介质。

（3）识别暴露点和暴露途径。

暴露点的识别取决于潜在暴露受体与污染介质的接触位置，需考虑污染区域内人群的位置与活动模式，同时需要特别关注敏感群体。任何与污染介质接触的地点都可以成为暴露点，尽力识别这些暴露点中潜在暴露浓度最高的位置。若场地当前处于运营状态，或者受体与场地污染物的接触没有限定距离或其他条件，那么场地中任何污染介质或污染源都可能成为潜在暴露点。对于潜在的离场受体，最高暴露浓度可能出现在地下水下游或下风向离场地最近的位置。某些情况下，暴露也可能发生在离场地较远的地点，如污染物通过大气沉降作用迁移到离场地较远的水体中，然后再被水生生物通过生物累积作用聚集在体内。

确定暴露点之后，进而识别潜在的暴露途径。根据暴露点的人类活动模式和污染介质，人体暴露于化学污染物的主要途径包括：①经口摄入污染的土壤/颗粒物、自产农作物、地下水；②经皮肤吸收污染物；③经口鼻呼吸吸入表层土壤污染颗粒、土壤或地下水中挥发性有机气体。

1. 暴露情景分析

暴露情景是指在特定的土地利用方式下，污染物经由不同暴露路径迁移和到达受体人群的情景。根据不同土地利用方式下人群的活动模式，《地下水污染健康风险评估工作指南》（2019）规定了两种典型的暴露情景，分为第一类用地暴露情景和第二类用地暴露情景。

（1）第一类用地暴露情景下，儿童和成人均可能会长时间暴露于污染下而产生健康危害。对于污染物的致癌效应，考虑人群的终生暴露危害，一般根据儿童期和成人期的暴露来评估污染物的终生致癌风险；对于污染物的非致癌效应，儿童体重较轻、暴露量较高，一般根据儿童期暴露来评估污染物的非致癌危害效应。

第一类用地方式包括《城市用地分类与规划建设用地标准》（GB 50137—2011）规定的城市建设用地中的居住用地（R）、文化设施用地（A2）、中小学用地（A33）、医疗卫生用地（A5）、社会福利设施用地（A6）中的孤儿院、公园绿地（G1）中的社区公园或儿童公园用地等。

（2）第二类用地暴露情景下，成人的暴露期长、暴露频率高，一般根据成人期的暴露来评估污染物的致癌风险和非致癌效应。

第二类用地方式包括《城市用地分类与规划建设用地标准》（GB 50137—2011）规定的城市建设用地中的工业用地（M）、物流仓储用地（M）、商业服务业设施用地（B）、道路与交通设施用地（S）、公用设施用地（U）、公共管理与公共服务用地（A）（A33、A5、A6 除外），以及绿地与广场用地（G）（G1 中的社区公园或儿童公园用地除外）等。

对于上述用地以外的《城市用地分类与规划建设用地标准》（GB 50137—2011）规定的城市建设用地，应分析特定场地人群暴露的可能性、暴露频率和暴露周期等情况，参照第一类用地或第二类用地暴露情景或构建适合的特定暴露情景进行风险评估。

2. 确定暴露途径

（1）对于第一类用地和第二类用地暴露情景，规定了经口摄入地下水、皮肤接触地下水、吸入室外空气中来自地下水的气态污染物、吸入室内空气中来自地下水的气态污染物为主的暴露途径。

（2）特定用地暴露情景下的主要暴露途径应根据实际情况分析确定，风险评估模型参数应尽可能根据现场调查获得。

3. 非敏感用地暴露量计算

1）第一类用地暴露评估模型

（1）经口摄入地下水途径。

第一类用地暴露情景下，人群可经口摄入地下水而暴露于地下水污染物。对于单一污染物的致癌和非致癌效应，计算经口摄入地下水途径对应的地下水暴露量的推荐公式见式（9.2-5）和式（9.2-6），具体参考《建设用地土壤污染风险评估技术导则》（HJ 25.3—2019）。

①对于单一污染物的致癌效应，考虑人群在儿童期和成人期暴露的终生危害。经口摄入地下水途径对应的地下水暴露量采用式（9.2-5）计算。

$$\mathrm{CGWER_{ca}} = \frac{\mathrm{GWCR_c \times EF_c \times ED_c}}{\mathrm{BW_c \times AT_{nc}}} + \frac{\mathrm{GWCR_a \times EF_a \times ED_a}}{\mathrm{BW_a \times AT_{ca}}} \tag{9.2-5}$$

②对于单一污染物的非致癌效应，考虑人群在儿童期的暴露危害。经口摄入地下水途径对应的地下水暴露量采用式（9.2-6）计算。

$$\mathrm{CGWER_{nc}} = \frac{\mathrm{GWCR_c \times EF_c \times ED_c}}{\mathrm{BW_c \times AT_{nc}}} \tag{9.2-6}$$

式中，$\mathrm{CGWER_{ca}}$ 为经口摄入地下水途径对应的地下水的暴露量（致癌效应），$\mathrm{L \cdot kg^{-1} \cdot d^{-1}}$；$\mathrm{CGWER_{nc}}$ 为经口摄入地下水途径对应的地下水的暴露量（非致癌效应），$\mathrm{L \cdot kg^{-1} \cdot d^{-1}}$；$\mathrm{GWCR_c}$ 为儿童每日饮水量，$\mathrm{L \cdot d^{-1}}$；$\mathrm{GWCR_a}$ 为成人每日饮水量，$\mathrm{L \cdot d^{-1}}$；$\mathrm{ED_c}$ 为儿童暴露期，a；$\mathrm{ED_a}$ 为成人暴露期，a；$\mathrm{EF_c}$ 为儿童暴露频率，d/a；$\mathrm{EF_a}$ 为成人暴露频率，d/a；$\mathrm{BW_c}$ 为儿童体重，kg；$\mathrm{BW_a}$ 为成人体重，kg；$\mathrm{AT_{ca}}$ 为致癌效应平均时间，d；$\mathrm{AT_{nc}}$ 为非致癌效应平均时间，d。

（2）皮肤接触地下水途径。

第一类用地暴露情景下，人群可经皮肤直接接触地下水而暴露于地下水污染物。对于单一污染物的致癌和非致癌效应，计算皮肤接触地下水途径对应的地下水暴露量的推荐公式见式（9.2-7）和式（9.2-8）

①对于单一污染物的致癌效应，考虑人群在儿童期和成人期暴露的终生危害。用受污染的地下水日常洗澡或清洗，皮肤接触地下水途径对应的地下水暴露剂量（致癌效应）采用式（9.2-7）计算。

$$\mathrm{DGWER_{ca}} = \frac{\mathrm{SAE_c \times EF_c \times ED_c \times E_v \times DA_{ec}}}{\mathrm{BW_c \times AT_{ca}}} \times 10^{-6}$$
$$+ \frac{\mathrm{SAE_a \times EF_a \times ED_a \times E_v \times DA_{ea}}}{\mathrm{BW_a \times AT_{ca}}} \times 10^{-6} \tag{9.2-7}$$

式中，$\mathrm{DGWER_{ca}}$ 为皮肤接触途径的地下水暴露量（致癌效应），$\mathrm{kg_{土壤} \cdot kg^{-1} \cdot d^{-1}}$；$E_v$ 为每

日洗澡、游泳、清洗等事件发生频率，次/d；SAE_c 为儿童暴露皮肤表面积，cm^2；SAE_a 为成人暴露皮肤表面积，cm^2；DA_{ec} 为儿童皮肤接触吸收剂量，mg/cm^2，无机物根据式（9.2-8）计算；DA_{ea} 为成人皮肤接触吸收剂量，mg/cm^2，无机物根据公式（9.2-9）计算。

无机污染物的吸收剂量 DA_e 采用式（9.2-8）和式（9.2-9）计算。

$$DA_{ec} = K_p \times C_{gw} \times t_c \times 10^{-3} \tag{9.2-8}$$

$$DA_{ea} = K_p \times C_{gw} \times t_a \times 10^{-3} \tag{9.2-9}$$

式中，K_p 为皮肤渗透系数，cm/h；t_c 为儿童次经皮肤接触的时间，h；C_{gw} 为地下水中污染物浓度，mg/L；t_a 为成人经皮肤接触的时间，h。

SAE_c 和 SAE_a 分别采用式（9.2-10）和式（9.2-11）计算：

$$SAE_c = 239 \times H_c^{0.417} \times BW_c^{0.517} \times SER_c \tag{9.2-10}$$

$$SAE_a = 239 \times H_a^{0.417} \times BW_a^{0.517} \times SER_a \tag{9.2-11}$$

式中，H_c 为儿童平均身高，cm；H_a 为成人平均身高，cm；SER_c 为儿童暴露皮肤所占面积比，量纲一；SER_a 为成人暴露皮肤所占面积比，量纲一。

②对于单一污染物的非致癌效应，考虑人群在儿童期暴露受到的危害。皮肤接触地下水途径对应的地下水暴露剂量采用式（9.2-12）计算。

$$DGWER_{nc} = \frac{SAE_c \times EF_c \times ED_c \times E_v \times DA_{ec}}{BW_c \times AT_{nc}} \times 10^{-6} \tag{9.2-12}$$

式中，$DGWER_{nc}$ 为皮肤接触的地下水暴露剂量（非致癌效应），$kg_{土壤} \cdot kg^{-1} \cdot d^{-1}$。

（3）吸入室外空气中气态污染物途径。

第一类用地暴露情景下，人群可因吸入室外空气中来自地下水中的气态污染物而暴露地下水污染物。对于单一污染物的致癌和非致癌效应，计算吸入室外空气中气态污染物对应的地下水暴露量的推荐公式见（9.2-13）和式（9.2-14）。

①对于单一污染物的致癌效应，考虑人群在儿童期和成人期暴露的终生危害。吸入室外空气中来自场地下水中的气态污染物对应的地下水暴露量采用式（9.2-13）计算。

$$IOVER_{ca3} = VF_{gwoa} \times \left(\frac{DAIR_c \times EFO_c \times ED_c}{BW_c \times AT_{ca}} + \frac{DAIR_a \times EFO_a \times ED_a}{BW_a \times AT_{ca}} \right) \tag{9.2-13}$$

式中，$IOVER_{ca3}$ 为吸入室外空气中来自地下水的气态污染物对应的地下水暴露量（致癌效应），$L \cdot kg^{-1} \cdot d^{-1}$；$VF_{gwoa}$ 为地下水中污染物进入室外空气的挥发因子，L/m^3；$DAIR_a$ 为成人每日空气呼吸量，m^3/d；$DAIR_c$ 为儿童每日空气呼吸量，m^3/d；EFO_a 为成人的室外暴露频率，d/a；EFO_c 为儿童的室外暴露频率，d/a。

②对于单一污染物的非致癌效应，考虑人群在儿童期暴露受到的危害。吸入室外空气中来自地下水中的气态污染物对应的地下水暴露量采用式（9.2-14）计算。

$$IOVER_{nc3} = VF_{gwoa} \times \frac{DAIR_c \times EFO_c \times ED_c}{BW_c \times AT_{nc}} \tag{9.2-14}$$

式中，$IOVER_{nc3}$ 为吸入室外空气中来自地下水的气态污染物对应的地下水暴露量（非致癌效应），$L \cdot kg^{-1} \cdot d^{-1}$。

（4）吸入室内空气中气态污染物途径。

第一类用地暴露情景下，人群可因吸入室内空气中来自地下水中的气态污染物而暴露于地下水污染物。对于污染物的致癌和非致癌效应，计算吸入室内空气中气态污染物对应地下水暴露量的推荐公式见式（9.2-15）和式（9.2-16）。

①对于单一污染物的致癌效应，考虑人群在儿童期和成人期暴露的终生危害。吸入室内空气中来自地下水中的气态污染物对应的地下水暴露量采用式（9.2-15）计算。

$$IIVER_{ca2} = VF_{gwia} \times \left(\frac{DAIR_c \times EFI_c \times ED_c}{BW_c \times AT_{ca}} + \frac{DAIR_a \times EFI_a \times ED_a}{BW_a \times AT_{ca}} \right) \quad (9.2\text{-}15)$$

式中，$IIVER_{ca2}$ 为吸入室内空气中来自地下水的气态污染物对应的地下水暴露量（致癌效应），$L \cdot kg^{-1} \cdot d^{-1}$；$VF_{gwia}$ 为地下水中污染物进入室内空气的挥发因子，L/m^3；EFI_a 为成人的室内暴露频率，d/a；EFI_c 为儿童的室内暴露频率，d/a。

②对于单一污染物的非致癌效应，考虑人群在儿童期暴露受到的危害。吸入室内空气中来自地下水中的气态污染物对应的地下水暴露量采用式（9.2-16）计算。

$$IIVER_{nc2} = VF_{gwia} \times \frac{DAIR_c \times EFI_c \times ED_c}{BW_c \times AT_{nc}} \quad (9.2\text{-}16)$$

式中，$IIVER_{nc2}$ 为吸入室内空气中来自地下水的气态污染物对应的地下水暴露量（非致癌效应），$L \cdot kg^{-1} \cdot d^{-1}$。

2）第二类用地暴露评估模型

（1）经口摄入地下水途径。

第二类用地暴露情景下，人群可因饮用地下水而暴露于地下水污染物。对于单一污染物致癌和非致癌效应，计算经口摄入地下水途径对应的地下水暴露量的推荐公式见式（9.2-17）和式（9.2-18）。

①对于单一污染物的致癌效应，考虑人群在成人期暴露的终生危害。饮用场地及周边受影响地下水对应的地下水暴露量采用式（9.2-17）计算。

$$CGWER_{ca} = \frac{GWCR_a \times EF_a \times ED_a}{BW_a \times AT_{ca}} \quad (9.2\text{-}17)$$

②对于单一污染物的非致癌效应，考虑人群在成人期的暴露危害。饮用场地及周边受影响地下水对应的地下水暴露量用式（9.2-18）计算。

$$CGWER_{nc} = \frac{GWCR_a \times EF_a \times ED_a}{BW_a \times AT_{nc}} \quad (9.2\text{-}18)$$

（2）皮肤接触地下水途径。

第二类用地暴露情景下，人群可经皮肤直接接触地下水而暴露于地下水污染物。对于污染物的致癌和非致癌效应，计算皮肤接触地下水途径对应的地下水暴露量的推荐公式见式（9.2-19）和式（9.2-20）

①对于单一污染物的致癌效应，考虑人群在成人期暴露的终生危害。用受污染的地下水洗澡、游泳或清洗，皮肤接触地下水途径对应的地下水暴露剂量（致癌效应）采用式（9.2-19）计算。

$$\text{DGWER}_{ca} = \frac{\text{SAE}_a \times \text{EF}_a \times \text{ED}_a \times E_v \times \text{DA}_{ea}}{\text{BW}_a \times \text{AT}_{ca}} \times 10^{-6} \qquad (9.2\text{-}19)$$

②对于单一污染物的非致癌效应，考虑人群在成人期暴露受到的危害。皮肤接触地下水途径对应的地下水暴露剂量采用式（9.2-20）计算。

$$\text{DGWER}_{nc} = \frac{\text{SAE}_a \times \text{EF}_a \times \text{ED}_a \times E_v \times \text{DA}_{ea}}{\text{BW}_a \times \text{AT}_{nc}} \times 10^{-6} \qquad (9.2\text{-}20)$$

（3）吸入室外空气中气态污染物途径

第二类用地暴露情景下，人群可因吸入室外空气中来自地下水中的气态污染物而暴露于地下水污染物。对于污染物的致癌和非致癌效应，计算吸入室外空气中气态污染物途径对应的地下水暴露量的推荐公式见式（9.2-21）和公式（9.2-22）。

①对于单一污染物的致癌效应，考虑人群在成人期暴露的终生危害。吸入室外空气中来自地下水中的气态污染物对应的地下水暴露量采用式（9.2-21）计算。

$$\text{IOVER}_{ca3} = \text{VF}_{gwoa} \times \frac{\text{DAIR}_a \times \text{EFO}_a \times \text{ED}_a}{\text{BW}_a \times \text{AT}_{ca}} \qquad (9.2\text{-}21)$$

②对于单一污染物的非致癌效应，考虑人群在成人期的暴露危害。吸入室外空气中来自地下水中的气态污染物对应的地下水暴露量采用式（9.2-22）计算。

$$\text{IOVER}_{nc3} = \text{VF}_{gwoa} \times \frac{\text{DAIR}_a \times \text{EFO}_a \times \text{ED}_a}{\text{BW}_a \times \text{AT}_{nc}} \qquad (9.2\text{-}22)$$

（4）吸入室内空气中气态污染物途径。

第二类用地暴露情景下，人群可因吸入室内空气中来自地下水中的气态污染物而暴露于地下水污染物。对于污染物的致癌和非致癌效应，计算吸入室内空气中气态污染物途径对应的地下水暴露量的推荐公式见式（9.2-23）和式（9.2-24）。

①对于单一污染物的致癌效应，考虑人群在成人期暴露的终生危害。吸入室内空气中来自地下水中的气态污染物对应的地下水暴露量采用式（9.2-23）计算。

$$\text{IIVER}_{ca2} = \text{VF}_{gwia} \times \frac{\text{DAIR}_a \times \text{EFI}_a \times \text{ED}_a}{\text{BW}_a \times \text{AT}_{ca}} \qquad (9.2\text{-}23)$$

②对于单一污染物的非致癌效应，考虑人群在成人期的暴露危害。吸入室内空气中来自地下水中的气态污染物对应的地下水暴露量采用式（9.2-24）计算。

$$\text{IIVER}_{nc2} = \text{VF}_{gwia} \times \frac{\text{DAIR}_a \times \text{EFI}_a \times \text{ED}_a}{\text{BW}_a \times \text{AT}_{nc}} \qquad (9.2\text{-}24)$$

9.2.5　健康风险表征

1. 健康风险表征技术要求

根据每个采样点样品中关注污染物检测数据，计算致癌风险和危害商。如关注污染物的检测数据呈正态分布，可选择所有采样点污染物浓度数据 95%置信区间的上限值计算致癌风险和危害商。风险评估得到的污染物的致癌风险和危害商可作为确定污染范围的重要依据。计算得到的地下水中单一污染物的致癌风险超过 10^{-6} 或危害商超过 1 的采样点，其代表的区域应划定为风险不可接受的污染区。

2. 地下水污染风险计算

1）地下水中单一污染物致癌风险

对于单一污染物，计算经口摄入地下水、皮肤接触地下水、吸入室外空气中地下水气态污染物和吸入室内空气中地下水气态污染物途径致癌风险的推荐公式分别见式（9.2-25）～式（9.2-28）。计算单一地下水污染物经所有暴露途径致癌风险的公式见式（9.2-29）。

（1）经口摄入地下水中单一污染物的致癌风险采用式（9.2-25）计算。

$$CR_{cgw} = CGWER_{ca} \times C_{gw} \times SF_o \tag{9.2-25}$$

式中，CR_{cgw} 为经口摄入地下水暴露于单一污染物的致癌风险，量纲一；C_{gw} 为地下水中污染物浓度，mg/L；

（2）皮肤接触地下水中单一污染物的致癌风险采用式（9.2-26）计算。

$$CR_{dgw} = DGWER_{ca} \times SF_d \times C_{gw} \tag{9.2-26}$$

式中，CR_{dgw} 为皮肤接触地下水暴露于单一污染物的致癌风险，量纲一。

（3）吸入室外空气中来自地下水的单一气态污染物的致癌风险采用式（9.2-27）计算。

$$CR_{iov3} = IOVER_{ca3} \times C_{gw} \times SF_i \tag{9.2-27}$$

式中，CR_{iov3} 为吸入室外空气来自地下水的气态污染物暴露于单一污染物的致癌风险，量纲一。

（4）吸入室内空气中来自地下水的单一气态污染物的致癌风险采用式（9.2-28）计算。

$$CR_{iiv2} = IIVER_{ca2} \times C_{gw} \times SF_i \tag{9.2-28}$$

式中，CR_{iiv2} 为吸入室内空气来自地下水的气态污染物暴露于单一污染物的致癌风险，量纲一。

（5）地下水中单一污染物经所有暴露途径的致癌风险采用式（9.2-29）计算。

$$CR_n = CR_{cgw} + CR_{dgw} + CR_{iov3} + CR_{iiv2} \tag{9.2-29}$$

式中，CR_n 为经所有暴露途径暴露于单一（第 n 种）污染物的致癌风险，量纲一。

2）地下水中单一污染物危害商

对于单一污染物，计算经口摄入地下水、皮肤接触地下水、吸入室外空气中地下水气态污染物、吸入室内空气中地下水气态污染物途径危害商的推荐公式，分别见式（9.2-30）～式（9.2-33）。计算单一地下水污染物经所有途径非致癌危害商的推荐公式见式（9.2-34）。

（1）经口摄入污染地下水中单一污染物的非致癌危害商采用式（9.2-30）计算。

$$HQ_{cgw} = \frac{CGWER_{nc} \times C_{gw}}{RfD_o \times WAF} \tag{9.2-30}$$

式中，HQ_{cgw} 为经口摄入地下水暴露于单一污染物的非致癌危害商，量纲一；WAF 为暴露于地下水的参考剂量分配系数，量纲一。

（2）皮肤接触污染地下水中单一污染物的非致癌危害商采用式（9.2-31）计算。

$$HQ_{dgw} = \frac{DGWER_{nc}}{RfD_d} \qquad (9.2\text{-}31)$$

式中，HQ_{dgw} 为皮肤接触地下水暴露单一污染物的非致癌危害商，量纲一。

（3）吸入室外空气中来自地下水的单一气态污染物的非致癌危害商采用式（9.2-32）计算。

$$HQ_{iov3} = \frac{IOVER_{nc3} \times C_{gw}}{RfD_i \times WAF} \qquad (9.2\text{-}32)$$

式中，HQ_{iov3} 为吸入室外空气来自地下水的气态污染物暴露于单一污染物非致癌危害商，量纲一。

（4）吸入室内空气中来自地下水的单一气态污染物的非致癌危害商采用式（9.2-33）计算。

$$HQ_{iiv2} = \frac{IIVER_{nc2} \times C_{gw}}{RfD_i \times WAF} \qquad (9.2\text{-}33)$$

式中，HQ_{iiv2} 为吸入室内空气来自地下水的气态污染物暴露于单一污染物非致癌危害商，量纲一。

（5）单一地下水污染物经所有途径的非致癌危害商采用式（9.2-34）计算。

$$HQ_n = HQ_{cgw} + HQ_{dgw} + HQ_{iov3} + HQ_{iiv2} \qquad (9.2\text{-}34)$$

式中，HQ_n 为经所有途径暴露于单一（第 n 种）污染物的非致癌危害商，量纲一。

3. 风险不确定性分析

（1）分析造成地块风险评估结果不确定性的主要原因，包括暴露情景假设、评估模型的适用性、模型参数取值等多个方面。

（2）暴露风险贡献率分析。

单一污染物经不同暴露途径的致癌风险和危害商贡献率分析推荐公式分别见式（9.2-35）和式（9.2-36）。根据式（9.2-35）和式（9.2-36）计算获得的百分比越大，表示特定暴露途径对于总风险的贡献率越高。

（3）模型参数敏感性分析。

①敏感参数确定原则。选定需要进行敏感性分析的参数（P），该参数一般是对风险计算结果影响较大的参数，如人群相关参数（体重、暴露期、暴露频率等）、与暴露途径相关的参数（每日摄入土壤量、皮肤表面土壤黏附系数、每日吸入空气体积、室内空间体积与蒸气入渗面积比等）。单一暴露途径致癌风险贡献率超过 20%时，应进行人群与该途径相关参数的敏感性分析。

②敏感性分析方法。模型参数的敏感性可用敏感性比值来表示，即模型参数值的变化（从 P_1 变化到 P_2）与致癌风险或危害商（从 X_1 变化到 X_2）发生变化的比值。计算敏感性比值的推荐公式见式（9.2-37）。

敏感性比值越大，表示该参数对风险的影响也越大。进行模型参数敏感性分析，应

续表

污染特征概化所需资料

主题	具体信息
污染途径	非饱和带和饱和带空间分布及属性
	地质构造和地形控制对迁移途径的影响
	优先通道（裂隙、排水系统、渗坑、建筑物、地基、废矿、钻孔等）的影响
污染物迁移转化机制	孔隙流、裂隙流、岩溶管道流
	弥散过程
	降解动力
	吸附特征
	化学反应
	单相流或多相流
	密度控制流
污染受体	评估区及周边区域的地下水
	当前或潜在的地下水使用者
	地表水体（泉水、溪流、水池、湿地）
	污染源到潜在污染受体之间的距离
与污染物迁移相关的土壤/岩石特征	有机碳含量
	阳离子交换能力
	矿物成分（如黏土含量、Fe/Mn 氧化物等）
	粒径分布
	含水率
污染物运移特征的观测结果	污染分布图或等值线图、剖面图、时间序列图
	污染羽稳定、缩小、扩大、下潜（由于密度效应、补给或垂向水力梯度）
	污染物浓度变化特征（季节性或长期趋势）
	影响污染迁移的过程（如对流、弥散、吸附、降解等）
	污染物之间的反应竞争影响
	生物化学环境对污染过程的影响（如 pH 影响金属的迁移）
	自然降解过程及支持自然降解的证据
生物地球化学环境	背景值和（或）对照值
	好氧/厌氧环境
	pH、温度、盐度、氧化还原电位、溶解氧、碱度等

表 10.1-2　数据资料来源一览表

所需资料类型	数据来源	资料信息要求与说明
水文地质条件资料： （1）含水层物理系统，包括地质、构造、地层、地形坡度、地表水体等方面的资料； （2）含水层结构，包括含水层的水平延伸、边界类型、顶底板埋深、含水层厚度、基岩结构等； （3）含水层水文地质参数及空间变异，包括渗透系数、给水度、储水系数、弥散系数及孔隙度等； （4）钻孔资料包括钻孔位置、孔口标高、岩性描述及成井结构等	（1）地质图与水文地质图； （2）地形图； （3）前人所作的有关钻探、抽水试验及分析、地球物理勘探、水力学等方面的研究报告； （4）钻孔结构、地层岩性、柱状图、剖面图及成井报告等； （5）有关学术刊物及会议上发表的学术论文、学生的毕业论文等； （6）行政部门及企业的有关数据	（1）应有一定数量的控制点； （2）地质单元的厚度、延伸以及含水层的识别； （3）地形标高等值线、含水层厚度等值线； （4）含水层立体结构图、水文地质参数分布图； （5）地表水与地下水以及不同含水层之间的水力联系； （6）地下水对生态环境的支撑作用

续表

所需资料类型	数据来源	资料信息要求与说明
水资源及其开发利用资料： （1）各种汇源项及其对地下水动力场的作用； （2）天然排泄区及人工开采区地理位置、排泄速率、排泄方式及延续时间； （3）地表水体与地下水的相互作用； （4）地下水人工开采、回灌及其过程； （5）土地利用模式、灌溉方式、蒸发、降雨情况等	（1）降水量及蒸发量； （2）地表水体流量及现状； （3）抽水试验及长期观测井的地下水水位监测数据； （4）地下水及地表水的开发利用量，包括政府部门的统计数据和可估计到的未进行统计的开发利用量； （5）灌溉区域、作物类型及分布情况； （6）水资源需求量及污水排放量预测分析； （7）其他政府、企业等有关部门的水资源开发利用数据	（1）降水量、蒸发量时间序列数据，最小时间单元应到月，有些时候需到天； （2）数据采集的时间、地点、数值及测量单位应准确； （3）对于地下水数据，应注明是否为动水位； （4）不同时期地下水位等水位线图及地下水位过程线的说明
水质监测资料： （1）常规水质指标数据； （2）非常规水质指标数据	（1）评估区所在地建设项目环境影响评价报告； （2）评估区相关取水单位或饮用水监测管理部门水质分析报告； （3）地下水环境调查报告	（1）不同时期不同点位的水质数据； （2）不同含水层位的水质数据； （3）不同监测指标数据
污染源资料： （1）污染源空间分布特征； （2）污染排放特征； （3）特征污染因子	（1）企业建设及生产记录与生产报告； （2）土地利用资料及图像解译； （3）污染普查资料； （4）地下水环境调查报告	（1）污染主体变迁历史； （2）污染源解析； （3）生产工艺分析

10.1.3　评估区范围确定

评估区范围应能准确反映地下水水流系统的边界和源汇项影响特征，并涵盖已知地下水环境问题影响的范围，包括污染源分布（图 10.1-1）、当前污染分布范围、污染受体、地下水环境敏感区等，需满足后期地下水污染模拟预测评估工作所涉及的空间和时间尺度需要。

10.1.4　水文地质条件概化

水文地质概念模型是指分析评估区及周边地下水系统的内部结构与动态特征，通过适当简化和合理假设，对系统内外地下水的补、径、排条件，地下水系统的含水岩组类型、内部结构、源汇项，内部地下水运动状态等进行定性表达。该工作是数值建模工作的基础，研究者通过正确的图件对现场调查和试验所收集到的含水层系统数据进行综合表达。主要内容包括三方面：

（1）水动力学边界条件和地下水流动特征。其中水动力学边界条件特征包括研究区的边界厚度、流量（流入或流出）、水位、水化学特征等。地下水流动特征是对研究区地下水动态特征的总体认识，需要查清楚研究区地下水究竟是潜水还是承压水，究竟是稳定流还是非稳定流，究竟是一维、二维还是三维流动。

（2）含水岩系的空间分布特征。包括含水层、隔水层及弱透水层分布情况，各种岩性的渗透系数、给水度、储水系数、导水系数、孔隙度等参数的空间分布特征。

（3）水化学场特征。水化学特征主要指研究区水-岩相互作用的分布特点。建立研究区水文地质概念模型主要包括边界条件的概化、含水岩系特点概化、绘制模型概化。在建立概念模型时一定要利用各种有效手段，搞清楚研究区地下水的流动特点及含水层的分布特征。

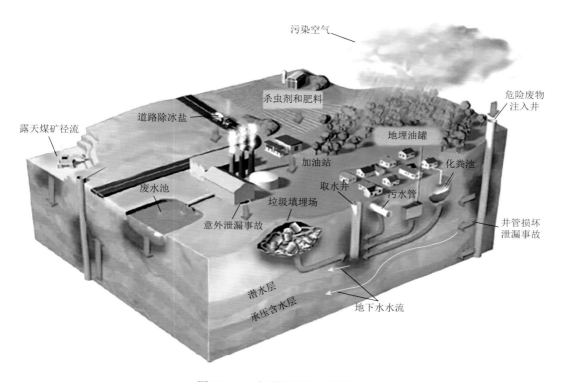

图 10.1-1　各类型地下水污染源

近年来，同位素技术的快速发展为研究地下水的补、径、排关系和地下水年龄提供了有效手段，如有学者利用氢氧稳定同位素分析郑州市超深层地下水的补、径、排特点，为建立合理的地下水流动数值模型提供了科学的依据。

1. 含水层边界条件概化

边界就是将研究区与外部环境区分开来的界线，研究区与外部环境通过该界线发生物质与能量的交换，地下水流动数值模型的边界条件即模拟区四周地下水的补、径、排条件，因此，边界条件确定的准确性直接影响着研究区均衡要素的计算。根据含水岩组的分布、评估区边界上的地下水流特征、地下水与地表水的水力联系等，将评估区边界概化为给定地下水水头的一类边界、给定侧向径流量的二类边界和给定地下水侧向流量与水位关系的三类边界。而对于一个三维流动数值模型来说，边界条件可以简化为上边界、侧边界和底边界（即建立模型时需要知道这些位置上的水位或流量）。

对于一个特定的研究区，首先要分析边界条件的特征。往往一个研究区不是一个完整的水文地质单元，在野外调查中应针对特定的研究目的，选择合理的边界条件。常见的地下水流动系统自然边界包括地表水体、断层接触边界、岩体岩层接触边界及地下水的天然分水岭。当研究区具有这些自然的水文地质边界时，应尽量选择这些自然边界作为模型的边界。

下面主要介绍自然的地表水体、断层接触边界和人为边界的概化。

1）地表水体边界

地表水体包括海洋、河流、湖泊、沟渠、塘坝等，在水文地质领域中分析河流与地下水的关系最为重要，故以河流为例阐明地表水作为模型边界的处理方法。

一般当河流切割地下水含水层时，河流与地下水的关系通常有 3 种：①当河水位高于地下水位时，河流补给地下水；②当河水位低于地下水位时，地下水补给河流；③当地下水位远远低于河床底板时（地下水与河水"脱节"）时，两者之间没有直接的水力联系。河流边界的处理方法在地下水数值模拟中是个很重要的问题，处理得是否合理对数值模型能否成功再现地下水的流动规律有重要的影响。河流与地下水的补、排关系比较复杂，同一条河流在不同的河段及同一河段不同时期地下水与河水的补、排关系往往不同。

在数值模拟中，处于边界位置的河流往往被作为定水头边界处理，此时，河水位具有两重属性：①作为河流本身的属性，影响着河流与地下水的水量交换情况；②作为边界条件影响着区内与区外的水量交换情况（即侧向的流入或流出）。当在整个模拟过程中，河流与地下水一直有充分的水力联系时，河流两侧是两个地下水流动系统，即在此边界上所有的补给均来自河流或排泄均通过河流，此时把河流作为水头边界是合理的。当地下水位远远低于河水位时，河流两侧是一个地下水流动系统，此时的河水位已经不能够代表边界位置的地下水水位，这时河流已经成为模型内部河流，它已经失去了对区内、外水量交换的控制作用，如果还继续把它当成水头边界是不合理的。显然，当地下水位远远低于河床高程时，把河流处理成定水头边界会造成当区域内部的水头比它低时它就供给水，出现要多少给多少的错误。

在用河流作为模型的边界时，应特别注意河流与地下水联系不够紧密或已经脱节的情况，如模拟初期河流与地下水联系比较紧密，但地下水开采或其他原因导致地下水位下降，甚至与河流脱节，这时还把它当成水头边界，就会造成模拟中边界补给量大于实际补给量的错误。因此在建立地下水流动概念模型时应谨慎，对是否会出现此种情况应进行分析。若出现此种情况，应重新界定边界条件，可根据地下水流场的变化规律，选用新的地下水位或流量作为模型的边界条件。在地下水数值模型实现上，可以根据邻近河流两个剖分单元格的水河力梯度变化，设定临界值（临界值根据网格剖分大小、岩性的渗透性、抽水的剧烈程度等确定），调整边界水头。如计算过程中河段所在的单元格水位（河水位）与其相邻的单元格水位差大于临界值，则需要将根据连续性原理计算出的近似值作为边界单元格新的边界水位。

2）断层接触边界

断裂带是应力集中释放造成地层的破裂形变，大的断层延伸数百千米，宽达数百米，切穿若干岩层，构成的具有特殊意义的水文地质单元。断层两盘的水力联系与断层发育、两盘属性、后天的溶蚀及胶结作用有关。断层两盘可能具有统一的水力联系，也可能是隔水的，该位置流量或水位较容易获取，常常用作模型的边界。常见的断层边界有以下两类：①隔水断层，由于断层的作用，含水层发生错位，断层上下盘没有明显的水力联系；②导水断层，根据达西定律，可以计算断层内外的地下水交换量，断层两盘发生横向运动，断层内部被碎石填满，断层两盘的含水层完全连通。

在实际应用中，首先应查清断层两盘是否具有水力联系。如果断层两盘没有水力联系，该断层可以作为模型的隔水边界；如果断层两盘具有水力联系，则可通过钻孔资料获得断裂部位的水位作为模型的水位边界，或用达西定律计算出断层两盘的水量交换情况，作为模型的流量边界。

3）人为边界

某些研究区由于不是一个完整的水文地质单元，没有完整的自然边界（如地表水、断层、地下水的天然分水岭等），在建模时研究者根据具体的研究需要划定模拟边界，这就是人为边界。在选定人为边界时，必须对该区地下水流动系统的特点有总体上的认识。

在选用人为边界时，一般应遵循以下原则：①选用的边界位置水位（或流量）已知或较容易获取；②选用的边界位置水位或流量较稳定，水力坡度较小；③模拟区内的开采井对该边界位置的水位或流量影响较小。

在对广阔的平原上的某一小区域进行模拟计算时，常遇到需要人为划定模拟边界的情况。一般而言，边界条件对整个模拟区地下水的运动规律具有较强的控制作用，边界条件概化得是否合理对模型的正确与否具有重要的影响，因此在选取人为边界时应充分论证。

2. 介质类型、结构特征

研究区的介质类型、结构特征主要是指研究区含水层组、含水介质、地下水运动状态及水文地质参数的时空分布规律的概化。一个研究区内往往包含一个或几个含水岩组，每个含水岩组的分布特征（埋深、厚度、岩性等）可能各不相同，各个含水层中地下水流动状态及水文地质参数也不一样。在对模型内部结构进行概化时，需要清楚研究区内每一个含水层、弱透水层岩性的空间分布规律，通常应绘出地表高程等值线、水位埋深等值线、各含水层的顶底板高程等值线等。由于成岩作用的复杂性，同一含水层（或弱透水层）在平面上的不同位置岩性可能有很大差别，因此也应做出每个含水层（或弱透水层）平面上的岩性分布图。根据前人研究成果、野外调查资料、钻孔数据所获得的岩性分布特征以及水文地质试验所获得的参数计算结果，结合抽水资料查清楚地下水的流动状态（潜水或承压水，稳定流或非稳定流，一维、二维还是三维流动）、地层的构造条件、裂隙及岩溶发育规律、地下水流场、水化学场的空间分布特征、各个含水层之间的关系，各个含水层（或弱透水层）的渗透系数、给水度、储水系数等。

3. 地下水水流特征

对评估区地下水的流场特征（流速与流向）进行概化，如图 10.1-2 所示，根据地下水水流的时空分布特征，确定评估区水流为稳定流或非稳定流，以及是否存在越流补给等情况。裂隙、岩溶含水介质中水流运动概化需分析水流特征是否符合达西定律，对于发育较密集、导水性较好的裂隙、岩溶含水层中的地下水运动，可视作达西流，将其概化为等效孔隙介质开展模拟。

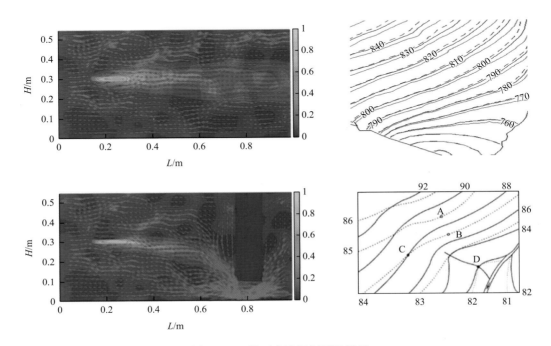

图 10.1-2　地下水流场刻画及模拟

4. 分析污染物的迁移转化

根据不同工作目标确定模拟因子，对其在地下水中的物理迁移过程和生物地球化学转化过程进行定性分析，识别其涉及的主要迁移转化过程，并进行初步定量估算。

1）模拟因子的确定

模拟因子根据工作目标和评估区污染特征进行选择，包括代表污染迁移转化特征的指示性指标、特征污染因子、修复工程的目标污染物、污染场地主要污染物（优先考虑《有毒有害水污染物名录（第一批）》中的污染物）等。当评估区地下水污染特征复杂，污染物迁移转化机制不够明确时，应遵循保护优先、预防为主的原则，选择代表迁移转化过程的保守性模拟因子。

2）污染物迁移转化过程的定量化表达

地下水污染物的迁移转化过程包括物理过程和生物地球化学过程，根据污染物属性

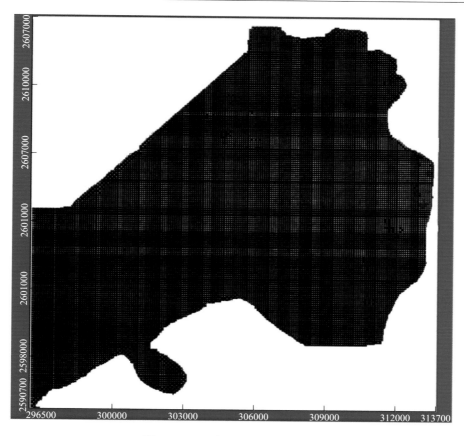

图 10.4-5　研究区平面网格剖分图

　　由于前期获取了较为详细、准确的现场调查资料，模型模拟得到的地下水流场特征与实际流场较为接近，所建模型能整体反映区域水文地质特征。水位观测值与模拟值的误差均值为 1.412m，其中 1 号校验点观测值与模拟值误差为 2.455m，2 号校验点模拟值误差为 0.37m，基本符合模拟的精度要求。

10.4.3　情景设定

1. 尾矿库渗漏分析

　　根据选厂、尾矿库的建设条件、水文地质条件以及运营期内污染物排放特征。污染物主要产生于尾矿库的渗滤液，选厂产生的废水经废水处理站处理后循环利用，对地下水环境影响相对较小。目前仅铅锌重选厂处于经营状态，选取其作为污染源进行分析。尾矿库设计有效库容为 50.2 万 m³，其原始地貌为冲沟和斜坡，冲沟和斜坡上覆层氧化铁矿已被开采，部分采坑内直接出露个旧组灰岩，地形受溶蚀的影响起伏较大，尾矿库底部采取 1.5m 厚的等效黏土层进行防渗。地下水接受外界水源补给时，不仅补充了地下水量，还将外界污染物挟带进入含水层，因此地下水补给途径与地下水污染息息相关，污染途径分为以下三类：①包气带入渗；②由岩溶管道、裂隙、排水沟及水井等直接注入；③通过地表水体由岩层侧向渗入等。

　　从研究区水文地质资料来看，整个水文地质单元范围内，地下水总体上顺着地形由西南向东流，即由山地地带向盆地流动，并在盆地边缘以泉的形式排泄出地表。研究区内地下水主要接受大气降水补给，岩溶发育程度高，包气带下渗量较大。重金属选厂废水采取集中处理循环利用的方式，只要防渗措施到位，污水发生渗漏的可能性很小，地下水基本不会受到污染。地下水环境最大威胁在于尾矿库，若尾矿库防渗层发生老化、破损，渗滤液将直接入渗到含水层，从而在含水层中迁移，造成一定范围的地下水污染。

　　因此主要考虑非正常工况条件下，尾矿库底部防渗失效，渗滤液下渗，且泄漏持续进行时，污染物在含水层的迁移规律。

　　2. 源强分析

　　尾矿库中选矿尾矿根据《危险废物鉴别标准 浸出毒性鉴别》（GB 5085.3—2007）标准进行浸出毒性检测，浸出试验数据来自尾矿库《建设项目环境影响评价报告》，据浸出试验结果，参考《危险废物鉴别标准 浸出毒性鉴别》（GB 5085.3—2007）和《污水综合排放标准》（GB 8976—1996）一级标准限值，选取浸出浓度高且危害大的污染物作为预测模拟因子。本着风险最大原则，将浸出试验浓度最大值作为模拟预测的源强，据此，模拟将根据硫酸硝酸法所得铅元素浸出浓度最大值（4.36mg/L）作为源强进行地下水污染预测。

10.4.4　预测结果

　　将边界条件、水文地质参数及补给浓度等输入地下水溶质运移模型，利用 Visual Modflow 软件，联合运行水流和水质模型，得到铅扩散预测结果。污染物铅的质量浓度在第 100 天，第 500 天，第 1000 天，第 5000 天和第 7300 天时运移扩散结果如图 10.4-6 所示。

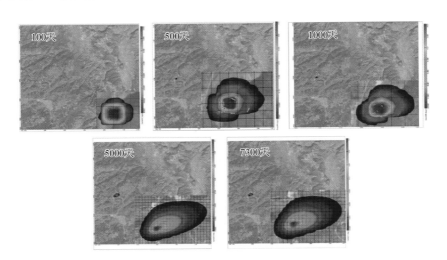

图 10.4-6　污染物铅泄漏模拟结果

（2）漏斗-导水门型 PRB。漏斗-导水门型 PRB 由低渗透性的隔水墙（漏斗）和具有渗透能力的反应介质（导水门）构成，隔水墙为阻水屏障，常见的类型有钢板桩和泥浆墙等，如图 12.1-4 所示。漏斗-导水门型 PRB 利用隔水墙控制和引导受污染地下水流汇集后通过导水门中的反应介质去除污染物，适用于地下水位埋深较浅、污染羽规模较大的地块。该类型 PRB 引导地下水流进入导水门，将水流汇聚后再通过渗透反应介质进行处理，可减少反应介质用料，节省建造费用，但会对天然地下水流场产生一定的干扰，适用于污染羽较宽的场地。

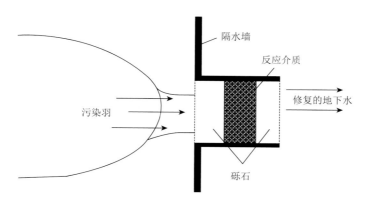

图 12.1-4　漏斗-导水门型 PRB 结构示意图

（3）注入式反应带 PRB。注入式反应带 PRB 利用若干处理区域相互重叠的注射井注入反应介质，形成带状的反应区域，将流经反应区的地下水中污染物去除（图 12.1-5）。该类型 PRB 具有对环境扰动小、施工简单、可用于处理地下水埋深较深的污染羽等优点，但在低渗透性的含水层中应用较少。连续型 PRB 和注入式反应带 PRB 适用于地下水污染羽状体较小的情况，墙体必须囊括整个羽状体的宽度和深度。

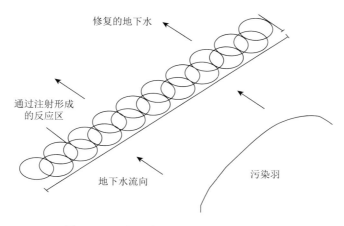

图 12.1-5　注入式反应带 PRB 结构示意图

4）反应介质的选取

地下水中污染物能否被反应介质处理以达到风险管控和修复目标，是评价可渗透反应格栅适用性的关键。PRB 中反应介质去除污染物的机理主要包括吸附、沉淀、氧化、还原和生物降解等，适合采用可渗透反应格栅技术的污染物和对应的反应介质类型见表 12.1-1。

表 12.1-1　PRB 中常见反应介质及其可处理的污染物

反应类型	典型反应介质	可处理的污染物
空气注入或氧化	空气	卤代乙烯、石油烃、其他 VOC
有机化合物的还原	零价金属（铁）	卤代乙烯、乙烷、甲烷、丙烷、氟利昂、卤代杀虫剂、硝基苯
重金属的还原	零价金属（铁）、有机质	Cr、As、Tc、Pb、Cd、Mo、U、Hg、P、Se、Ni
吸附与离子交换	零价铁、活性炭、矿物材料	氯化溶剂（部分）、BTEX、铵离子、^{90}Sr、^{99}Tc、U、Mo 和其他可交换金属（如 Pb、Cd、Sr、Cr）
pH 调控沉淀	石灰石、零价铁	铬、钼、铀、酸性水
强化厌氧生物修复	碳水化合物、零价铁、堆肥、泥炭、锯末、乳化植物油、乳酸盐、醋酸盐、腐殖酸盐等	氯代乙烯、乙烷、硝酸盐、硫酸盐、高氯酸盐、RDX、TNT、多环芳烃、金属、石油烃

5）优缺点

可渗透反应格栅技术的优缺点详见表 12.1-2。

表 12.1-2　可渗透反应格栅技术优缺点

主要优点	主要缺点
①对污染物类型较多且浓度较低的地下水有效； ②适用于地下水污染源位置不清、特征刻画不足的污染地块； ③没有或只有很少地面设施，占地面积小，不影响土地的开发利用； ④能源消耗少，不消耗水资源； ⑤地面痕迹小，无噪声，基本不影响生物栖息地； ⑥温室气体排放少； ⑦建成后能立即发挥作用； ⑧运行时所需资金和人工投入少	①对场地水文地质条件有要求； ②对地下环境影响较大，部分填充介质的应用可能会产生二次污染； ③部分填充介质需定期更换，更换的反应介质需作处理； ④反应介质失效或阻塞处理等补救措施相对昂贵； ⑤运行时间长，需要长期监测； ⑥难以准确预测 PRB 的寿命； ⑦污染深度大时施工建设费用较高

6）工作技术流程

PRB 工作技术流程主要包括技术经济评估、场地概念模型更新、反应介质选择、工程设计、工程施工和运行状况监测、效果评估和后期环境监管、工程关闭等步骤（图 12.1-6）。

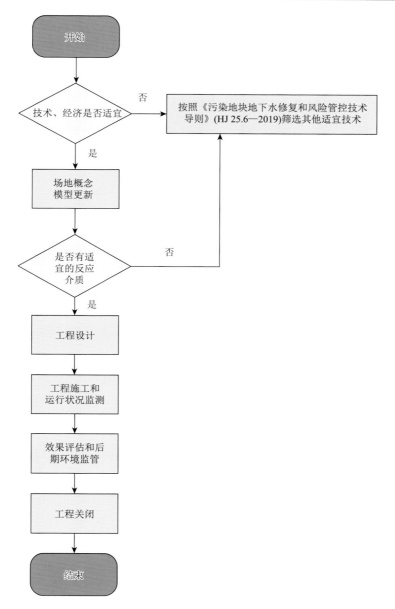

图 12.1-6　PRB 工作技术流程

2. 水力截获

1）技术介绍

水力截获技术在国外已被广泛应用于抽出-处理系统的设计中，它是通过设置一系列合理的抽（注）水井，人工改变地下水天然流动方式，制造人工流场，最大限度地汇集和抽取受污染地下水，以达到修复受污染的含水层并抑制污染羽扩散的一种水动力学技术（图 12.1-7）。相对于其他地下水污染修复技术，该技术的优点是实施过程简单，适用于常规修复和应急修复。该技术的关键是设计一种有效的水力截获系统截取污染的地下水，避免污染物运移到下游，针对受无机盐类污染的地下水污染修复，其难点是控制水力截获带的规模和几何形态。

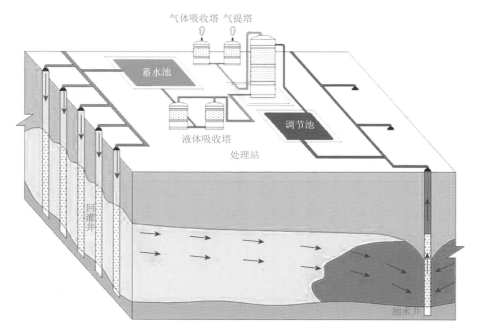

图 12.1-7　水力截获示意图

2）技术原理

水力截获的基本原理是根据地下水污染范围，合理布设一系列抽、注水设施，改变地下水流场，最大限度地阻止目标污染羽进一步扩散及减小地下水中污染物含量。水力截获技术是根据地下水污染范围，在污染场地布设一定数量的抽水井，通过水泵和水井将污染地下水抽取至地表，然后对抽出污水进行处理的地下水修复方法。通过不断地抽取污染地下水，使污染羽的范围和污染程度逐渐减小，并使含水层介质中的污染物向水中转移而得到清除。处理后的地下水排入地表径流回灌到地下或用于当地供水。水力截获技术原理如图 12.1-8 所示。

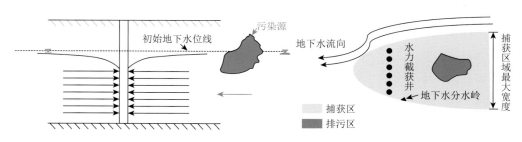

图 12.1-8　水力截获原理剖面图

　　3）类型

　　水力截获按照实施方式主要分为抽水井式、注入井式、抽注结合式、排水沟式等类型（图 12.1-9）。

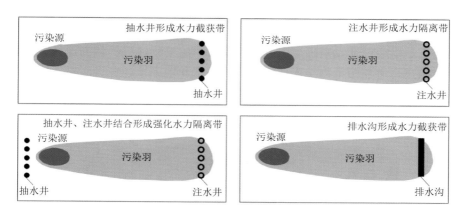

图 12.1-9　水力截获实施方式

　　4）系统组成

　　水力截获系统构成包括地下水控制系统、污染物处理系统和地下水监测系统，主要设备包括钻井设备、建井材料、抽水泵、压力表、流量计、地下水水位仪、地下水水质在线监测设备和污水处理设施等。

　　5）优缺点

　　水力截获技术是一种常用且应用较早的地下水异位修复技术，随着其他更先进技术的逐渐成熟，该技术的应用逐渐减少。水力截获技术在应用时需要构筑一定数量的抽水井、注水井和相应的地表污水处理系统，抽水井一般位于地下水污染羽状体中部（当水力坡度小时）或下游（当水力坡度大时）。污水抽出后根据污染物特征、修复目标、资金投入等方面选择适宜的污水处理技术。水力截获技术的主要优缺点如下：

　　（1）该技术可使地下水的污染水平迅速降低，且水位的下降在一定程度上可加强包气带中吸附有机污染物的好氧生物降解。但由于水文地质条件的复杂性以及有机污染物与含水层物质的吸附/解吸的可逆性，水力截获技术在短时间内很难使地下水中污染物含量达到环境可接受水平。

　　（2）该技术使地下水抽提或回灌，可能扰动修复区域及周边地区的地下水。水力截获工程运行后期会出现拖尾现象，地下水中污染物浓度可能会反弹，需要对系统进行定期的维护与监测，以确保修复效果。该技术在处理高浓度污染地下水时初期效果较好，工程费用较低，但长期维护费用较高，运行时间可达数年。

　　（3）水力截获技术对于低渗透性的黏性土层和低溶解度、高吸附性的污染物效果不理想，通常需借助表面活性剂增强污染物的溶解性，加快抽出处理的速度。当地下水中存在 NAPL 类污染物时，毛细作用会使其滞留在含水介质中，将明显降低水力截获技术的修复效率。水力截获抽出井群影响半径有限，治理时间长，长期维护成本较高，难以将污染物彻底去除，处理后期会出现拖尾现象，残留在土壤孔隙中的污染物难以去除，地质的不均一性对处理效果影响很大，在水力传导系数小于 10^{-5}cm/s 的场地，处理效果不明显。抽出水处理过程中产生的残留物和促使污染物被抽出而注入地下的药剂（如表面活性剂等）可能会产生二次污染。

3．阻隔技术

1）技术介绍

阻隔技术是指通过铺设阻隔层阻断土壤介质中污染物迁移扩散的途径，使污染介质与周围环境隔离，避免污染物与人体接触或随降水和地下水迁移进而对人体和周围环境造成危害的技术。阻隔技术示意图见图 12.1-10。

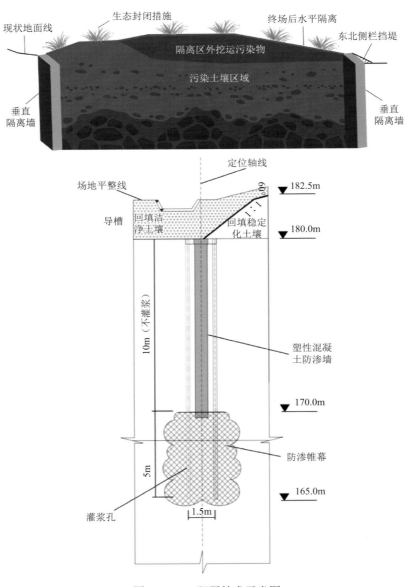

图 12.1-10　阻隔技术示意图

2）技术原理

阻隔技术通过在污染源周围构筑低渗透屏障来隔离污染物，同时调控地下水的流场。污染物进入含水层后主要以水平方向运移为主，地下水污染阻隔的主要方式是构筑垂直阻隔墙，将受污染水体进行圈闭（阻隔），控制污染范围，阻隔受污染地下水流出和污染物迁移，控制污染羽扩散。同时进行必要的覆盖阻隔，采用天然黏土材料或土工合成材料，铺设在污染场地上，阻止外部水的入渗和场地中挥发性污染物的逸出（图 12.1-11）。

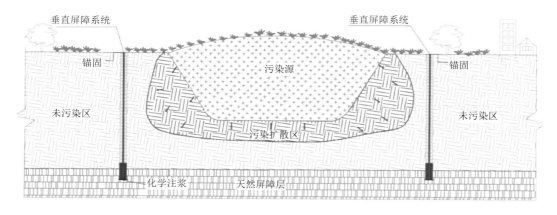

图 12.1-11　垂直屏障系统示意图

3）类型

根据墙体建造施工方法的不同，选用墙体材料的不同，形成了多种不同类型阻隔墙，常见的有泥浆阻隔墙、注浆阻隔墙、原位土壤搅拌阻隔墙、土工膜复合阻隔墙、板桩阻隔墙、可渗透反应墙等。其中泥浆阻隔墙、土工膜复合阻隔墙的深度受开挖的限制，一般在较浅地层应用；注浆阻隔墙和板桩阻隔墙可应用于较深的污染地层；可渗透反应墙通过填充材料与污染物发生物理、化学、生物作用，使污染物滞留或在墙体中降解。

垂直阻隔墙施工简单，成本较低，污染控制效果显著，可用于处理小范围的剧毒、难降解污染物，是一种永久性的封闭方法，也可以应用于地下水污染初期的应急控制方法，以及作为复杂污染场地的修复方法。部分阻隔墙类型及其优缺点见表 12.1-3。

表 12.1-3　部分阻隔墙特点比较表

阻隔墙类型		优点	缺点
泥浆阻隔墙	水泥-膨润土（CB）阻隔墙	强度好，低压缩性；可以用于不稳定土体、坡度大的情形；渗透系数在 10^{-6} cm/s 左右；构筑速度快	较难保证整体连续性；渗透系数相对较大；收缩、热应力和干/湿循环易产生裂隙
	土壤-膨润土（SB）阻隔墙	具有比 CB 更低的渗透系数；费用较 CB 低；渗透系数一般在 10^{-7} cm/s 左右，最低可达 5.0×10^{-9} cm/s	产生的大量弃土需要处理；难以确保正确的安装位置；干/湿循环和冻融作用导致阻隔材料退化（如开裂）；仅限于垂直方向构建
	土壤-水泥-膨润土（SCB）阻隔墙	强度与 CB 相当；渗透系数与 SB 相近	与 CB 和 SB 类似

续表

阻隔墙类型		优点	缺点
注浆阻隔墙	高压喷射注浆墙	可以在许多不同类型地层介质中应用；注入井径小，可形成较大直径的地层介质与浆液混合柱体；构筑深度可达 45～60 m；可以以不同角度钻进和注入（垂直和水平屏障）	难以保证墙体的连续性；存在钻孔偏离问题、喷嘴堵塞问题；灌浆柱体连接处的缺口导致泄漏；墙体硬化过程导致开裂
	渗透（压力）注浆墙	不需要开挖土壤；定向钻进，对污染物无扰动；可以设置垂向、水平屏障；可用于基岩裂隙	局限于中等到高渗透性地层；难以保证墙体的连续性；非均质地层中浆液在高渗透性介质中流动；难以预测浆液的渗透半径
原位土壤搅拌阻隔墙		土体无须开挖；墙体构建分段逐步进行，无塌陷问题；可添加不同的材料，阻隔不同的污染物	各个圆柱体需要互连，难以验证连续性；在搅拌过程中污染的土壤可进入阻隔墙；地下较大的卵砾石限制了钻进施工；构筑深度限制，有效的搅拌混合深度为10m 左右
土工膜复合阻隔墙		防渗和抵抗性能更好	构筑具有一定难度

（1）泥浆阻隔墙。

泥浆阻隔墙是地下阻隔墙最为常见的类型，主要步骤包括：在有泥浆保护的情况下开挖沟槽，填充渗透系数小于 $1\times10^{-6}\sim10^{-8}$ cm/s 的低渗透性介质，最后进行顶部覆盖保护（图 12.1-12）。

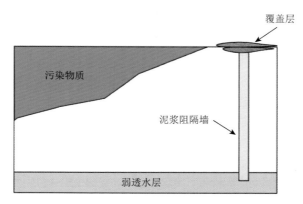

图 12.1-12　泥浆阻隔墙剖面示意图

泥浆阻隔墙类型包括：水泥-膨润土（CB）阻隔墙、土壤-膨润土（SB）阻隔墙、土壤-水泥-膨润土（SCB）阻隔墙。墙体填充材料可以混合多种物质，材料有：水泥、膨润土、飞灰、炉渣、黏土等。

①土壤-膨润土（SB）阻隔墙。

填充材料采用土壤-膨润土，可以通过添加一些其他物质改变填充材料的特性，达到理想的强度和防渗能力。阻隔墙建造深度可达 60m；需要注意干/湿循环和冻融作用导致阻隔材料的退化，见图 12.1-13。

②水泥-膨润土（CB）阻隔墙。

填充材料采用水泥-膨润土。首先膨润土与水混合成水化泥浆，其中膨润土约占 6%（质量），在沟槽中先加入水泥，然后加入膨润土泥浆。水泥含量通常占 10%～20%（质量）。

6）优缺点

（1）优点。

抽出-处理技术"出场率"高，以其早期短、频、快且效果好的优势征服了绝大部分建设单位和修复公司，适用于渗透系数较好的孔隙、裂隙和岩溶含水层和污染范围大、地下水埋深较深的污染地块，也可用于采空区积水。受污染地下水抽至地表后，对其进行技术处理，该技术可有效控制污染源、污染羽于捕获区内，缩小其扩散范围，快速去除大部分污染物。该技术可联合其他多种修复技术进行处理，增强地下水修复效果。

（2）缺点。

①不能现场就地修复，对非水溶性的液体几乎不能抽出；②污染源不封闭，停止泵抽后会反弹，持续时间长；③抽出积水处理系统运行需持续的能量供给及定期监测、维护，耗资高；④抽提和回灌对修复区地下水干扰大；⑤溶质运移试验研究还不够细致，未能彻底解决拖尾现象；⑥潜水含水层会根据天气情况快速给出响应，旱季和雨季均会对抽出处理的效果有明显的影响。

2. 原位生物修复技术

1）技术介绍

原位生物修复技术是指微生物在自然条件或工程条件下，将有机污染物代谢为无机物质（如二氧化碳、甲烷、水或无机盐等）的一种生物过程。

2）技术原理

地下水原位生物修复技术（图 12.1-24）是一种经济且能有效减少有机污染物含量的方法，它是利用从特定污染地区分离出的土著微生物或者从其他污染地区分离出的外来微生物对地下水中各类污染物进行原位修复的过程。该方法的原理实际上是自然生物降解过程的人工强化，它通过采取人为措施，包括添加氧和营养物等，刺激原位微生物的生长，从而强化污染物的自然生物降解过程。通常原位生物修复的过程为：先通过试验研究，确定原位微生物降解污染物的能力，然后确定能最大程度促进微生物生长的氧需

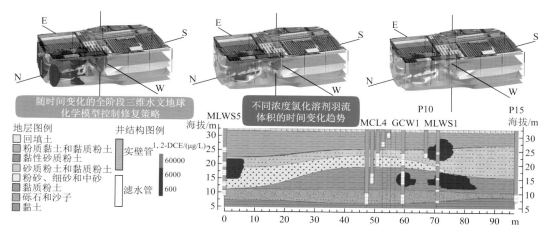

图 12.1-24　地下水循环井（groundwater circulation well，GCW）技术促进原位生物修复技术

要量和营养配比，最后再将研究结果应用于实际。原位生物修复技术具有对环境扰动小、处理费用较低且持续性好等优点。

降解菌对有机污染物的降解分为好氧生长代谢、好氧共代谢、厌氧生长代谢、厌氧呼吸代谢和厌氧共代谢 5 种降解途径。其中，好氧生长代谢降解被广泛应用于多种有机物（如苯系物、石油烃、多环芳烃、硝基苯类、苯胺类、低卤代苯类和低卤代烷烃/烯烃等）的去除，其他 4 种降解途径可以用来去除高卤代苯类、高卤代烷烃/烯烃和多氯联苯等污染物。

3）系统组成

原位生物修复系统一般包括注入井、抽提井、监测井、氧气或空气供给系统、营养液配制与储存系统、微生物添加系统，以及整体工程的控制和管理系统（图 12.1-25）。

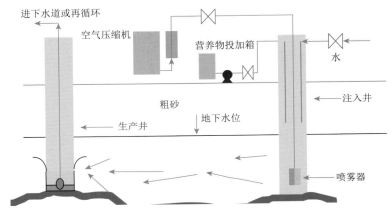

图 12.1-25　原位生物修复系统组成

4）适用性

（1）原位生物修复技术适用于典型污染物的去除，包括苯系物（BTEX）、氯苯类、石油烃、硝基苯类、苯胺类、氯代烷烃和氯代烯烃等。

（2）含水层渗透系数表征了水通过含水层介质的能力，是影响微生物修复效果的重要参数，对电子受体和营养物质的传输速率和分布有重要影响。当含水层渗透系数大于 10^{-4}cm/s 时，采用循环井的修复工艺能够产生较好的效果；当含水层渗透系数在 $10^{-6} \sim 10^{-4}$cm/s 时，需要做详细评估、设计和控制才可保证修复效果，如可采用加压直接注射的修复工艺。

（3）大多数微生物适宜的 pH 为 6～8，但也存在嗜酸或嗜碱环境的微生物。在地下水系统中，对污染物起主要降解修复作用的微生物以细菌为主。一般适合微生物生长环境的三大营养源包括碳、氮、磷，三者的比例区间为 100∶10∶1～100∶1∶0.5，若缺乏其中任何一种，可能会减缓或限制微生物对化合物的降解。对于好氧代谢，充足的溶解氧能促进好氧生物降解过程。好氧氧化的氧化还原电位一般大于 50mV，厌氧还原脱卤的氧化还原电位一般小于–200mV。

5）优缺点

原位生物修复技术的优缺点见表 12.1-7。

表 12.1-7　原位生物修复法的优缺点

优点	缺点
①对溶解于地下水中的污染物、附着在含水层介质中的污染物可以协同降解； ②可处理低浓度污染物； ③可利用土著微生物，二次污染风险较小，环境上较安全可靠； ④修复成本较低； ⑤所需设备简单，操作方便，对环境扰动小； ⑥可以与其他修复技术联用，提高场地修复效率	①有时很难找到适合场地的可高效降解所有污染物的微生物菌种； ②可能受到有机物或重金属的抑制； ③厌氧降解污染物速率较慢； ④微生物大量增长或矿物沉淀可能会造成土壤孔隙和注入井阻塞； ⑤低渗透含水层可能致使所添加的营养盐或氧气无法顺利传输； ⑥部分厌氧代谢产物会产生臭味，或产生有毒中间产物

3. 曝气技术

1）技术介绍

地下水污染曝气（air sparging，AS）修复技术是一种新兴的去除土壤和地下水中挥发性有机化合物（volatile organic compounds，VOCs）的原位修复技术（图 12.1-26）。它最早于 1985 年在德国开始应用，被认为是去除饱和土壤和地下水中挥发性有机化合物的最有效方法，美国很多地方都采用该技术来进行地下水的修复，并取得了很好的效果，具有良好的应用前景。

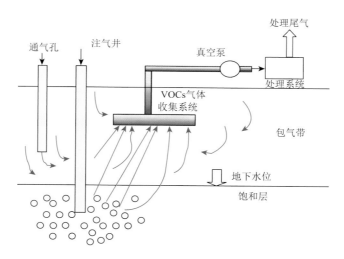

图 12.1-26　地下水曝气技术示意图

2）技术原理

原位曝气过程可定义为在一定压力条件下，将一定体积的压缩空气注入含水层中，通过吹脱、挥发、溶解、吸附-解吸和生物降解等作用将污染物去除。在相对可渗透的条件下，当饱水带中同时存在挥发性有机污染物和可被好养生物降解的有机污染物，或存在上述一种污染物时，可以应用原位曝气技术对被污染水体进行修复治理。

从机理上分析，地下水曝气过程中污染物去除机制主要包括三个方面：一是对可溶挥发性有机污染物的吹脱；二是加速存在于地下水位以下和毛细管边缘的残留态和吸附态有机污染物的挥发；三是氧气的注入使得溶解态和吸附态有机污染物发生好氧生物降解。地下水曝气处理技术示意图见图 12.1-27。

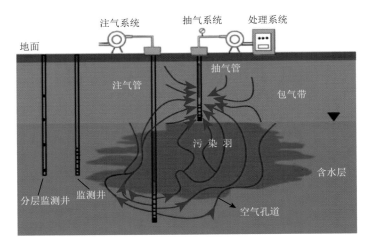

图 12.1-27　地下水污染曝气处理技术示意图

3）系统组成

地下水曝气修复系统组成主要包括曝气-抽提系统、管线系统和空气动力系统（图 12.1-28）。

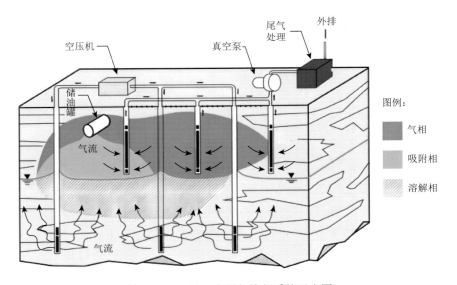

图 12.1-28　地下水曝气修复系统示意图

（1）曝气-抽提系统。曝气-抽提系统包括曝气井和抽提井，该井既可以是垂直井也可以是水平井，井类型的选择主要取决于场地条件，如果地下水埋深较浅，或污染区域位于特殊地层介质之下，或修复区域位于建筑物之下时，一般可考虑选用水平井。

续表

项目		适用性等级
水平水力传导率	低（<$9×10^{-5}$cm/d）	×
	中（$9×10^{-5}$～$3×10^{-3}$cm/d）	√√
	高（>$3×10^{-3}$cm/d）	√√√
水平与垂直水力传导率之比	各向同性（$H:V<3$）	×
	各向异性（$H:V=3$～10）	√√
	高度各向异性（$H:V>10$）	√
含水层化学性质	高铁含量	√
	高钙含量	√
	高锰含量	√
土壤化学性质	高钠吸收率	√

注：①√√√表示成功的最大潜力；②√√表示成功的潜力；③√表示基于特殊考虑的成功潜力；④×表示不适用/限制使用。

5）优缺点

（1）优点：原理简单，设备操作维护容易；可搭配化学或生物修复技术；可借助循环井及新设的注入井加强对污染羽的整治；对含水层地下水流向和水位影响小；避免污染羽的扩散；循环可以是污染控制和去除技术，也可以作为水力拦截技术；在系统设置后 3～6 个月即可看出修复效果。

（2）缺点：若含水层厚度不足，则经济效率较低；不适合大量 NAPL 和非溶解相污染物存在的场地的修复；处理设备去除效率会影响整体的修复时间。

12.1.3　地下水污染综合防控技术

地下水污染物的综合防控技术种类较多，以主动防控为主，其中防渗技术和植物修复技术适宜于主动和被动两种防控技术。从防控对象来看，防渗、污染源移除、电动修复、原位热处理、固化/稳定化以及气相抽提这 7 种防护技术只针对污染源进行防控；监测自然衰减、地下水循环井、空气扰动、抽出处理以及渗透反应格栅技术这 5 种防控技术适用于受污染地下水的防控；而水力控制、帷幕阻隔、微生物修复、多项提取、原位化学清除以及植物修复技术这 6 种防控技术对于污染源和受污染地下水均适用。对不同防控技术进行分类，明确其适用的污染物类型，可更具针对性、更加高效地预防及控制地下水污染，对于不同的污染源或者受污染地下水，结合场地条件、经济成本、执行难度等，根据多准则决策分析法选择最佳方案进行防治。

按照污染物的理化性质，地下水污染防控的目标污染物大致可分为无机污染物、有机污染物以及重金属污染物三大类，对于尚未被污染及可能存在潜在污染源的选用防控技术以预防污染为目的；对于已存在的污染源，采用防控技术对污染源进行去除（移除）、切断污染源扩散路径等，以达到防止地下水污染的目的；而对于已存在的污染源以及已经受到污染的地下水，需根据污染源类型以及地下水污染类型的差异，针对不同污染物选择适宜的防控措施，从而达到高效、精准控制污染的目的。地下水污染物的综合防控技术对比见表 12.1-11。

表 12.1-11　地下水污染物的综合防控技术对比

技术名称	污染源的位置	防控污染物类型	污染程度	污染范围	含水层介质类型	含水层渗透性	地下水埋深	预期时间	预期费用
防渗	地表、地表+包气带	均可	高浓度	小	—	均可	均可	短	低
污染源移除	地表、地表+包气带	均可	高浓度	小	均可	均可	均可	短	中等
水力控制	含水层	均可	高浓度	大	细砂、中砂、粗砂、砾石、砂卵砾石	中等/好	均可	中等	中等
帷幕阻隔	含水层	均可	高浓度	小	均可	均可	均可	中等	中等
监测自然衰减	均可	均可	低浓度	大	均可	均可	均可	长	低
微生物修复	均可	有机污染物	低浓度	小	均可	均可	均可	中等	中
渗透反应格栅	含水层	均可	高浓度	小	粗砂、砾石、砂卵砾石	好	小	短	高
气相抽提	包气带、包气带+含水层	有机污染物	高浓度	小	粗砂、砾石、砂卵砾石	好	小	中等	高
空气扰动	含水层	有机污染物	高浓度	中	粗砂、砾石、砂卵砾石	好	中等	短	高
电动修复	包气带	均可	高浓度	小	—	—	—	短	中等
多项提取	含水层	有机污染物	高浓度	小	均可	好	均可	中等	高
抽出处理	含水层	均可	高浓度	大	细砂、中砂、粗砂、砾石、砂卵砾石	好	均可	中等	高
原位化学清除	均可	均可	高浓度	小	均可	均可	均可	短	中等
地下水循环井	含水层	有机污染物	中浓度	中	粗砂、砾石、砂卵砾石	好	均可	中等	高
原位热处理	包气带	有机污染物	低浓瘦	小	—	—	—	短	中等
固化/稳定化	包气带	重金属	高浓度	小	—	—	—	短	高
植物修复	均可	均可	低浓度	大	均可	均可	小	长	低

12.2　地下水污染防控技术有效性评估流程

　　地下水污染防控技术包括地下水风险管控及地下水修复两方面，工作程序大致分为五步：选择地下水修复和风险管控模式，筛选地下水修复和风险管控技术，制订地下水修复和风险管控技术方案，地下水修复和风险管控工程设计及施工、运行及监测，地下水修复和风险管控效果评估、后期环境监管，如图 12.2-1 所示。

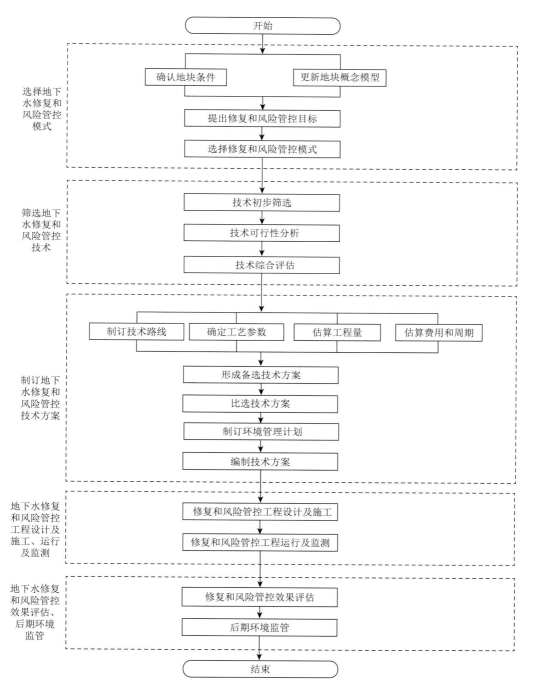

图 12.2-1　地下水污染防控工作程序

1. 选择地下水修复和风险管控模式

首先要确认地块条件，更新地块概念模型。然后根据地下水使用功能、风险可接受水平，经修复技术经济评估，提出地下水修复和风险管控目标。最后，确认对地下水修复和风险管控的要求，结合地块水文地质条件、污染特征、修复和风险管控目标等，明确污染地块地下水修复和风险管控的总体思路。

2. 筛选地下水修复和风险管控技术

根据污染地块的具体情况，按照确定的修复和风险管控模式，初步筛选地下水修复和风险管控技术。通过实验室小试、现场中试和模拟分析等，从技术成熟度、适用条件、效果、成本、时间和环境风险等方面筛选适宜的地下水修复和风险管控技术。

3. 制订地下水修复和风险管控技术方案

根据确定的地下水修复和风险管控技术，采用一种及以上技术进行优化组合集成，制订技术路线，确定地下水修复和风险管控技术工艺参数，估算工程量、费用和周期，形成备选技术方案。从技术指标、工程费用、环境及健康安全等方面比较备选技术方案，确定最优技术方案。

4. 地下水修复和风险管控工程设计及施工、运行及监测

根据确定的地下水修复和风险管控技术方案，开展修复和风险管控工程设计及施工。工程设计根据工作开展阶段划分为初步设计和施工图设计，根据专业划分为工艺设计和辅助专业设计。工程施工包括施工准备、施工过程，施工过程应同时开展环境管理。

地下水修复和风险管控工程施工完成后，应开展工程运行维护、运行监测、趋势预测和运行状况分析等。工程运行中应同时开展运行监测，对地下水修复和风险管控工程运行监测数据进行趋势预测。根据地下水监测数据及趋势预测结果进行工程运行状况分析，判断地下水修复和风险管控工程的目标可达性。

5. 地下水修复和风险管控效果评估、后期环境监管

制订地下水修复和风险管控效果评估布点和采样方案，评估是否达到修复目标，评估风险管控是否达到工程性能指标和污染物指标要求。

当每口监测井中地下水监测指标持续稳定达标时，可判断达到修复效果。若未达到评估标准但判断地下水已达到修复极限，可在实施风险管控措施的前提下，对残留污染物进行风险评估。若地块残留污染物对受体和环境的风险可接受，则认为达到修复效果；若风险不可接受，需对风险管控措施进行优化或提出新的风险管控措施。

若工程性能指标和污染物指标均达到评估标准，则判断风险管控达到预期效果，可对风险管控措施继续开展运行与维护；若工程性能指标或污染物指标未达到评估标准，则判断风险管控未达到预期效果，应对风险管控措施进行优化或调整。

根据修复和风险管控工程实施情况与效果评估结论，提出后期环境监管要求。

羊永夫，褚学伟，2017. 模糊评判法和综合指数法在岩溶地下水质量评价中的应用——以清镇市工业西区为例. 黑龙江水利科技，45（5）：131-136.

杨梅，费宇红，2008. 地下水污染修复技术的研究综述. 勘察科学技术，（4）：12-16，48.

杨齐青，孙晓明，杜东，等，2012. 中国海岸带环境地质编图研究. 地质调查与研究，35（4）：288-292.

杨庆，林健，陈忠荣，2012. 北京市地下水污染源荷载影响评价. 环境监测管理与技术，24（4）：9-13.

杨伟，宋震宇，李野，等，2015. 射频加热强化土壤气相抽提技术的应用. 环境工程学报，9（3）：1483-1488.

杨先野，付强，2007. 模糊神经网络在水文水资源应用中的研究进展. 黑龙江水专学报，34（1）：8-11.

杨洋，李娟，李鸣晓，等，2014. HYDRUS-1D 软件在地下水污染源强定量评价中的应用. 环境工程学报，8（12）：5293-5298.

姚文锋，2007. 基于过程模拟的地下水脆弱性研究. 北京：清华大学.

姚文锋，张思聪，唐莉华，等，2009. 海河流域平原区地下水脆弱性评价. 水力发电学报，28（1）：113-118.

叶勇，迟宝明，施枫芝，等，2007. 物元可拓法在地下水环境质量评价中的应用. 水土保持研究，14（2）：52-54.

仪彪奇，王金生，左锐，2014. 完善地下水水源地保护区划分规范的探讨. 人民黄河，36（4）：41-43.

于丽丽，唐克旺，侯杰，等，2014. 地下水功能区保护与管理. 中国水利，（3）：39-42.

余文忠，唐德善，陆廷春，2013. 熵权属性识别法在地下水水质评价中的应用. 水电能源科学，31（7）：41-43.

余香英，张永波，朱擎，等，2021. 面向水源保护与污染监控的广东地下水环境监测井网研究. 中国环境监测，37（5）：32-40.

宇庆华，曹玉和，1991. 地下水化学背景值研究中的异常值判定与处理. 吉林地质，（2）：75-79.

臧海洋，高维春，2011. 综合指数法在石佛寺库区地下水水质评价中的应用. 地下水，33（2）：4-5.

曾颖，2015. 秦皇岛柳江盆地浅层地下水常规组分背景值研究. 北京：中国地质大学（北京）.

曾玉超，戴韵，刘娜，等，2008. 基于指标分类的地下水水质评价模型及其应用. 世界地质，（3）：279-283.

詹良通，冯嵩，李光耀，等. 生态型土质覆盖层工作原理及其在垃圾填埋场封场治理中的应用. 环境卫生工程，30（4）：1-20.

湛江，屈吉鸿，2016. 地下水脆弱性评价指标体系的建立. 安徽农业科学，44（28）：59-61.

张春红，2014. 基于层次分析法对岳城水库脆弱性的分析与评价. 邯郸：河北工程大学.

张光辉，聂振龙，崔浩浩，等，2022. 西北内陆干旱区地下水合理开发及生态功能保护理论与实践. 北京：科学出版社.

张杰，2021. 叶尔羌河流域平原区地下水水质演化及其形成机理研究. 乌鲁木齐：新疆农业大学.

张杰，周金龙，乃尉华，等，2020. 叶尔羌河流域平原区高氟地下水成因分析. 干旱区资源与环境，34（4）：100-106.

张莉，刘菲，袁慧卿，等，2022. 地下水抽出处理技术研究进展与展望. 现代地质.1-9.

张鹏伟，费宇红，郝奇琛，等，2022. 非结构化与结构化网格剖分在地下水数值模拟中对比分析. 科学技术创新，（14）：193-196.

张人权，梁杏，靳孟贵，等，2018. 水文地质学基础. 北京：地质出版社.

张树军，张丽君，王学凤，等，2009. 基于综合方法的地下水污染脆弱性评价——以山东济宁市浅层地下水为例. 地质学报，83（1）：131-137.

张昕，蒋晓东，张龙，2010. 地下水脆弱性评价方法与研究进展. 地质与资源，19（3）：253-258.

张鑫，2014. 基于过程模拟法的地下水污染风险评价. 长春：吉林大学.

张英，2011. 珠江三角洲地区地下水环境背景值研究. 北京：中国地质科学院.

张英，孙继朝，黄冠星，等，2011. 珠江三角洲地区地下水环境背景值初步研究. 中国地质，38（1）：190-196.

张永波，时红，王玉和，2003. 地下水环境保护与污染控制. 北京：中国环境科学出版社.

张玉玲，王吉利，刘婷，2021. 土著微生物原位修复典型有机污染地下水研究展望. 应用技术学报，21（4）：326-329.

张兆吉，费宇红，钱永，等，2016. 区域地下水污染调查评估技术方法. 北京：科学出版社.

张忠学，2009. 工程地质与水文地质. 北京：中国水利水电出版社.

章程，袁道先，2004. 典型岩溶地下河流域水质变化与土地利用的关系——以贵州普定后寨地下河流域为例. 水土保持学报，（5）：134-137，183.

赵鹏，肖保华，2022. 电动修复技术去除土壤重金属污染研究进展. 地球与环境. 50（5）：776-780.

赵鹏，何江涛，王曼丽，等，2017. 地下水污染风险评价中污染源荷载量化方法的对比分析. 环境科学，38（7）：2754-2762.

赵勇胜，2007. 地下水污染场地污染的控制与修复. 吉林大学学报（地球科学版），（2）：303-310.

赵宇，2020. 北京市平谷区典型水源地地下水污染监测网优化研究. 北京：中国地质大学（北京）.

赵玉国，2011. 基于GIS的岩溶地区地下水脆弱性评价. 重庆：西南大学.

郑凯旋，黄俊龙，罗兴申，等，2022. 数值模拟在可渗透反应墙设计中的应用研究进展. 环境工程，40（6）：22-30.

郑王琼，2017. 雷州半岛地下水监测网络优化设计. 安全与环境工程，24（1）：95-99.

中国地质调查局，2012. 水文地质手册（第二版）. 北京：地质出版社.

中国科学院，2018. 中国学科发展战略·地下水科学. 北京：科学出版社.

钟华平，2022. 地下水管理若干问题思考. 水利发展研究，22（3）：7-10.

周金龙，2010. 内陆干旱区地下水脆弱性评价方法及其应用研究. 郑州：黄河水利出版社.

周敬宣，2010. 环境规划新编教程. 武汉：华中科技大学出版社.

周敬宣，周业晶，2017. 生态环境规划编制中多目标规划模型与环境容量的研究. 环境与可持续发展，42（2）：41-45.

朱菲菲，秦普丰，张娟，等，2013. 我国地下水环境优先控制有机污染物的筛选. 环境工程技术学报，3（5）：443-450.

朱吉龙，2019. 溪洛渡库区滑坡地质灾害风险评价研究. 成都：西南石油大学.

朱利中，1999. 土壤及地下水有机污染的化学与生物修复. 环境科学进展，（2）：66-72.

朱亮，杨明楠，康卫东，等，2017. 神木县地下水功能区划研究. 人民黄河，39（10）：70-74，79.

朱性宝，2013. 基于迭置指数法的地下水污染源强评价方法研究. 新乡：河南师范大学.

祝超伟，郭艳菲，杨洋，等，2018. 垃圾渗滤液重金属镉的地下水污染源强定量评价. 环境工程技术学报，8（1）：58-64.

资惠宇，庞园，张明珠，2017. 基于主成分分析法的广州市从化区地下水质量评价. 人民珠江，38（10）：72-76，99.

邹胜章，卢海平，周长松，等，2021. 岩溶区地下水环境质量调查评估技术方法与实践. 北京：科学出版社.

邹胜章，张文慧，梁彬，等，2005. 西南岩溶区表层岩溶带水脆弱性评价指标体系的探讨. 地学前缘，（S1）：152-158.

Abdelwaheb A，2018. Evaluation of groundwater vulnerability to pollution using a GIS-based multi-criteria decision analysis. Groundwater for Sustainable Development，7：204-211.

Adams B，Foster S，1992. Land-surface zoning for groundwater protection. Joumal Institution of Water and Environmental Management，（6）：312-320.

Adhikary P P，Chandrasekharan H，Chakraborty D，et al，2010. Assessment of groundwater pollution in West Delhi，India using geostatistical approach. Environmental Monitoring & Assessment，167（1-4）：599-615.

（2）投影：采用高斯-克吕格投影，3°分带。

（3）分幅编号：以 1∶100 万地形图为基础，将每幅 1∶100 万地形图划分成 192 行 192 列，共 36864 幅 1∶5000 地形图，在 1∶100 万地形图编号后加上 1∶5000 地形图的比例尺代字和行列号，即为 1∶5000 地形图的编号，如 J50H093093。每幅 1∶5000 地形图的范围为经差 1′52.5″，纬差 1′15″。

9. 1∶500、1∶1000、1∶2000 地形图

（1）用途：主要用于小范围内精确研究和地形评价，可供勘察、规划、设计和施工等使用。

（2）投影：采用高斯-克吕格投影，3°分带。当对控制网有特殊要求时，采用任意经线作为中央子午线的独立坐标系统，投影面为当地的高程参考面。

（3）分幅编号：图幅为正方形或矩形，其规格为 50cm×50cm 或 40cm×40cm，图号以图廓西南角坐标千米数为单位编号，X 在前，Y 在后，中间用短线连接，如 1∶2000，10.0—21.0；1∶1000，10.5—21.5；1∶500，10.50—21.75。带状或小面积测区的图幅按测区统一顺序进行编号。

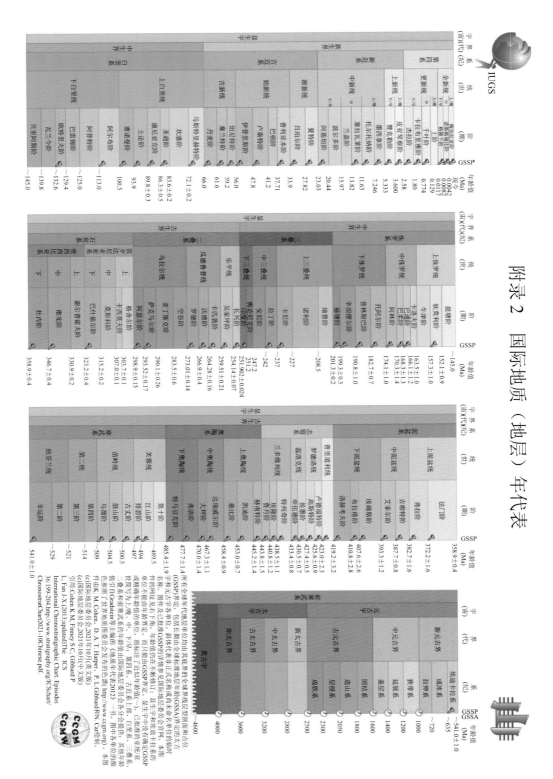

附录 2　国际地质（地层）年代表

附录3　常用水文地质参数及其确定方法

1. 水文地质参数

水文地质参数主要包括渗透系数、导水系数、给水度、释水系数、压力传导系数、越流系数、降水入渗系数、影响半径和弥散系数等。

1）渗透系数

渗透系数指水力坡度为 1 时，水在介质中的渗透速度（单位为 m/d），是描述地下水在岩石（土）中导水性能的重要参数，又称水力传导系数。渗透系数的大小由岩石（土）中连通的孔隙大小决定，岩石（土）中的孔隙大，则其渗透系数也大。渗透系数的大小还与地下水在岩石（土）中运动时所溶物质、黏滞度、密度和温度等物理性质有关。地下水的密度和黏滞度等变化极小，对这些因素的变化常忽略不计。

2）导水系数

导水系数是描述整个含水层导水能力的参数（单位为 m^2/d），它等于渗透速度和含水层厚度的积，是非稳定流水文地质计算的主要参数。

3）给水度

给水度为饱和的岩石（土）在重力作用下能排出的水的体积和岩石（土）体积之比（量纲一），又称重力给水度，在数量上接近有效孔隙率，是描述在潜水状态下岩石（土）给水能力的参数。

4）释水系数

释水系数表示当水头降低或升高一个单位时，从单位水平面积和含水层厚度的柱体中释放或贮入的水的体积（量纲一），又称贮水系数或弹性给水度，是描述整个含水层或弱透水层对水的释放或贮存能力的参数。

5）压力传导系数

压力传导系数是导水系数和释水系数的比值，又称水力扩散系数，是描述承压含水层在弹性动态条件下水头传递速度的参数，单位为 m^2/d。

6）越流系数

越流系数表示抽水含水层和供给越流的非抽水含水层间水头差为一个单位时，单位面积上垂直渗入抽水含水层的水量，又称漏水率，是描述水通过弱透水层垂直向含水层补给能力的参数，即弱透水层的垂直渗透系数与其厚度的比值，单位为 1/d。

7）降水入渗系数

降水入渗系数是单位面积上由降水入渗补给地下水的量和降水量的比值（以小数表示），降水入渗系数的大小与地表的土层或含水层上覆地层的渗透性成正比。

8）影响半径

影响半径是指抽水时，水位下降漏斗在平面上投影的半径（单位为 m），表征地下水水位下降的影响范围。实际上，水位下降漏斗并不是圆形，而是接近椭圆形。在地下水上游方向，下降漏斗的坡度较陡，影响半径较小；在地下水下游方向，下降漏斗的坡度较缓，影响半径较大。影响半径的大小与含水层的透水层、水位降深、抽水延续时间等因素有关。

9）弥散系数

弥散系数是指机械弥散和分子扩散两种作用的综合参数，即机械弥散系数与分子扩散系数之和等于弥散系数。又称水动力弥散系数。弥散是质点的化学能与流体的对流运动所引起的，它与水流速度、分子扩散和介质的特性有关。在地下水流速较大的地区，机械弥散作用比分子扩散作用大，这时弥散系数接近于机械弥散系数，可用机械弥散系数描述多孔介质中渗透水流运动的特征。

2. 水文地质参数确定方法

确定水文地质参数的方法一般分为经验数据法、经验公式法、室内试验法和野外试验法四种。水文地质勘察中主要采用野外试验法，野外试验法求得的参数精确度较高。

1）经验数据法

经验数据法根据长期的经验积累的数据，列成表格供需要时选用。渗透系数、压力传导系数、释水系数、越流系数、弥散系数、降水入渗系数、给水度和影响半径等都有经验数据表可查。在评估地下水资源时，水文地质参数常采用经验数据。

2）经验公式法

经验公式法为考虑某些基本规律列出的公式，并加上经验的修正。渗透系数、给水度等都可按经验公式计算，其值比选用经验数据精确度要高。

3）室内试验法

室内试验法指在野外采取试件，利用实验室的仪器和设备求取参数。渗透系数、给水度、降水入渗系数等水文地质参数可通过室内试验法求得。

4）野外试验法

利用野外抽水试验取得有关数据，再代入公式计算水文地质参数。其计算公式分稳定流公式和非稳定流公式两种，计算时根据含水层的状态（潜水或承压水）、井的完整性（完整井或非完整井）、边界条件（傍河或其他边界）、抽水孔状态（单孔抽水或带观测孔抽水）等条件选择。渗透系数、导水系数、压力传导系数、释水系数、越流系数、给水度和影响半径等都可用野外试验法求得较精确的数据。野外确定降水入渗系数还可采用地下水均衡试验场的实测数据，一般精度较高。

3. 常用水文地质参数的经验值

1）渗透系数

根据《环境影响评价技术导则 地下水环境》（HJ 610—2016），不同介质类型的渗透系数系数如下。

（1）不同类型土质的渗透系数经验值见附表 3-1。

附表 3-1　不同类型土质的渗透系数经验值

土质类别	K/(cm/s)	土壤类别	K/(cm/s)
粗砾	$0.5\sim1$	黄土（砂质）	$1\times10^{-4}\sim1\times10^{-3}$
砂质砾	$0.01\sim0.1$	黄土（泥质）	$1\times10^{-6}\sim1\times10^{-5}$
粗砂	$1\times10^{-2}\sim5\times10^{-2}$	黏壤土	$1\times10^{-6}\sim1\times10^{-4}$
细砂	$1\times10^{-3}\sim5\times10^{-3}$	淤泥土	$1\times10^{-6}\sim1\times10^{-1}$
黏质砂	$10^{-4}\sim2\times10^{-3}$	黏土	$1\times10^{-8}\sim1\times10^{-6}$
沙壤土	$10^{-4}\sim10^{-3}$	均匀肥黏土	$1\times10^{-10}\sim1\times10^{-8}$

（2）不同类型岩块和岩体的渗透系数经验值见附表 3-2。

附表 3-2　不同类型岩块和岩体的渗透系数经验值

岩块	K/(实验室测定，cm/s)	岩体	K/(现场测定，cm/s)
砂岩（白垩复理层）	$1\times10^{-10}\sim1\times10^{-8}$	脉状混合岩	3.3×10^{-3}
粉岩（白垩复理层）	$1\times10^{-9}\sim1\times10^{-8}$	绿泥石化脉状页岩	0.7×10^{-2}
花岗岩	$5\times10^{-11}\sim2\times10^{-10}$	片麻岩	$1.2\times10^{-3}\sim1.9\times10^{-3}$
板岩	$7\times10^{-11}\sim1.6\times10^{-10}$	伟晶花岗岩	0.6×10^{-3}
角砾岩	4.6×10^{-10}	褐煤层	$1.7\times10^{-2}\sim2.39\times10^{-2}$
方解岩	$7\times10^{-10}\sim9.3\times10^{-8}$	砂岩	1×10^{-2}
灰岩	$7\times10^{-10}\sim1.2\times10^{-7}$	泥岩	1×10^{-4}
白云岩	$4.6\times10^{-9}\sim1.2\times10^{-8}$	鳞状片岩	$1\times10^{-4}\sim1\times10^{-2}$
砂岩	$1.6\times10^{-7}\sim1.2\times10^{-5}$		
砂泥岩	$6\times10^{-7}\sim2\times10^{-6}$	1 个吕荣单位裂隙宽度 0.1mm 间距 1m 和不透水岩块的岩体	0.8×10^{-4}
细粒砂岩	2×10^{-7}		
蚀变花岗岩	$0.6\times10^{-5}\sim1.5\times10^{-5}$		

（3）不同类型岩石的渗透系数取值范围见附表 3-3。

附表 3-3　不同类型岩石的渗透系数取值范围

材料	渗透系数 K/(cm/s)	材料	渗透系数 K/(cm/s)
沉积物		砂岩	$3\times10^{-8}\sim6\times10^{-4}$
砾石	$3\times10^{-2}\sim3$	泥岩	$1\times10^{-9}\sim1\times10^{-6}$
粗砂	$9\times10^{-5}\sim6\times10^{-1}$	盐	$1\times10^{-10}\sim1\times10^{-8}$
中砂	$9\times10^{-5}\sim5\times10^{-2}$	硬石膏	$4\times10^{-11}\sim2\times10^{-6}$
细砂	$2\times10^{-5}\sim2\times10^{-2}$	页岩	$1\times10^{-11}\sim2\times10^{-7}$
粉砂，黄土	$1\times10^{-7}\sim2\times10^{-3}$	结晶岩	
冰碛物	$1\times10^{-10}\sim2\times10^{-4}$	可透水的玄武岩	$4\times10^{-5}\sim3$

材料	渗透系数 K/(cm/s)	材料	渗透系数 K/(cm/s)
黏土	$1 \times 10^{-9} \sim 5 \times 10^{-7}$	裂隙火成岩和变质岩	$8 \times 10^{-7} \sim 3 \times 10^{-2}$
未风化的海积黏土	$8 \times 10^{-11} \sim 2 \times 10^{-7}$	风化花岗岩	$3 \times 10^{-4} \sim 3 \times 10^{-3}$
沉积岩		风化辉长岩	$6 \times 10^{-5} \sim 3 \times 10^{-4}$
岩溶和礁灰岩	$1 \times 10^{-4} \sim 2$	玄武岩	$2 \times 10^{-9} \sim 3 \times 10^{-5}$
灰岩和白云岩	$1 \times 10^{-7} \sim 6 \times 10^{-4}$	无裂隙火成岩和变质岩	$3 \times 10^{-12} \sim 3 \times 10^{-8}$

2）给水度

不同类型岩土的给水度见附表 3-4，不同地质材料的单位给水度见附表 3-5。

附表 3-4　不同类型岩土的给水度

岩土类别	渗透系数 K/(cm/s)	孔隙率 n	给水度	资料来源
砾	240	0.371	0.354	
粗砾	160	0.431	0.338	
砂砾	0.76	0.327	0.251	
砂砾	0.17	0.265	0.182	
砂砾	7.2×10^{-2}	0.335	0.161	瑞士工学研究所
中粗砂	4.8×10^{-2}	0.394	0.18	
含黏土的砂	1.1×10^{-4}	0.397	0.0052	
含黏土 1% 的砂砾	2.3×10^{-5}	0.394	0.0036	
含黏土 16% 的砂砾	2.5×10^{-6}	0.342	0.0021	
重粉质壤土 $d_{50} = 0.02$mm	2×10^{-4}	0.442	0.007	
中细砂 $d_{50} = 0.2$mm	$6.1 \times 10^{-4} \sim 1.7 \times 10^{-3}$	$0.392 \sim 0.438$	$0.039 \sim 0.074$	
粗砾 $d_{50} = 5$mm	613	0.392	0.36	
砂砾石料	2.4×10^{-3}	0.302	0.078	南京水利科学研究院
砂砾石料	1.1×10^{-1}	0.264	0.096	
砂砾石料	115	0.306	0.22	
砂砾石料	0.25	0.442	0.3	
砂砾石料	6.72×10^{-2}	0.358	0.21	
砂砾岩			$0.025 \sim 0.35$	
胶结砂岩			$0.02 \sim 0.03$	俄亥俄州建筑规范
裂隙石灰岩			$0.003 \sim 0.1$	

附表 3-5　不同地质材料的单位给水度

地质材料	单位给水度/%	地质材料	单位给水度/%
砾石（粗）	23	灰岩	14
砾石（中粗）	24	沙丘砂	38
砾石（细）	25	黄土	18
砂（粗）	27	泥炭土	44
砂（中粗）	28	片岩	26
砂（细）	23	泥岩	12
粉砂	8	耕作土（主要为泥）	6
黏土	3	耕作土（主要为砂）	16
砂岩（细粒）	21	耕作土（主要为砾石）	16
砂岩（中粒）	27	凝灰岩	21

3）岩土压缩弹性模量及单位储存量

不同类型岩土压缩弹性模量及单位储存量见附表 3-6。

附表 3-6　不同类型岩土的压缩弹性模量 E 及单位储存量 S

岩土类别	$E/(kgf/m^2)$	S/m
塑性软黏土	$4.9 \times 10^4 \sim 3.9 \times 10^5$	$2.6 \times 10^{-3} \sim 2 \times 10^{-2}$
坚硬黏土	$3.9 \times 10^5 \sim 7.8 \times 10^5$	$1.3 \times 10^{-3} \sim 2.6 \times 10^{-3}$
中等硬黏土	$7.8 \times 10^5 \sim 1.5 \times 10^6$	$6.9 \times 10^{-4} \sim 1.3 \times 10^{-3}$
松砂	$9.8 \times 10^5 \sim 2 \times 10^6$	$4.9 \times 10^{-4} \sim 1 \times 10^{-3}$
密实砂	$4.9 \times 10^6 \sim 7.8 \times 10^6$	$1.3 \times 10^{-4} \sim 2 \times 10^{-4}$
密实砂质砾	$9.7 \times 10^6 \sim 2 \times 10^7$	$4.9 \times 10^{-5} \sim 1 \times 10^{-4}$
裂隙节理的岩石	$1.5 \times 10^7 \sim 3.2 \times 10^8$	$3.3 \times 10^{-6} \sim 6.9 \times 10^{-5}$
较完整的岩石	$> 3.1 \times 10^8$	$< 3.3 \times 10^{-6}$

注：$kgf/m^2 = 0.00001MPa$。

4）孔隙率

不同地质材料的孔隙率见附表 3-7，不同类型岩土的孔隙率见附表 3-8。

附表 3-7　不同地质材料的孔隙率

地质材料	孔隙率/%	地质材料	孔隙率/%
沉积物		灰岩，白云岩	0～20
砾石（粗）	24～36	岩溶灰岩	5～50
砾石（细）	25～38	页岩	0～10
砂（粗）	31～46	结晶岩	
砂（细）	26～53	有裂隙的结晶岩	0～10
淤泥	34～61	致密的结晶岩	0～5

续表

地质材料	孔隙率/%	地质材料	孔隙率/%
黏土	34～60	玄武岩	3～35
沉积岩		风化花岗岩	34～57
砂岩	5～30	风化辉长岩	42～45
泥岩	21～41		

附表 3-8　不同类型岩土的孔隙率

岩土类别	孔隙率/%	岩土类别	孔隙率/%
有充填的粗砾石	28	沙丘砂	45
粗砂	39	黄土	49
淤泥	46	凝灰岩	41
细砂岩	33	玄武岩	17
石灰岩	30	风化花岗岩	45
黏土	42		

3. 界限符号

附表 4-6　不同类型的边界及有关符号

承压水顶板或底板等深线（单位 m）	
咸水顶板或淡水底板等深线（单位 m）	
海水入侵影响界线	
区域下降漏斗界线 （分子为中心最大下降幅度，分母为平均年下降幅度）	
以卵砾石为主的冲洪积扇边界	
以卵砾石为主的埋藏冲洪积扇边界 （数字为埋藏深度）	
自流水盆地或自流水分布界线	
地下水有利开采地段或富集块段段线	
连续分布的多年冻土界线（数字为冻土厚度）	
断续分布的多年冻土界线	
岛状分布的多年冻土界线	
潜水及承压水流向	
戈壁潜水浅埋带	
戈壁潜水深埋带	
冻土活动层深度观测点 （左为编号，右为深度）	
冻土厚度观测点（左为编号，右为深度）	
冰锥	
冰丘	
充水的古河床	

续表

气象站	
肥水	
导致地下水污染的河流（箭头采用图例中 相应污染物质的颜色）	
勘探剖面[数字为地下径流量，单位 L/(s·km²)]	
剖面图	

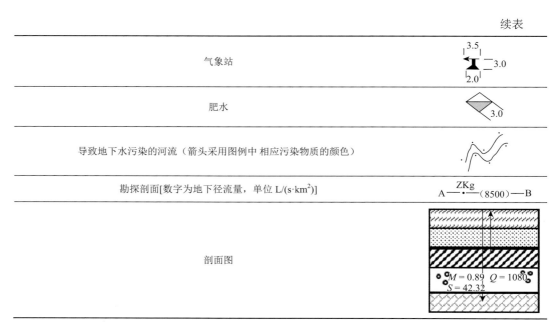

注：涌水量单位为 m³/d；降深值单位为 m；孔底深度单位为 m。

4. 水质符号

附表 4-7　不同类型水质及有关符号

微咸水	
半咸水	
咸水	
卤水	
硫酸根离子或氯离子含量超过水质标准	
硬度超过水质标准	
铁离子含量超过水质标准	
氟离子含量超过水质标准	

铬离子含量超过水质标准	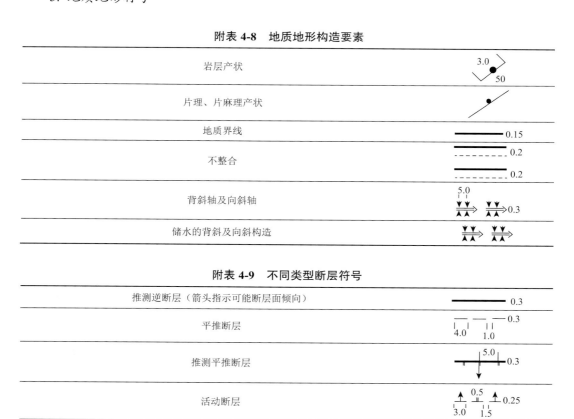
汞离子含量超过水质标准	
酚含量超过水质标准	
其他有机物（可任意采用各类不同颜色）	
具有工业价值的盐卤水（其他有害微量元素符号自行设计）	

5. 地质地形符号

附表 4-8　地质地形构造要素

岩层产状	
片理、片麻理产状	
地质界线	
不整合	
背斜轴及向斜轴	
储水的背斜及向斜构造	

附表 4-9　不同类型断层符号

推测逆断层（箭头指示可能断层面倾向）	
平推断层	
推测平推断层	
活动断层	
推测活动断层	

6. 地质力学图例（断裂）

附表 4-10　地质力学图例

推测逆断层（箭头只是可能断层面倾向）	5.0 1.0 ─0.3
平推断层	5.0 ─ 0.3
推测平推断层	5.0 1.0 ─ 0.3
活动断层	████ 0.8
推测活动断层	5.0 ══ 0.8 / 1.0
压性断裂（短线表示倾向，数字表示倾角）	7.0 ─0.3
张性断裂（短线表示倾向，数字表示倾角）	8.0 ─0.3
扭性断裂（短线表示倾向，数字表示倾角）	5.0 ↓7.5°
压扭性断裂（南盘相对往北东斜冲）	10 ─0.3
旋扭性断裂	10 ─0.3
张扭性断裂	10 ─0.3
挤压破碎带	10 ─0.3
性质不明的断裂，断线表示推测断裂	0.3 ─0.3
两侧充水的断裂	2.0 ─0.3
一侧充水、一侧阻水的断裂（凡充水的断裂均采用相同方法表示）	2.0 ─0.3
推测充水断裂	4.0 ─0.3 8.0

7. 地形符号

附表 4-11　不同类型地形符号

等高线（粗线表示加粗，细线表示基本，短线为示坡线，数字表示高程）	0.1 0.25
制高点及注记	· 1345　1.8
高程点及注记	· 135　1.5
主要山峰及分水岭（数字为海拔，单位 m）	0.3 1230
地下水分水岭	0.2

续表

陡崖	
活火山	
死火山	
滑坡	
崩塌	
冰川、雪被	
滨海沙滩	
平坦沙地	
多小丘沙地	
波状沙丘地	
垄状沙丘地	
蜂窝状沙地	
沙窝地	
新月形沙丘地	

8. 水系及其他符号

附表 4-12　不同类型水系及其他符号

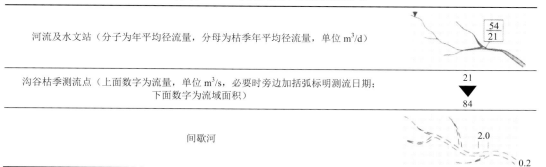

河流及水文站（分子为年平均径流量，分母为枯季年平均径流量，单位 m³/d）	
沟谷枯季测流点（上面数字为流量，单位 m³/s，必要时旁边加括弧标明测流日期；下面数字为流域面积）	
间歇河	

河流补给地下水	
河流排泄地下水	
淡水湖	
微咸水湖（数字为矿化度，单位 g/L）	
咸水湖（数字为矿化度，单位 g/L）	
海水咸潮及顶托潮到达位置	
通过困难的沼泽	
通过容易的沼泽	
受降水补给的沼泽	
受潜水补给的沼泽	
盐沼	
盐渍化	
重盐渍化	
硬盐壳	
喜水植物	
大中型水库	

小型水库	▶ ‖ 15
黏土	
沙质黏土	
黏质沙土	
黄土质沙黏土	
黄土质黏沙土	
黄土	
淤泥	
泥炭	
砂姜	
砾石	
卵石	
细砂	
中砂	
粗砂	
泥砾	
含石膏岩层	
含盐岩层	
冻土	

9. 地表污染图例

附表 4-13　不同类型地表污染图例

已开采矿区	
未开采矿区	
城镇污染源	
矿区污染源	
工业污染源	
农牧业污染源	

附录5　地下水环境保护相关法律法规、标准规范

第一部分　法律法规

1. 法律

（1）《中华人民共和国刑法（环境保护条款摘录）》（1979 年 7 月 1 日）；

（2）《中华人民共和国农业法（摘录）》（1993 年 7 月 2 日）；

（3）《中华人民共和国土地管理法》（1998 年 8 月 29 日修订）；

（4）《中华人民共和国放射性污染防治法》（2003 年 10 月 1 日施行）；

（5）《中华人民共和国宪法（环境保护条款摘录）》（2004 年修订）；

（6）《中华人民共和国水土保持法》（2010 年 12 月 25 日修订）；

（7）《中华人民共和国环境保护法》（2015 年 1 月 1 日施行）；

（8）《中华人民共和国水法》（2016 年 7 月 2 日修正）；

（9）《中华人民共和国水污染防治法》（2017 年 6 月 27 日修正）；

（10）《中华人民共和国土壤污染防治法》（2018 年 8 月 31 日通过）；

（11）《中华人民共和国大气污染防治法》（2018 年 10 月 26 日修正）；

（12）《中华人民共和国环境影响评价法》（2018 年 12 月 29 日修正）；

（13）《中华人民共和国固体废物污染环境防治法》（2020 年 9 月 1 日施行）；

（14）《中华人民共和国长江保护法》（2021 年 3 月 1 日施行）；

（15）《中华人民共和国噪声污染防治法》（2022 年 6 月 5 日施行）。

2. 行政法规

（1）《突发公共卫生事件应急条例》（中华人民共和国国务院令第 376 号，2003 年 5 月 9 日施行）；

（2）《危险废物经营许可证管理办法》（中华人民共和国国务院令第 408 号，2004 年 7 月 1 日施行）；

（3）《规划环境影响评价条例》（中华人民共和国国务院令第 559 号，2009 年 10 月 1 日施行）；

（4）《核电厂核事故应急管理条例》（中华人民共和国国务院令第 124 号，2011 年 1 月 8 日修订）；

（5）《放射性废物安全管理条例》（中华人民共和国国务院令第 612 号，2012 年 3 月 1 日施行）；

（6）《危险化学品安全管理条例》（中华人民共和国国务院令第 645 号，2013 年 12 月 7 日修订）；

（7）《畜禽规模养殖污染防治条例》（中华人民共和国国务院令第 643 号，2014 年 1 月 1 日施行）；

（8）《危险废物经营许可证管理办法》（中华人民共和国国务院令第 666 号，2016 年

2月6日修订）；

（9）《国务院关于修改<建设项目环境保护管理条例>的决定》（中华人民共和国国务院令第682号，2017年10月1日施行）；

（10）《全国污染源普查条例》（中华人民共和国国务院令第508号，2007年10月9日施行）；

（11）《政府督查工作条例》（中华人民共和国国务院令第733号，2021年2月1日施行）；

（12）《排污许可管理条例》（中华人民共和国国务院令第736号，2021年3月1日施行）；

（13）《地下水管理条例》（中华人民共和国国务院令第748号，2021年12月1日施行）。

3. 部门规章

（1）《饮用水水源保护区污染防治管理规定》（环境保护部令第16号修订，1989年7月10日施行）；

（2）《防止含多氯联苯电力装置及其废物污染环境的规定》（国家环保局、能源部（91）环管字第050号，1991年3月1日施行）；

（3）《废弃危险化学品污染环境防治办法》（国家环境保护总局令第27号，2005年10月1日施行）；

（4）《突发环境事件应急管理办法》（环境保护部令第34号，2015年6月5日施行）；

（5）《突发环境事件调查处理办法》（环境保护部令第32号，2015年3月1日施行）；

（6）《危险化学品登记管理办法》（中华人民共和国国家经济贸易委员会令第35号，2002年11月15日施行）；

（7）《环境保护主管部门实施按日连续处罚办法》（环境保护部令第28号，2015年1月1日施行）；

（8）《环境保护档案管理办法》（环境保护部、国家档案局令第43号，2017年3月1日施行）；

（9）《环境保护主管部门实施限制生产、停产整治办法》（环境保护部令第30号，2015年1月1日施行）；

（10）《污染地块土壤环境管理办法（试行）》（环境保护部令第42号，2017年7月1日施行）；

（11）《农用地土壤环境管理办法（试行）》（环境保护部、农业部令第46号，2017年11月1日施行）；

（12）《工矿用地土壤环境管理办法（试行）》（生态环境部令第3号，2018年8月1日施行）；

（13）《新化学物质环境管理登记办法》（生态环境部部令第12号，2021年1月1日施行）；

（14）《生态环境标准管理办法》（生态环境部部令第17号，2021年2月1日施行）；

（15）《建设项目环境影响评价分类管理名录》（2021 年）；

（16）《国家危险废物名录》（2021 年）；

（17）《危险废物转移管理办法》（生态环境部部令第 23 号，2022 年 1 月 1 日施行）；

（18）《企业环境信息依法披露管理办法》（生态环境部部令第 24 号，2022 年 2 月 8 日施行）；

（19）《尾矿污染环境防治管理办法》（生态环境部部令第 26 号，2022 年 7 月 1 日施行）。

4. 政策文件

（1）《关于加强土壤污染防治工作的意见》（环发〔2008〕48 号）；

（2）《关于发布<地震灾区土壤污染防治指南（试行）>的公告》（环境保护部公告 2008 年第 27 号）；

（3）《关于印发<全国地下水污染防治规划（2011—2020 年）>的通知》（环发〔2011〕128 号）；

（4）《关于保障工业企业场地再开发利用环境安全的通知》（环发〔2012〕140 号）；

（5）《国务院关于印发大气污染防治行动计划的通知》（国发〔2013〕37 号）；

（6）《全国土壤污染状况调查公报》（2014 年 4 月 17 日）；

（7）《关于加强工业企业关停、搬迁及原址场地再开发利用过程中污染防治工作的通知》（环发〔2014〕66 号）；

（8）《国务院办公厅关于推行环境污染第三方治理的意见》（国办发〔2014〕69 号）；

（9）《国务院关于印发水污染防治行动计划的通知》（国发〔2015〕17 号）；

（10）《国务院办公厅关于印发生态环境监测网络建设方案的通知》（国办发〔2015〕56 号）；

（11）《国务院关于印发土壤污染防治行动计划的通知》（国发〔2016〕31 号）；

（12）《关于坚决遏制固体废物非法转移和倾倒进一步加强危险废物全过程监管的通知》（环办土壤函〔2018〕266 号）；

（13）《关于印发〈生态环境损害鉴定评估技术指南　土壤与地下水〉的通知》（环办法规〔2018〕46 号）；

（14）《关于进一步做好受污染耕地安全利用工作的通知》（农办科〔2019〕13 号）；

（15）《关于贯彻落实土壤污染防治法推动解决突出土壤污染问题的实施意见》（环办土壤〔2019〕47 号）；

（16）《关于印发地下水污染防治实施方案的通知》（环土壤〔2019〕25 号）；

（17）《关于加强土壤污染防治项目管理的通知》（环办土壤〔2020〕23 号）；

（18）《关于印发《建设用地土壤污染责任人认定暂行办法》的通知》（环土壤〔2021〕12 号）；

（19）《关于印发<农用地土壤污染责任人认定暂行办法>的通知》（环土壤〔2021〕13 号）；

（20）《建设用地土壤污染风险管控和修复从业单位和个人执业情况信用记录管理办法（试行）》（环土壤〔2021〕53 号）；

（21）《中共中央、国务院印发〈关于深入打好污染防治攻坚战的意见〉》（2021 年 11 月 2 日）；

（22）《关于印发"十四五"土壤、地下水和农村生态环境保护规划的通知》（环土壤〔2021〕120 号）；

（23）《关于发布"十四五"时期"无废城市"建设名单的通知》（环办固体函〔2022〕164 号）；

（24）《关于印发〈"十四五"生态环境监测规划〉的通知》（环监测〔2021〕117 号）；

（25）《关于印发〈"十四五"时期"无废城市"建设工作方案〉的通知》（环固体〔2021〕114 号）；

（26）《关于印发〈"十四五"生态保护监管规划〉的通知》（环生态〔2022〕15 号）；

（27）《国务院办公厅关于印发新污染物治理行动方案的通知》（国办发〔2022〕15 号）。

第二部分　标准规范

（1）《建设用地土壤污染状况调查技术导则》（HJ 25.1—2019）；

（2）《危险废物填埋污染控制标准》（GB 18598—2019）；

（3）《一般工业固体废物贮存和填埋污染控制标准》（GB 18599—2020）；

（4）《生态环境损害鉴定评估技术指南环境要素第一部分：土壤和地下水》（GB/T 39792.1—2020）；

（5）《污染场地土壤和地下水调查与风险评价规范》（DD2014—06）；

（6）《污染地块地下水修复和风险管控技术导则》（HJ 25.6—2019）；

（7）《地下水工程防水技术规范》（GB 50108—2008）；

（8）《污水再生利用设计工程设计规范》（GB 50335—2002）；

（9）《城镇再生水利用规范编制指南》（SL 760—2018）；

（10）《矿区水文地质工程地质勘查规范》（GB/T 12719—2021）；

（11）《煤矿专门水文地质勘察规范》（GB/T 40130—2021）；

（12）《酸性矿井水处理与回用技术导则》（GB/T 37764—2019）；

（13）《高矿化度矿井水处理与回用技术导则》（GB/T 37758—2019）；

（14）《矿坑涌水量预测计算规程》（DZ/T 0342—2020）；

（15）《矿区地下水污染防治技术规范》（T/HA2020）；

（16）《南方地区耕地土壤肥力诊断与评价》（NY/T 1749—2009）；

（17）《建设用地土壤污染风险评估技术导则》（HJ 25.3—2019）；

（18）《工业企业土壤和地下水自行监测技术指南（试行）》（HJ 1209—2021）；

（19）《环境影响评价技术导则土壤环境（试行）》（HJ 964—2018）；

（20）《建设用地土壤污染风险管控和修复监测技术导则》（HJ 25.2—2019）；

（21）《土壤环境监测技术规范》（HJ/T 166—2004）；

（22）《农田土壤环境质量监测技术规范》（NY/T 395—2012）；

（23）《地块土壤和地下水中挥发性有机物采样技术导则》（HJ 1019—2019）；

（24）《耕地质量监测技术规程》（NY/T 1119—2019）；

（25）《果园土壤质量监测技术规程》（NY/T 3956—2021）；

（26）《建设场地污染土勘察规范》（DG/TJ 08-2233—2017）；

（27）《地下水环境监测技术规范》（HJ 164—2020）；

（28）《生活饮用水标准检验方法水样的采集和保存》（GB/T 5750.2—2006）；

（29）《水质样品的保存和管理》（HJ 493—2009）；

（30）《水质采样技术指导》（HJ 494—2009）；

（31）《水质采样方案设计技术规定》（HJ 495—2009）；

（32）《水质自动采样器技术要求及检测方法》（HJ/T 372—2007）；

（33）《固定污染源监测质量保证与质量控制技术规范（试行）》（HJ/T 373—2007）；

（34）《水污染物排放总里监测技术规范》（HJ/T 92—2002）；

（35）《水质河流采样技术指导》（HJ/T 52—1999）；

（36）《水质湖泊和水库采样技术指导》（GB/T 14581—93）；

（37）《地块土壤和地下水中挥发性有机物采样技术导则》（HJ 1019—2019）；

（38）《地下水污染监测与评价规范》（DB61/T 1387—2020）；

（39）《岩土工程勘察规范》（GB 50021—2001）；

（40）《地下水监测井建设规范》（DZ/T 0270—2014）；

（41）《水文水井地质钻探规程》（DZ/T 0148—2014）；

（42）《污染地块勘探技术指南》（T/CAEPI 14—2018）；

（43）《污染场地岩土工程勘察标准》（HG/T 20717—2019）；

（44）《污染场地岩土工程勘察标准》（DB32/T 3749—2020）；

（45）《建设用地土壤环境调查评估技术指南》；

（46）《工业企业场地环境调查评估与修复工作指南（试行）》；

（47）《地下水污染防治重点区划定技术指南》（征求意见稿）；

（48）《地下水环境状况调查评价工作指南》；

（49）《地下水污染防治分区划分工作指南》；

（50）《地下水污染模拟预测评估工作指南》；

（51）《建设用地土壤污染状况调查质量监督检查工作指南（试行）》（征求意见稿）；

（52）《建设用地土壤污染状况调查质量控制技术规定（试行）》（征求意见稿）；

（53）《废弃井封井回填技术指南（试行）》；

（54）《地下水污染健康风险评估工作指南》；

（55）《排放源统计调查产排污核算方法和系数手册》；

（56）《地下水污染源防渗技术指南（试行）》；

（57）《地下水型饮用水水源补给区划定技术指南（试行）》（征求意见稿）；

（58）《地下水污染地球物理探测技术指南（试行）》；

（59）《地下水污染同位素源解析技术指南（试行）》；

（60）《加油站地下水污染防治技术指南（试行）》；

（61）《农用地土壤环境质量类别划分技术指南》；

（62）《食用农产品产地重金属风险评估技术指南》（征求意见稿）；

（63）《农用地土壤环境质量类别划分技术指南（试行）》；

（64）《食用农产品产地重金属风险评估技术指南》（征求意见稿）；

（65）《农产品产地土壤重金属安全分级评价技术规定》（征求意见稿）；

（66）《农用地土壤污染状况详查质量保证与质量控制技术规定》；

（67）《全国土壤污染状况详查土壤样品分析测试方法技术规定》；

（68）《全国土壤污染状况详查地下水样品分析测试方法技术规定》；

（69）《全国土壤污染状况详查农产品样品分析测试方法技术规定》；

（70）《农用地土壤污染状况详查点位布设技术规定》；

（71）《农用地土壤样品采集流转制备和保存技术规定》；

（72）《农产品样品采集流转制备和保存技术规定》；

（73）《农用地土壤污染状况详查质量保证与质量控制技术规定》；

（74）《全国农用地土壤污染状况详查样品制备视频监控要求》；

（75）《农用地土壤环境风险评价技术规定（试行）》；

（76）《全国农用地土壤污染状况详查制图规范（试行）》；

（77）《农用地土壤样品采集流转制备和保存技术规定》；

（78）《农产品样品采集流转制备和保存技术规定》；

（79）《化工园区地下水环境状况调查评估工作方案》；

（80）《重点铅锌矿区地下水环境状况调查评估工作方案》；

（81）《渔业水质标准》（GB 11607—89）；

（82）《海水水质标准》（GB 3097—1997）；

（83）《地表水环境质量标准》（GB 3838—2002）；

（84）《城市污水再生利用地下水回灌水质》（GB/T 19772—2005）；

（85）《再生水水质标准》（SL368—2006）；

（86）《城市污水再生利用农田灌溉用水水质》（GB 20922—2007）；

（87）《地下水水质标准》（DZ/T 0290—2015）；

（88）《地下水质量标准》（GB/T 14848—2017）；

（89）《城市污水再生利用城市杂用水水质》（GB/T 18920—2020）；

（90）《农田灌溉水质标准》（GB 5084—2021）；

（91）《生活饮用水卫生标准》（GB 5749—2022）；

（92）《土壤环境质量建设用地土壤污染风险管控标准（试行）》（GB 36600—2018）；

（93）《土壤环境质量农用地土壤污染风险管控标准（试行）》（GB 15618—2018）；

（94）《建设用地土壤污染修复目标值制定指南（试行）》（征求意见稿）；

（95）《地下水采样技术规程》（DZ/T 0420—2022）。